XIXIAYUAN FANTIAOJIE SHUIKU DABA FUHE TUGONGMO YINGYONG SHIJIAN

# 西霞院反调节水库大坝

## 复合土工膜应用实践

殷保合 编著

黄河水利出版社

## 内 容 提 要

本书共分八章，介绍了西霞院反调节水库的工程概况，从土石坝的选型，土工膜的选型、采购、施工工艺研究和铺设，以及工程运行监测与分析等方面进行了全面总结，并提出了好的建议。

该书是围绕西霞院反调节水库大坝土工膜研究和应用编写的一本技术专著，这对国内外土工膜的深入研究和推广应用起着重要作用，可为类似工程提供参考。

**图书在版编目(CIP)数据**

西霞院反调节水库大坝复合土工膜应用实践／殷保合编著．郑州：黄河水利出版社，2010.7

ISBN 978-7-80734-866-5

Ⅰ.①西… Ⅱ.①殷… Ⅲ.①水库—大坝—复合材料—膜—研究—洛阳市 Ⅳ.①TV4

中国版本图书馆 CIP 数据核字(2010)第 139176 号

组稿编辑：简群 电话：0371-66026749 E-mail：W_jq001@163.com

出 版 社：黄河水利出版社

地址：河南省郑州市顺河路黄委会综合楼 14 层 邮政编码：450003

发行单位：黄河水利出版社

发行部电话：0371－66026940、66020550、66028024、66022620(传真)

E-mail：hhslcbs@126.com

承印单位：河南省瑞光印务股份有限公司

开本：787 mm×1 092 mm 1／16

印张：13 插页：4

字数：233 千字 印数：1—1 400

版次：2010 年 7 月第 1 版 印次：2010 年 7 月第 1 次印刷

定价：36.00 元

# 美丽和谐的西霞院反调节水库

西霞院工程大河截流、厂房施工和沙石料场

# 西霞院工程金结、机电设备安装现场

# 复合土工膜施工现场工作照（组图一）

## 复合土工膜施工现场工作照（组图二）

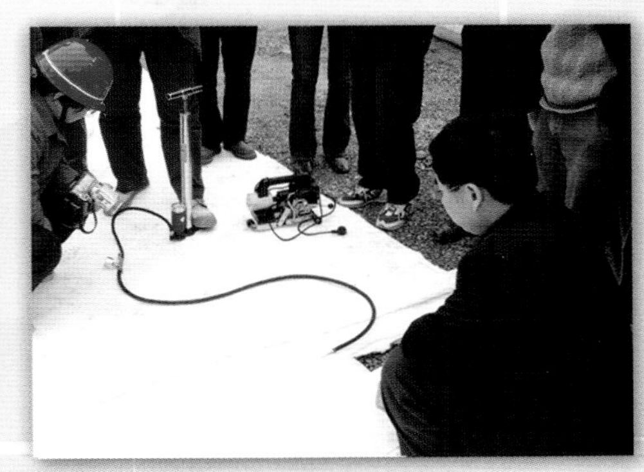

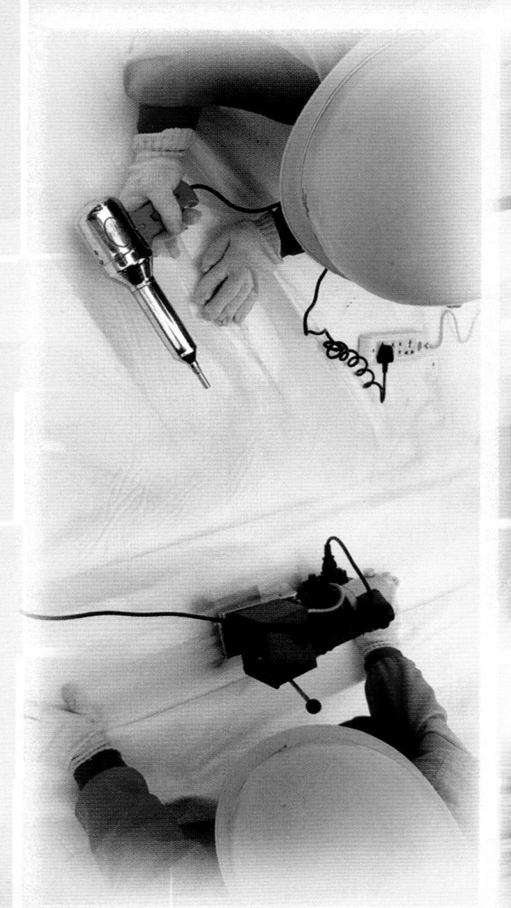

# 复合土工膜施工现场工作照（组图三）

彩插摄影：王爱明、程长信、姜拥军、赵永涛、张东升、许清远

# 前　言

西霞院反调节水库是黄河小浪底水利枢纽的配套工程。工程位于河南省洛阳市以北的黄河干流上，上距小浪底水利枢纽 16 km。坝址左岸是洛阳市吉利区、济源市，右岸为孟津县，下距郑州 116 km。该项工程建设，对于提高小浪底水利枢纽的综合效益，实现黄河水资源优化配置具有重要意义。西霞院反调节水库通过对小浪底水电站调峰发电的不稳定流进行再调节，可使下泄水流均匀稳定，满足黄河下游河段的工农业用水及河道整治工程安全要求，有效缓解“电调”与“水调”的矛盾，对于充分发挥小浪底水利枢纽综合效益具有不可替代的作用。

西霞院反调节水库为大(2)型水利工程，枢纽建筑物由左岸土石坝、河床式电站厂房、排沙洞、泄洪闸、王庄引水闸、右岸土石坝、坝后灌溉引水闸、右坝肩上游沟道整治工程、下游右岸防护工程等建筑物组成。工程以反调节为主，结合发电，兼顾供水、灌溉等综合利用，可保证下游河道流量在 200 $m^3/s$ 以上，将从根本上消除小浪底下泄的不稳定流对下游河道的不利影响，使小浪底水库发挥更大的社会、经济效益。同时，利用西霞院水库，可以增加下游供水 1 亿 $m^3/a$。从西霞院电站尾水引水，可以发展灌区面积 113.8 万亩。西霞院电站安装 4 台单机容量 35 MW 的水轮发电机组，总装机容量 140 MW，多年平均发电量 5.83 亿 kW·h。

西霞院工程总工期 5.5 年，其中前期准备工程工期 1 年，主体工程工期4.5年。2003年初，西霞院前期工程开工。2004年1月10日主体工程开工；2006年11月6日截流；2007年5月30日下闸蓄水，2007年6月18日首台机组并网发电；2008年6月主体工程全部完工。

土工膜作为一种新型防渗材料，在西霞院反调节水库这种大(2)型水利工程中大规模地采用，在我国水利工程建设中尚属首次。西霞院大坝铺设土工膜达12.8万$m^2$，坝坡上土工膜连接的纵缝、横缝、铆接缝长度达35 000余m。土工膜防渗技术在大型工程上应用的安全问题一直受到了水利行业人士的广泛关注，西霞院反调节水库大坝上复合土工膜的成功应用，对土工膜防渗技术的深入研究和推广应用起着重要作用。为此，从土石坝的选型研究和土工膜选型、土工膜采购与质量控制、施工工艺研究与铺设以及工程运用监测与分析等方面进行了全面总结，提出建议，特编写了《西霞院反调节水库大坝复合土工膜应用实践》一书，将为我国土工膜防渗的深入研究和推广应用起到一定作用。

西霞院工程的建设得到了水利部的殷切关怀，得到了地方政府和兄弟单位的大力支持与帮助，得到了参与工程建设和运行管理的专家、学者的指导。本书由殷保合编著和统稿，参加编写的人员还有肖强、张东升、赵永涛、曹国利、李立刚、束一鸣、王琳、宋书克、唐红海，同时引用了大量的科技成果及文献资料，在此一并表示衷心的感谢。

**编　者**

2010年7月

# 目 录

# 第 1 章　工程概况

西霞院反调节水库是黄河小浪底水利枢纽的配套工程。工程位于河南省洛阳市以北的黄河干流上，上距小浪底水利枢纽 16 km。坝址左岸是洛阳市吉利区、济源市，右岸为孟津县。坝址距郑州 116 km。该项工程建设，对于提高小浪底水利枢纽的综合效益，实现黄河水资源优化配置具有重要意义。西霞院反调节水库通过对小浪底水电站调峰发电的不稳定流进行再调节，可使下泄水流均匀稳定，满足黄河下游河段的工农业用水及河道整治工程安全要求，有效缓解“电调”与“水调”的矛盾，对于充分发挥小浪底水利枢纽综合效益具有不可替代的作用。

## 1.1　工程开发目标

西霞院工程开发目标是以反调节为主，结合发电，兼顾供水、灌溉等综合利用。作为小浪底水利枢纽的反调节水库，西霞院工程建成后，通过反调节，可保证下游河道流量在 200 $m^3/s$ 以上，将从根本上消除小浪底水库下泄的不稳定流对下游河道的不利影响，使小浪底水库发挥更大的社会、经济效益。同时，利用西霞院水库，可以增加下游供水 1 亿 $m^3/a$。从西霞院电站尾水引水，可以发展灌区面积 113.8 万亩。西霞院电站安装 4 台单机容量 35 MW 的水轮发电机组，总装机容量 140 MW，多年平均发电量 5.83 亿 kW · h。

## 1.2　枢纽建筑物

西霞院工程为大(2)型 II 等工程。枢纽建筑物由左岸土石坝、河床式电站厂房、排沙洞、泄洪闸、王庄引水闸、右岸土石坝、坝后灌溉引水闸、右坝肩上游沟道整治工程、下游右岸防护工程等建筑物组成。其中左岸土石坝、河床式电站厂房、排沙洞、泄洪闸、王庄引水闸、右岸土石坝沿坝轴线呈折线形集中布置。坝顶总长 3 122 m(其中土石坝长 2 609 m，混凝土坝段长 513 m)，土石坝坝顶高程 138.2 m，混凝土坝段坝顶高程 139.0 m。

土石坝布置于混凝土坝段的两侧，为复合土工膜斜墙砂砾石坝，坝顶宽 8.0

m，大坝上游坝坡 1∶2.75，下游坝坡 1∶2.25 和 1∶2.5，左侧土石坝长 1725.5 m，右侧土石坝长 883.5 m。两岸滩地基础为砂壤土、砂层，采用强夯方法处理；河槽段坝体和截流围堰结合。坝基防渗采用混凝土防渗墙。

河床式电站布置在右岸滩地，紧靠河槽段土石坝。主厂房长 179.6 m(包括左侧安装间)，宽 73.3 m，高 63.3 m。安装 4 台轴流转桨式水轮发电机组，单机容量 35 MW，总装机容量 140 MW。安装间布置在主厂房的左侧。安装间下游侧布置中控楼。两台主变压器布置在 1 号、3 号机组尾水平台上。GIS 配电室布置在两台主变压器之间，2 号机组尾水平台上。出线场布置在 GIS 配电室屋顶。尾水平台高程 129.50 m。

排沙洞位于电站厂房右侧，坝段宽 24.5 m。设有 3 条排沙洞，闸室洞身为平底布置，底板高程 106.0 m，洞身断面为矩形 4.5 m × 4.8 m(宽 × 高)。出口采用底流消能，消力池长 49.7 m(无尾坎)。

排沙底孔布置在 1 号、2 号、3 号机组段右侧，共 3 孔，与电站流道并列式布置。进口底板高程 106.0 m，出口底板高程 99.48 m，洞身尺寸为 3 m × 5 m(宽 × 高)。

泄洪闸位于排沙洞右侧，坝顶长 301.0 m，共设 21 孔。其中左侧 7 孔为带胸墙的潜孔闸，实用堰堰顶高程 121.0 m，孔口尺寸 9 m × 4.5 m(宽 × 高)；右侧 14 孔为开敞式闸，堰型为 WESⅢ型，堰顶高程 126.4 m，闸门尺寸 12.0 m × 7.6 m。出口采用底流消能，消力池长 48.0 m。

王庄引水闸位于泄洪闸右侧，为地方恢复工程。坝段宽 7.9 m，分冲沙闸和引水闸两孔。冲沙闸底板高程 125.0 m，孔口尺寸 2.0 m × 1.0 m。引水闸底板高程 126.0 m，设计引水流量 15.0 $m^3/s$。灌溉引水闸位于电站下游左侧岸边，结合导墙布置，与尾水流向呈 50°夹角。闸型采用平底板胸墙闸孔型式，底板高程 116.5 m。

坝顶公路和对外交通公路相连，进厂公路由左侧土石坝坝顶沿坝下游坡降至电站尾水平台(高程 129.50 m)，并且通向灌溉引水闸。

## 1.3 工程建设历程

西霞院工程总工期 5.5 年，其中前期准备工程工期 1 年，主体工程工期 4.5 年。2003 年初，西霞院前期工程开工。2004 年 1 月 10 日主体工程开工；2006 年 11 月 6 日截流；2007 年 5 月 30 日下闸蓄水，2007 年 6 月 18 日首台机组并网发电；2008 年 6 月主体工程全部完工。

西霞院主体工程项目共分为 5 个标，分别为基础开挖工程(Ⅰ标)、坝基基础处理工程(Ⅱ标)、土石坝填筑工程(Ⅲ标)、混凝土施工工程(Ⅳ标)和机电安装工程(Ⅴ标)。

## 1.4　区域气象资料

西霞院反调节水库控制黄河流域面积 69.46 万 $km^2$(其中小浪底至西霞院区间 400 $km^2$，占 0.06%)。坝址以上的黄河流域属大陆性季风气候。

根据坝址附近的孟津站 1961～1990 年气象要素统计资料，坝址处多年平均降水量 643.3 mm，最大年降水量为 1 035.4 mm(1964 年)，最小年降水量为 406 mm(1965 年)。降水年内变化较大，6～10 月降水量 464.2 mm，占全年的 72%，最大 1 d 降水量为 126.7 mm，发生在 1972 年 9 月 1 日。

坝址处多年平均气温为 13.7 ℃。气温年内分布不均，6～8 月较高，平均 25.1～26.3 ℃，1 月、2 月、12 月较低，平均– 0.3～1.5 ℃。极端气温，最高 43.7 ℃(1966 年 6 月)，最低–17.2 ℃(1969 年 1 月)。气象要素分别见表 1-1、表 1-2。

表 1-1　坝址各月平均降水量

| 项目 | 1 月 | 2 月 | 3 月 | 4 月 | 5 月 | 6 月 | 7 月 | 8 月 | 9 月 | 10 月 | 11 月 | 12 月 | 全年 |
|---|---|---|---|---|---|---|---|---|---|---|---|---|---|
| 平均降水量(mm) | 7.8 | 14.7 | 25.6 | 42.5 | 54.1 | 65.3 | 159.0 | 90.6 | 96.7 | 52.6 | 25.4 | 9.0 | 643.3 |
| ≥0.1 mm 天数(d) | 3.4 | 4.9 | 6.4 | 7.5 | 7.5 | 7.3 | 12.3 | 10.4 | 10.0 | 8.0 | 4.6 | 2.8 | 85.1 |
| ≥10 mm 天数(d) | 0.1 | 0.2 | 0.7 | 1.6 | 1.9 | 2.0 | 4.2 | 2.8 | 2.9 | 1.6 | 0.7 | 0.3 | 19.0 |
| 平均蒸发量(mm) | 79.5 | 86.9 | 149.0 | 200.0 | 260.7 | 314.3 | 226.5 | 188.4 | 142.1 | 132.9 | 100.9 | 84.7 | 1 965.9 |
| 平均相对湿度(%) | 51 | 56 | 59 | 60 | 59 | 57 | 75 | 79 | 75 | 68 | 62 | 52 | 63 |

表 1-2　坝址处各月平均气温和极端气温　(单位：℃)

| 项目 | 1 月 | 2 月 | 3 月 | 4 月 | 5 月 | 6 月 | 7 月 | 8 月 | 9 月 | 10 月 | 11 月 | 12 月 | 全年 |
|---|---|---|---|---|---|---|---|---|---|---|---|---|---|
| 平均气温 | –0.3 | 1.6 | 7.6 | 14.6 | 20.6 | 25.4 | 26.3 | 25.1 | 20.0 | 14.7 | 7.7 | 1.5 | 13.7 |
| 月平均最高气温 | 1.4 | 5.1 | 10.8 | 16.9 | 23.0 | 27.5 | 28.5 | 27.1 | 22.3 | 17.0 | 10.2 | 3.4 | 28.5 |
| 月平均最低气温 | – 3.6 | – 4.3 | 4.9 | 11.7 | 17.9 | 22.5 | 24.1 | 22.9 | 18.1 | 13.0 | 4.5 | – 2.0 | – 4.3 |
| 极端最高气温 | 20.5 | 22.7 | 30.5 | 34.2 | 40.5 | 43.7 | 41.5 | 41.0 | 37.0 | 34.3 | 26.3 | 22.8 | 43.7 |
| 极端最低气温 | – 17.2 | – 15.7 | – 8.2 | – 2.4 | 5.2 | 12.3 | 15.5 | 11.9 | 5.7 | – 1.9 | – 9.8 | – 12.7 | – 17.2 |

## 1.5 水文资料

### 1.5.1 设计洪水

西霞院坝址天然设计洪水的洪峰流量，20 年一遇为 18 860 m³/s，100 年一遇为 27 500 m³/s，5 000 年一遇为 48 600 m³/s。在三门峡、小浪底水库联合运用后，西霞院入库洪水 20 年一遇洪峰流量为 9 790 m³/s，100 年一遇洪峰流量为 9 870 m³/s，5 000 年一遇为 13 940 m³/s。西霞院工程设计洪水见表 1-3。

表 1-3 西霞院工程设计洪水

| 项目 | | 洪水频率(%) | | | | | | |
|---|---|---|---|---|---|---|---|---|
| | | 0.02 | 0.05 | 0.2 | 1.0 | 5.0 | 10 | 20 |
| 天然 | 洪峰流量(m³/s) | 48 600 | 43 500 | 36 100 | 27 500 | 18 860 | 15 250 | 11 700 |
| | 5 d 洪量(亿 m³) | 103.0 | 93.4 | 78.9 | 62.4 | 44.8 | 37.3 | 29.6 |
| | 12 d 洪量(亿 m³) | 164.1 | 150.8 | 130.5 | 106.0 | 81.5 | 70.1 | 58.0 |
| | 45 d 洪量(亿 m³) | 347.4 | 327.0 | 293.9 | 254.9 | 208.7 | 187.0 | 162.8 |
| 三门峡、小浪底水库联合运用后 | 洪峰流量(m³/s) | 13 940 | 13 470 | 11 400 | 9 870 | 9 790 | 9 600 | 7 820 |
| | 5 d 洪量(亿 m³) | 44.96 | 43.21 | 43.22 | 40.69 | 38.15 | 33.27 | 28.53 |
| | 12 d 洪量(亿 m³) | 98.94 | 102.30 | 99.92 | 95.90 | 82.07 | 70.44 | 58.14 |

### 1.5.2 施工洪水

汛期考虑小浪底水库控泄后，西霞院 20 年一遇及 50 年一遇的施工洪水标准均为 5 000 m³/s。非汛期考虑小浪底水库的调节作用后，西霞院坝址最大流量为 1 500 m³/s。小浪底调水调沙时，河道流量可达 2 000 ~ 4 000 m³/s。考虑小浪底水库控泄，截流时控制流量为 300 m³/s。

### 1.5.3 泥沙

坝址实测多年平均输沙量 13.25 亿 t，平均含沙量 33.4 kg/m³，其中汛期(7 ~ 10 月)输沙量 11.44 亿 t，含沙量 49.6 kg/m³。

经坝址上游水库调节和各河段水量平衡，以及对上游三门峡、小浪底水库淤积计算和中游地区水土保持作用分析，西霞院坝址多年平均输沙量 10.71 亿 t(含小浪底拦沙期)，含沙量 37.3 kg/$m^3$，其中汛期(7 ~ 10 月)输沙量 10.67 亿 t，含沙量 73.0 kg/$m^3$。由于小浪底水库拦截，区间支沟又很小，基本没有推移质入库，悬移质中值粒径 $D_{50}$ 平均为 0.024 mm。矿物质主要为石英，占 90%以上。

### 1.5.4　库容特性

西霞院水库正常蓄水位 134 m(黄海标高，下同)以下总库容 1.45 亿 $m^3$，库容主要集中在坝前段，其中西霞院坝址以上 7.55 km 有 1.33 亿 $m^3$ 的库容，占总库容量的 91.7%。水库淤积平衡后，正常蓄水位 134 m 以下有效库容为 0.452 亿 $m^3$。

## 1.6　地质条件

### 1.6.1　地形地貌

西霞院工程坝址区南濒邙山岭，北接王屋山，属于低山丘陵区，地表为黄土类土覆盖。黄河流向为南东向，黄河河谷呈宽而浅的“ ⊔ ”形，谷底宽度约 3 050 m，主河槽宽度约 600 m，平水期河水位在 120 ~ 121 m。

主河槽两侧分布有高低漫滩，滩面较宽阔。左岸漫滩宽度约 750 m，滩面高程一般为 124 ~ 127 m；右岸漫滩宽 1 500 ~ 1 700 m，滩面高程一般为 123.5 ~ 126.5 m。

坝址区缺失Ⅰ级阶地，河谷两岸为Ⅱ级阶地，发育基本对称。左岸阶面较平坦，宽度约 1.5 km，高程一般为 145 ~ 150 m，中部稍低，两缘稍高。右岸阶面宽度 1.5 ~ 2 km，高程一般为 155 ~ 170 m，由南向北向河床方向逐渐降低。Ⅲ级阶地仅发育在黄河左岸高程 175 ~ 200 m 以上部位，为基座阶地，高程在 175 ~ 200 m。

坝址两岸冲沟发育不均衡。右岸冲沟多，且冲蚀深度较大；左岸冲沟相对较少，冲蚀深度小。

### 1.6.2　土石坝段的工程地质

坝址区河漫滩表层为新近沉积的砂壤土、砂层，结构较疏松，属中等压缩性土。砂壤土干密度 1.42 g/cm$^3$，渗透系数 $5\times10^{-4}$ cm/s；砂层干密度 1.55 g/cm$^3$，渗透系数 $8\times10^{-3}$ cm/s。

河床、河漫滩砂砾石层厚 20 ~ 28 m，局部达 45 m，均一性差，多为密实状态，平均含砂率 20%，渗透系数 3 ~ 30 m/d，属中—强透水层。砂砾石层相变较大，局部夹有夹砂层、砾砂层透镜体。

坝肩Ⅱ级阶地上部为黄土覆盖，黄土底板高程在 120 m 左右，正常蓄水位 134 m 以下全部为 $Q_3^{1\text{-}2}$ 黄土，结构紧密，呈硬塑状态，含少量钙质结核。下部为厚约 22 m 的砂砾石层，局部有胶结及架空现象，渗透系数 100 ~ 400 m/d，属强透水层。

## 1.6.3 水文地质条件

受本区的地形地貌、地质构造、地层岩性以及气候条件的综合影响，本区水文地质条件较复杂。根据地下水的贮存条件和运移空间，可将区内地下水分为库区西部碎屑岩类裂隙水和库区东部松散岩类孔隙水两大类型。

库区西部基岩裸露，为三叠系中、下统的陆相碎屑沉积岩，其岩性以钙质砂岩和黏土岩、页岩互层为主。东部沉降盆地则沉积了第三系的砂层(岩)与黏土(岩)互层(局部为砾岩或砂卵石层)及第四系黄土状土和砂卵石层等堆积物。

### 1.6.3.1 黄土的透水性

黄土主要分布于两岸Ⅱ级阶地，上部黄土($Q_3^{2\text{-}2}$)的渗透系数水平方向为 $3.22\times10^{-5}$ ~ $8.20\times10^{-4}$ cm/s，垂直方向为 $7.44\times10^{-5}$ ~ $8.75\times10^{-4}$ cm/s，属弱透水层，局部为中等透水层；下部黄土($Q_3^{2\text{-}1}$)渗透系数水平方向为 $2.30\times10^{-6}$ ~ $4.35\times10^{-4}$ cm/s，垂直方向为 $1.20\times10^{-6}$ ~ $4.39\times10^{-4}$ cm/s ，属弱—微透水层，局部为中等透水层。

### 1.6.3.2 砂卵石层的透水性

从基坑开挖揭露的情况看，第四系不同年代的砂卵石层在成因、颗粒级配及含砂率、含泥率等方面均呈现不同的特点，其渗透性也不尽相同，根据抽水试验、试坑注水试验成果，并结合基坑排水情况及工程经验，al $Q_4^1$ 砂卵石层的渗透系数取 5 ~ 15 m/d；al+pl $Q_3^1$ 含漂石砂卵石层的渗透性差别较大，在河床部位一般可取 40 ~ 50 m/d，在右岸Ⅱ级阶地一般可取 40 ~ 100 m/d，在左岸Ⅱ级阶地一般可取 80 ~ 200 m/d，局部可达 400 m/d。

### 1.6.3.3 上第三系地层的透水性

通过钻孔压水试验，坝址区上第三系地层的透水率为 0.1 ~ 10 Lu，多数为 1 ~ 10 Lu，为弱透水层，局部为微透水层。上第三系地层的透水性差异较大，根据基坑开挖后的试验成果，按其透水性强弱，可概化为以下 3 类地层。

微—极微透水层：主要包括胶结较好的泥质粉砂岩、(粉砂质)黏土岩、(粉质)黏土及钙质砂岩、砾岩等。

弱透水层：主要包括微胶结(含泥、泥质)的粉细砂层，渗透系数一般为 0.05 ~ 0.1 m/d。

中等透水层：包括未胶结的(含泥)中细砂层、砂卵(砾)石层、粗砂或砾砂层透镜体，渗透系数一般为 1.5 ~ 3 m/d。

### 1.6.4　地质构造

坝址区位于狂口背斜东部倾伏端北东翼，区内构造不甚发育，通过坝址区的构造形迹主要是坡头—吉利隐伏断层，该断层在测区北岸山坡Ⅱ级阶地后缘处分布，为一走向近东西向的陡倾角断层，该断层自晚更新世以来已基本停止活动。

坝址区出露地层为新生代沉积物，主要为第四系松散堆积物，其次为第三系胶结、半胶结沉积岩。此外，南陈坝址下游约 1.5 km 处的隐伏断层即霍村断层($F_6$)基本与坝轴线平行，从中更新世以来该断层已基本停止活动，可以认为对枢纽安全无重大影响。

## 1.7　工程地质评价

### 1.7.1　坝基稳定性评价

#### 1.7.1.1　河漫滩表部松散层

河漫滩表层为新近沉积的砂壤土、砂层。经野外及室内试验，其孔隙比为 0.736 ~ 0.900，干密度为 1.42 ~ 1.55 g/cm$^3$，压缩系数为 0.12 ~ 0.28 MPa$^{-1}$，属疏松—中等密实状态。其允许承载力，天然状态下可取 90 ~ 110 kPa。

坝基表部松散层，呈松散状态，具高—中等压缩性，并具地震液化可能性，不宜直接作为坝基，建议挖除或进行强夯处理。

#### 1.7.1.2　坝基砂卵石层

超重型动力触探表明：砂卵石层为中等密实—密实状态。参照《建筑地基基础设计规范》(GBJ 7—89)附录五之附表 5-2(碎石土承载力标准值)，上部砂卵石层(alQ$_4$)的允许承载力取 550 kPa 为宜，下部砂卵石(al+pl $Q_3^1$)的允许承载力取 600 kPa 为宜。

砂卵石层为中密状态，强度较高，沉陷变形较小，沉降速率也较快。砂卵石层中存在砂层、砾质砂层透镜体，厚度一般为 0.2 ~ 2 m，对沉陷变形有一定影响，但影响不大。从抗滑稳定来看，坝基砂卵石层抗剪强度高，其内摩擦角高达 30° ~ 37°。砂卵石层中的夹砂层及含砾砂层抗剪强度较低，可能对抗滑稳定不利。

## 1.7.2 坝肩黄土的湿陷性评价

按《水利水电工程地质勘察规范》(GB 50287—99)对西霞院坝肩黄土进行湿陷性评价，其结论为：

$Q_3^2$ 黄土层为湿陷性黄土，其湿陷类型为非自重湿陷性黄土；$Q_3^1$ 黄土层为非湿陷性黄土，但局部(主要是上部)夹有具湿陷性的轻粉质壤土透镜体。

由于坝肩 $Q_3^2$ 黄土层的下部界线在高程 140 m 以上，水库按正常高水位 134 m 蓄水后，毛细上升高度按 3 m 考虑，库水影响高度为 137 m，影响不到 $Q_3^2$ 湿陷性黄土；另外，坝肩黄土上部没有主要建筑，而 $Q_3^2$ 黄土为非自重湿陷性黄土，因此黄土湿陷性对坝肩稳定性没有影响。

由于坝肩黄土与库水接触近 10 m 厚，水库蓄水后，必然对坝肩黄土岸坡稳定性构成一定威胁，建议在坝肩上游一定范围内进行护坡处理。

## 1.7.3 渗透稳定性评价

### 1.7.3.1 河漫滩表部松散层

河漫滩表部松散层主要为粉细砂和砂壤土，其结构疏松。砂壤土多分布在表层 0.5 m 以内。砂层不均匀系数一般为 2.58 ~ 4.71，其渗透变形类型为流土。建议允许坡降($J_o$)采用 0.27 ~ 0.35。

### 1.7.3.2 坝基砂卵石层

砂卵石层渗透变形主要为管涌型；局部含砂率较高的砂卵石层或砾砂层透镜体，有管涌型，也可能有流土型。根据室内渗透变形试验成果，其临界坡降($J_{KP}$)为 0.082 ~ 1.268，平均值为 0.327，安全系数取 2，其允许坡降($J_o$)为 0.163。就西霞院坝基砂卵石层而言，因其局部可能有流土型渗透变形，建议其允许坡降($J_o$)取 0.10 ~ 0.20。

### 1.7.3.3 坝肩部位双层结构土层的接触冲刷问题

坝肩部位上部黄土与下部砂卵石层层次分明，粗细粒粒径相差很大，渗透性能也相差悬殊，因此水库蓄水后，沿黄土与砂卵石层的接触面，有带走黄土细颗粒的可能。

坝肩应采用一定距离的混凝土防渗墙，延长渗径，减小坡降及流速，以降低接触冲刷的可能性。

### 1.7.4　地震液化评价

坝址区河漫滩表层为厚 2 ~ 7 m 的砂壤土及粉细砂，结构较疏松，以下为厚 20 ~ 28 m 的砂卵石层，上部砂卵石层多夹有砂层透镜体。

通过剪切波速和标贯测试成果进行判别，表层砂壤土及粉细砂为可能液化土层；下部砂卵石层为不液化土层，但其中的夹砂层有局部液化的可能。

# 第2章　土石坝选型研究和土工膜选型

## 2.1　概述

### 2.1.1　初设以前坝型比选研究及主要结论

从1992年12月黄河水利委员会(简称黄委)向水利部报送《西霞院水利枢纽工程项目建议书》开始，对西霞院工程的勘察设计工作大致可以分为两个阶段。第一阶段为1998年7月之前，该阶段进行了可行性研究和初步设计，成果(1994～1999年)包括1994年可行性研究阶段选坝报告、1996年可行性研究报告、1998年土坝坝型选择报告、1999年初步设计报告。第二阶段为1998年7月之后，该阶段按国家项目建设和管理要求，重新从项目建议书开始设计，成果(1999～2002年)包括2001年4月项目建议书、2001年10月可行性研究报告。在坝型比选中，对壤土斜墙坝、心墙坝、均质坝三种坝型，坝基分别采用水平和垂直防渗6种组合方案进行比较，各阶段的坝型推荐方案均为“壤土斜墙坝水平防渗”。

根据工程的现实状况，2001年又进行了混凝土面板坝专题研究，2002年进行了土工膜防渗坝型专题研究。

### 2.1.2　初设阶段坝型比选

初设报告中对比了壤土斜墙坝和复合土工膜斜墙坝，两种坝型在河槽段均采用坝体和截流围堰结合，坝基防渗采用混凝土垂直防渗墙；在两岸滩地段坝基防渗分别比较了水平铺盖和垂直防渗型式，推荐采用复合土工膜斜墙坝垂直防渗方案。2003年2月16～21日水利部水利水电规划设计总院对初步设计报告进行了审查，审查认为，坝基采用垂直防渗型式是合适的，但最终坝型尚待坝型选择专题协调后确定。

# 2.2　壤土心墙坝

## 2.2.1　壤土心墙坝与壤土斜墙坝比较

壤土心墙坝坝顶高程 139.0 m，坝顶宽 8.0 m，上游坝坡 1∶2.5，下游坝坡 1∶2.25 ~ 1∶2.5，坝基采用混凝土垂直防渗墙。壤土防渗心墙顶部宽度为 4.0 m，上、下游坡均为 1∶0.25，防渗体顶部高程为 138.0 m。河槽段坝体与截流围堰结合。壤土心墙坝大坝断面见图 2-1。

壤土斜墙坝坝顶高程 139.0 m，坝顶宽 8.0 m，上游坝坡 1∶2.75，下游坝坡 1∶2.25 ~ 1∶2.5，坝基采用混凝土垂直防渗墙。壤土防渗斜墙顶部宽度为 4.0 m，上游坡 1∶1.5，下游坡 1∶1，防渗体顶部高程为 138.0 m。河槽段坝体与截流围堰结合，上游坝坡在 128.5 m 高程设 19.7 m 宽的平台，平台以下是 4.0 m 厚的壤土铺盖和截流围堰，围堰上游边坡 1∶2。斜墙底部高程 123.5 m，通过壤土铺盖与围堰防渗墙连接，形成封闭的防渗体系。壤土斜墙坝大坝断面见图 2-2。

壤土心墙坝与壤土斜墙坝的比较如下：

(1)心墙坝与斜墙坝对坝址地形地质条件、建筑材料的要求均较接近，施工方法也基本一致。

(2)施工条件。斜墙坝的防渗体处在上游，坝体砂砾石支撑棱体可超前于斜墙填筑，施工条件较心墙方便，基础处理干扰也较小，但河槽段坝体与截流围堰的结合比较复杂，围堰防渗墙与坝体斜墙通过壤土铺盖连接。心墙坝砂砾石坝壳虽然不能超前施工，但坝体填筑强度能够满足施工进度要求，而且在河槽段坝体与围堰的结合比较简单。

(3)与混凝土建筑物和两岸的连接。心墙坝连接简单，斜墙坝连接比较复杂。

(4)大坝直接工程费用比较见表 2-1，斜墙坝投资 19 207 万元，心墙坝投资 18 745 万元，二者投资基本相当，心墙坝省 462 万元。

从以上几个方面综合比较，心墙坝优于斜墙坝。因此，壤土防渗体坝型选用心墙坝参与坝型的进一步比较。

## 2.2.2　壤土心墙坝

### 2.2.2.1　断面设计

壤土心墙坝型，采用壤土作为防渗材料，坝壳用砂砾石填筑。坝顶高程 139.0 m，坝顶宽 8.0 m，上游坝坡 1∶2.5，下游坝坡 1∶2.25 ~ 1∶2.5，坝基采用混凝土垂直防渗墙。大坝分为两岸滩地段和河槽段两种典型断面型式，见图 2-1。

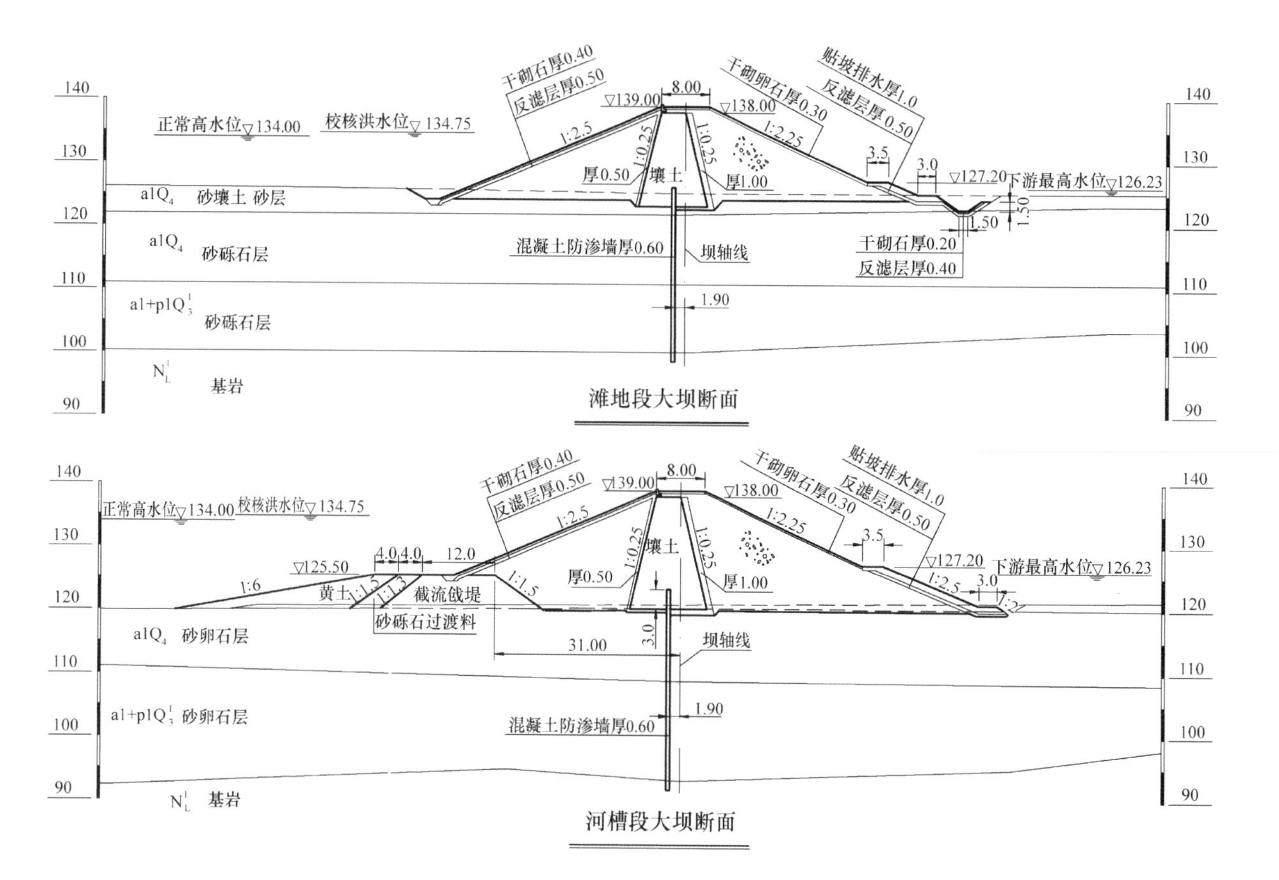


图 2-1　壤土心墙坝大坝断面　(单位：m)

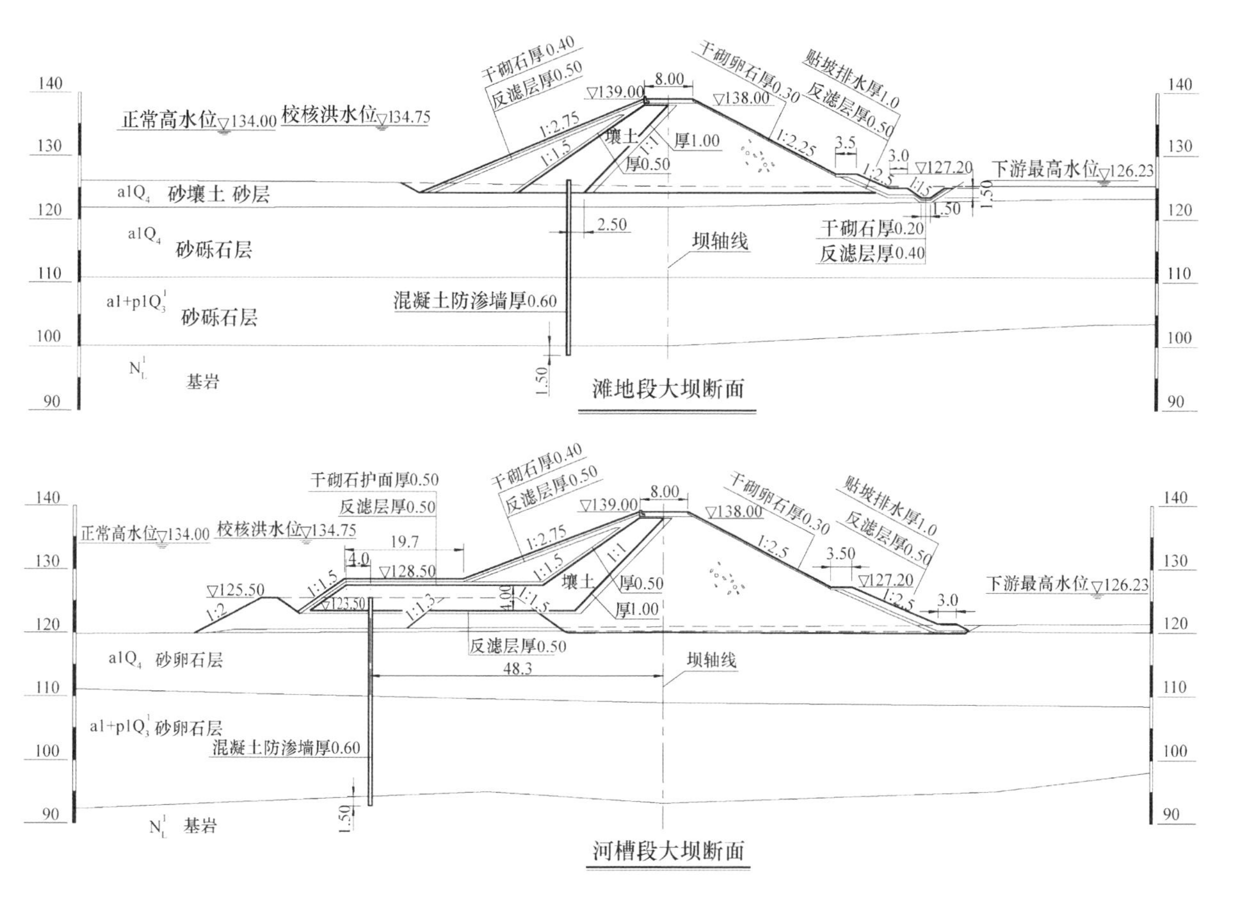


图 2-2　壤土斜墙坝大坝断面　(单位：m)

表 2-1　壤土心墙坝、壤土斜墙坝主要工程量和投资比较

| 工程项目 | 壤土斜墙坝(1) | 壤土心墙坝(2) | (1) –(2) |
|---|---|---|---|
| 黄土、砂壤土开挖($m^3$) | 512 362 | 506 773 | 5 589 |
| 砂卵石开挖($m^3$) | 37 218 | 41 241 | – 4 023 |
| 坝基强夯处理($m^2$) | 206 067 | 200 888 | 5 178 |
| 壤土填筑($m^3$) | 441 407 | 390 456 | 50 951 |
| 砂砾石填筑($m^3$) | 1 492 052 | 1 494 964 | – 2 912 |
| 反滤料填筑($m^3$) | 185 688 | 184 899 | 789 |
| 干砌卵石护坡($m^3$) | 22 711 | 24 428 | – 1 717 |
| 干砌石砌筑($m^3$) | 122 118 | 121 721 | 397 |
| 浆砌石砌筑($m^3$) | 869 | 869 | 0 |
| 混凝土($m^3$) | 6 447 | 6 447 | 0 |
| 钢筋(t) | 262 | 262 | 0 |
| 混凝土防渗墙($m^3$) | 89 977 | 87 240 | 2 737 |
| 大坝直接工程费用(万元) | 19 207 | 18 745 | 462 |

(1)两岸滩地段。建基在河漫滩表部松散层上，基础经过强夯处理。大坝上游边坡 1∶2.5，设 0.4 m 厚的干砌石护坡，护坡与坝体填筑料间设置了两层反滤，粒径范围分别为 0.5 ~ 40 mm、40 ~ 100 mm，厚度分别为 0.2 m 和 0.3 m；大坝下游面在 127.2 m 高程设一宽 3.5 m 的马道，马道以上坝坡 1∶2.25，设置 0.3 m 厚的卵石护坡；马道以下坝坡 1∶2.5，设贴坡排水，贴坡排水由 0.5 m 厚的反滤层和 1.0 m 厚的干砌块石组成。在下游坝脚以外 3.0 m 布置排水沟，干砌石衬砌，沟深 1.5 m，底宽 1.5 m，两侧边坡 1∶1.5。

壤土防渗心墙顶部宽度为 4.0 m，上、下游坡均为 1∶0.25，防渗体顶部高程为 138.0 m。壤土心墙防渗体与坝体砂砾石填筑料间上游坡设置厚 0.5 m 的反滤层，下游坡设置厚 1 m 的反滤层，反滤粒径范围均为 0.1 ~ 20 mm。心墙防渗体底部设置混凝土防渗墙，厚 0.6 m，墙底嵌入基岩 1.5 m，墙顶伸入壤土防渗体 3.0 m。

(2)河槽段。坝体与截流围堰结合，建基在河槽砂砾石地基上，坝体结构基本同两岸滩地段断面。上游坝脚建在截流围堰顶部，围堰顶高程 125.5 m。

围堰截流戗堤顶宽 12.0 m，上游侧依次设顶宽 4.0 m 的砂砾石过渡料和黄土，截流戗堤伸入坝体 6.75 m。大坝下游坝脚设 3.0 m 宽的干砌石护脚，不设排水沟。

壤土心墙坝方案大坝断面设计详见图 2-1。

### 2.2.2.2　坝体渗流、稳定分析

1)渗流分析

采用河海大学工程力学研究所编制的“水工结构分析系统 AutoBANK”中的稳定渗流分析系统进行计算。

根据土石坝布置的特点，选取河槽段、右岸滩地段两个典型断面进行分析计算。河槽段，最大坝高 21.0 m，坝基为砂砾石层；右岸滩地段，最大坝高 16.0 m，建基在砂壤土、砂层覆盖层上，下部为砂砾石层。

渗流计算针对最不利工况(上、下游最大水头差)进行：上游正常蓄水位 134.0 m，下游最低水位 120.03 m。

坝体、基础材料渗透特性见表 2-2，渗流计算成果见表 2-3。

**表 2-2　坝体、基础材料渗透特性**

| 序号 | 材料名称 | 允许渗透比降 | 渗透系数(m/d) |
|---|---|---|---|
| 1 | 坝壳砂砾石填筑料 | | 7.948 8 |
| 2 | 坝基粉细砂覆盖层 | 0.27 ~ 0.35 | 1.5 |
| 3 | $Q_4$ 砂砾石 | 0.08 ~ 0.2 | 15 |
| 4 | $Q_3^1$ 砂砾石 | 0.08 ~ 0.2 | 30 |
| 5 | 基岩 | | $4.32 \times 10^{-2}$ |
| 6 | 混凝土防渗墙 | | $8.64 \times 10^{-6}$ |

**表 2-3　壤土心墙坝二维渗流计算成果**

| 断面 | 坡脚渗透比降 | 允许比降 | 单宽渗漏量($m^3/(d \cdot m)$) |
|---|---|---|---|
| 河槽 | 0.082 | 0.08 ~ 0.2 | 1.76 |
| 滩地 | 0.044 | 0.27 ~ 0.35 | 0.69 |

计算成果表明，大坝渗漏量和下游坝脚渗透比降都较小。河槽段渗透比降为 0.082，高于允许比降的下限 0.08 不多，且出逸点在下游坝坡贴坡

排水内，贴坡排水设有反滤，因此不会影响大坝安全。

2)稳定分析

采用中国水利水电科学研究院编制的“土质边坡稳定程序 STAB95”，按简化毕肖普法进行计算。

选取河槽段、右岸滩地段两个典型断面进行分析计算。

西霞院工程正常蓄水位 134.0 m，水位骤降仅为 3.0 m，可不考虑水位骤降情况。土石坝稳定计算条件见表 2-4，土坝稳定计算参数取值见表 2-5，土石坝稳定计算结果见表 2-6。

**表 2-4　土石坝稳定计算条件**

| 工况 | 正常运用条件 | 非常运用条件Ⅰ | 非常运用条件Ⅱ |
|---|---|---|---|
| 上游坡 | 上游不利水位 131.00 m，下游最低水位 120.03 m | 完建上、下游无水 | 上游正常水位 134.00 m，下游最低水位 120.03 m + 7 度地震 |
| 下游坡 | 上游正常水位 134.00 m，下游最低水位 120.03 m | 完建上、下游无水 | 上游正常水位 134.00 m，下游最低水位 120.03 m + 7 度地震 |

**表 2-5　土石坝稳定计算参数**

| 序号 | 材料 | 容重(kN/m$^3$) | | | $c$ (kPa) | $\phi$(°) |
|---|---|---|---|---|---|---|
| | | 干 | 湿 | 饱和 | | |
| 1 | 壤土防渗体 | 16.9 | 19.7 | 20.7 | 7.0 | 27 |
| 2 | 坝壳砂砾石填筑料 | 21.0 | 21.6 | 23.2 | 0 | 32 |
| 3 | 粉细砂覆盖层 | 15.5 | 17.1 | 19.7 | 0 | 22 |
| 4 | 坝基 $Q_4$ 砂砾石 | 21.0 | 21.6 | 23.2 | 0 | 32 |
| 5 | 坝基 $Q_3^1$ 砂砾石 | 21.0 | 21.6 | 23.2 | 0 | 32 |

**表 2-6　土石坝稳定计算结果**

| 工况 | 正常运用条件 | | 非常运用条件Ⅰ | | 非常运用条件Ⅱ | |
|---|---|---|---|---|---|---|
| | 上游坡 | 下游坡 | 上游坡 | 下游坡 | 上游坡 | 下游坡 |
| 允许最小安全系数 | 1.35 | 1.35 | 1.25 | 1.25 | 1.15 | 1.15 |
| 河槽断面 | 1.60 | 1.65 | 1.64 | 1.71 | 1.32 | 1.45 |
| 滩地断面 | 1.44 | 1.48 | 1.56 | 1.49 | 1.23 | 1.33 |

从计算结果可以看出，在所有计算工况下，安全系数均满足规范最小安全系数的要求。

#### 2.2.2.3　基础处理

1)主要工程地质问题

(1)两岸河漫滩表层砂壤土、砂层。两岸滩地的土石坝段，坝基表部为砂壤土、砂层，厚 2～7 m，0.25 mm 以下颗粒含量达 80.6%，结构疏松，为中等压缩性土，天然状态下允许承载力 90～110 kPa，存在基础稳定性、地震液化和渗漏、渗透稳定等问题，不宜直接作土石坝基础。

(2)坝基砂砾石层和基岩。坝址区砂砾石分布广泛，坝肩Ⅱ级阶地砂砾石层渗透系数为 100～400 m/d，属强透水层；河床砂砾石层渗透系数一般为 3～30 m/d，属中等—强透水层。在漫滩靠近Ⅱ级阶地前缘，还存在砂砾石过渡带(即由Ⅱ级阶地过渡到漫滩砂砾石)，其渗透系数为 30～150 m/d，为强透水层。Ⅱ级阶地砂砾石层与漫滩砂砾石连通，宽度达 7 km 左右，构成了坝基坝肩渗透的主要通道。

坝基基岩为黏土岩、粉砂岩互层，为弱透水层，不存在岩体大量渗漏问题。Ⅱ级阶地上部黄土以粉质壤土为主，渗透系数一般为 $1.2\times10^{-6}\sim4.35\times10^{-4}$ cm/s，为微—弱透水层。

综上所述，坝址区基岩、Ⅱ级阶地黄土可视为本区相对不透水层，坝基、坝肩渗漏将主要沿砂砾石层向下游排泄。

2)两岸河漫滩表层砂壤土、砂层处理

对滩地表部砂壤土、砂层的处理，可研阶段考虑了全部挖除和强夯两种方案，经比较，全部挖除方案费用明显较高，设计最终选定了强夯方案。本阶段在现场进行了强夯试验，强夯技术参数主夯单击夯击能为 1 500～2 000 kN・m，平夯为 1 000 kN・m。试验前后的物理力学指标统计见表 2-7。

强夯试验结果表明：松散层的干密度(增加 10%～20%)、压缩模量、标贯击数(增加为夯前的 2～3 倍)均有明显增加，孔隙比(减小 20%～30%)、压缩系数等均有明显减小，渗透系数也显著减小。总体上，经过强夯加固后，砂壤土由高压缩性土变为中等压缩性土，砂层由松散—稍密状态土变为中等密实—密实状态，透水性减小，平均为夯前的 1/10。

试验中，各试验区表部松散层已产生 0.4~0.9 m 的沉陷量，沉陷变形提前发生。因此，强夯加固处理后，表部松散层在上覆荷载的作用下产生的沉陷变形微小。

**表 2-7 表部松散层强夯前后主要指标分层统计**

| 土层 | | | 含水量(%) | 天然密度($g/cm^3$) | 干密度($g/cm^3$) | 孔隙比 | 固结试验 | | 直剪试验 | | 渗透系数(cm/s) | 标准贯入击数 |
|---|---|---|---|---|---|---|---|---|---|---|---|---|
| | | | | | | | 压缩系数(MPa$^{-}$) | 压缩模量(MPa) | 凝聚力(kPa) | 摩擦角(°) | | |
| 砂壤土 | 夯前 | 最小值 | 4.4 | 1.43 | 1.29 | 0.677 | 0.17 | 2.03 | 1.22 | 17.5 | 9.64E-06 | 2 |
| | | 最大值 | 33.2 | 1.99 | 1.61 | 1.085 | 0.97 | 10.39 | 21.25 | 28.5 | 8.20E-03 | 8 |
| | | 平均值 | 16.3 | 1.62 | 1.39 | 0.940 | 0.51 | 4.89 | 13.44 | 24.7 | 6.92E-04 | 4.2 |
| | 夯后 | 最小值 | 2.3 | 1.58 | 1.52 | 0.389 | 0.06 | 5.46 | 0.14 | 13.8 | 1.57E-06 | 2 |
| | | 最大值 | 24.8 | 2.15 | 1.93 | 0.776 | 0.32 | 25.85 | 61.96 | 36.1 | 1.31E-04 | 29 |
| | | 平均值 | 14.0 | 1.91 | 1.67 | 0.621 | 0.13 | 14.27 | 17.27 | 26.8 | 5.01E-05 | 12.1 |
| | 固结后 | 最小值 | 5.5 | 1.68 | 1.36 | 0.465 | 0.07 | 3.75 | 1.14 | 5.4 | 8.98E-07 | |
| | | 最大值 | 35.2 | 2.10 | 1.83 | 0.999 | 0.53 | 24.04 | 31.54 | 31.8 | 7.99E-05 | |
| | | 平均值 | 16.3 | 1.93 | 1.66 | 0.630 | 0.13 | 13.82 | 13.28 | 27.2 | 2.59E-05 | |
| 砂层 | 夯前 | 最小值 | 2.6 | 1.40 | 1.34 | 0.713 | 0.11 | 4.17 | 1.14 | 26.2 | 4.38E-05 | 4 |
| | | 最大值 | 12.6 | 1.69 | 1.57 | 0.993 | 0.44 | 17.98 | 23.39 | 31.6 | 8.70E-03 | 10 |
| | | 平均值 | 6.5 | 1.54 | 1.45 | 0.858 | 0.31 | 6.81 | 16.75 | 28.5 | 2.37E-03 | 7.4 |
| | 夯后 | 最小值 | 4.0 | 1.60 | 1.47 | 0.506 | 0.10 | 5.73 | 0.87 | 26.4 | 3.79E-06 | 15 |
| | | 最大值 | 13.3 | 1.92 | 1.78 | 0.823 | 0.30 | 17.03 | 49.02 | 31.4 | 5.53E-04 | $>30$ |
| | | 平均值 | 8.0 | 1.76 | 1.63 | 0.656 | 0.16 | 11.11 | 14.07 | 29.1 | 2.42E-04 | 18.3 |
| | 固结后 | 最小值 | 3.7 | 1.55 | 1.41 | 0.520 | 0.10 | 7.36 | 1.10 | 29.5 | 6.39E-06 | |
| | | 最大值 | 15.3 | 1.92 | 1.76 | 0.896 | 0.26 | 15.95 | 19.22 | 32.5 | 8.00E-04 | |
| | | 平均值 | 7.3 | 1.71 | 1.60 | 0.690 | 0.16 | 11.43 | 7.82 | 31.1 | 2.36E-04 | |

**注：**夯后、固结后分别为强夯完成后一周内和经过约两个月固结后取样试验成果。

地震液化采用相对密度和标准贯入击数进行判别。表部松散层在强夯处理后，相对密度为 0.63～0.89，平均值为 0.76，大于 7 度区液化临界相对密度 0.7，故可判别试验区砂层强夯处理后基本不液化。采用标准贯入击数进行判别，经计算，砂壤土、砂层在强夯处理后标准贯入击数均大于临界贯入击数，故可判别试验区松散层强夯处理后不液化。

因此，采用强夯法对两岸河漫滩表层砂壤土、砂层进行处理，可以解决地震液化问题和不均匀沉降问题。

试验中 QH6 试验区存在淤泥质土，天然含水量高，强夯效果不明显。现场探明该范围为桩号 2+285.00 m ~ 3+0.00 m 之间 150 m 长的坝基内，淤泥质土平均厚度 3.0 m。设计中对全部挖除和振冲碎石桩的基础处理方案进行了比较，全部挖除方案比较经济，而且施工干扰少。因此，对该范围的基础处理为全部挖除再回填砂砾石。

3)砂砾石坝基防渗处理

河床、河漫滩砂砾石层均一性差，相变较大，局部夹有砂层、砾砂层透镜体，可以采用水平铺盖防渗和垂直防渗，但采用水平铺盖防渗不确定因素多，运行管理不如采用垂直防渗墙简单。根据本次初设审查意见，坝基采用混凝土垂直防渗墙防渗。

混凝土垂直防渗墙墙厚 0.60m，采用 C15 混凝土。混凝土弹性模量为 $1.75\times10^{4}$ MPa，抗渗标号为 W6，渗透系数 $1\times10^{-8}$ cm/s。

#### 2.2.2.4　坝体与岸坡的连接

1)岸坡工程地质条件

坝肩为黄土，分为 $Q_3^2$ 和 $Q_3^1$ 两层，黄土下部为砂砾石层。黄土底面高程在 120 m 左右，左岸厚 25 m，右岸厚约 34 m，多为 0.005 ~ 0.05 mm 粒径的粉土，结构紧密，呈硬塑状态，含少量钙质结核，渗透系数为 $10^{-4}$ cm/s。下部砂砾石厚约 22 m，局部有胶结及架空现象，颗粒直径多为大于 20 mm 的砂砾石，不均匀系数为 46.8 ~ 96.3，渗透系数 100 ~ 400 m/d，属强透水层。该强透水层与河床砂砾石层间的过渡带(渗透系数 > 60 m/d)在左坝肩处向河滩延伸 120 ~ 150 m，右岸不存在过渡带。

据地质资料，上部 $Q_3^2$ 黄土层为非自重湿陷性黄土，但其下部界限为 140 m 高程，处于水库最高水位以上，因此不影响大坝安全。下部 $Q_3^1$ 黄土层属非湿陷性黄土，坝肩与该层黄土相接。

黄土与砂砾石层层次分明，颗粒直径相差很大，有发生接触冲刷的可能。

2)岸坡连接型式

由于坝肩黄土下的砂砾石层渗透系数较大，且存在过渡段，坝肩绕渗处理采用混凝土垂直防渗墙型式。

土坝与坝肩接头部位进行削坡处理，根据坝肩地形条件，确定左坝肩连接坡度为 1∶2，右坝肩连接坡度为 1∶1.5。

在岸坡连接段心墙防渗体的上下游边坡由 1∶0.25 渐变为 1∶0.75，坝的上下游边坡保持不变。

#### 2.2.2.5 土石坝与混凝土坝段的连接

西霞院工程土石坝分右岸和左岸两部分，坝之间是泄水和发电建筑物。

土石坝与混凝土建筑物坝段的连接，采用插入式，设混凝土刺墙，心墙防渗体的上下游边坡由 1∶0.25 渐变为 1∶1，混凝土刺墙段长 14m。

为使泄水、发电建筑物进口水流平顺，上游设置有混凝土重力式导墙，顶部高程 135.0m，参考其他工程经验及泥沙模型试验，左、右两侧导墙分别长 300m、150m。下游也采用导墙连接，左岸护至防冲槽与裹头相连，右岸与下游岸坡防护连接。

大坝坝基混凝土防渗墙与混凝土建筑物坝段的防渗墙连成整体。

## 2.3 复合土工膜斜墙坝

西霞院工程土石坝最大坝高 21m，最大水头 13.97m，为 2 级建筑物。由于复合土工膜用于 3 级以上的土石坝的工程经验较少，因此专门对国内的运用情况进行了调研，并进行了专题研究，于 2002 年 4 月完成了《土工膜防渗坝型比选简要报告》。根据国内土工膜防渗土石坝的建设经验，坝型可以采用复合土工膜斜墙坝或复合土工膜心墙坝。斜墙坝土工膜用于上游坝坡，心墙坝土工膜位于坝体中部。经对两种坝型的施工、运行维修、投资等的比较，两者工程费用基本相当，但复合土工膜斜墙坝施工方便，干扰小，易于检修、维护。2002 年 5 月，建设管理单位在洛阳主持召开了土工膜防渗体坝型专家咨询会，咨询意见认为“土工膜防渗方案是合适的。考虑土工膜防渗的土石坝，用于中、高坝及高等级工程刚在起步阶段，用于便于检修的部位较为稳妥，故同意斜墙坝方案”。因此，考虑西霞院工程的重要性，选用复合土工膜斜墙坝参与坝型比较。

## 2.3.1　断面设计

复合土工膜斜墙坝采用土工膜作为防渗材料，坝壳用砂砾石填筑。坝顶高程 139.0 m，坝顶宽 8.0 m，上游坝坡 1∶2.75，下游坝坡 1∶2.25～1∶2.5。大坝设计断面分为两岸滩地段和河槽段两种型式，见图 2-3。

(1)两岸滩地段。建基在河漫滩表部松散层上，基础经过强夯处理。上游坝坡 1∶2.75，采用复合土工膜斜墙防渗，复合土工膜下设 0.15 m 厚的中细砂垫层，上铺 0.2 m 厚的砾石保护层，外设 0.3 m 厚的预制混凝土块护坡。下游坝坡在 127.2 m 高程设 3.5 m 宽的马道，马道以上坝坡 1∶2.25，设 0.3 m 厚的干砌卵石护坡；马道以下坝坡 1∶2.5，设贴坡排水，贴坡排水结构同壤土心墙坝。大坝上游坡脚设 0.6 m 厚的混凝土防渗墙，墙底嵌入基岩 1.5 m，墙顶与复合土工膜斜墙连接。复合土工膜斜墙上部与坝顶上游侧路缘石连接。

(2)河槽段。坝体与截流围堰结合，建基在河槽砂砾石地基上，坝体结构基本同滩地段。上游坝坡在 126.5 m 高程设 15.42 m 宽的平台，平台以下是截流围堰，围堰上游边坡 1∶2。围堰中的混凝土防渗墙与复合土工膜斜墙连接，形成封闭的防渗体系。防渗墙厚 0.6 m，墙底嵌入基岩 1.5 m。下游坝脚设 3.0 m 宽的干砌石护脚，不设排水沟。

复合土工膜斜墙坝垂直防渗方案大坝断面设计详见图 2-3。

## 2.3.2　复合土工膜的耐老化性能和选材

### 2.3.2.1　土工膜在国内外的应用情况

目前，国内外长期使用土工膜防渗的工程已有不少。从 20 世纪 40 年代开始，美国在渠道上铺设聚氯乙烯(PVC)薄膜用以防渗，苏联、意大利、西班牙、南非、法国等在 60 年代开始采用聚乙烯(PE)薄膜作蓄水池、污水池以及堤坝的防渗衬砌。80 年代以来在北美洲、欧洲等已有近百座土石坝采用各种类型的土工膜进行防渗。我国采用这项技术开始于 20 世纪 60 年代中期，土工膜使用在渠道上。从 80 年代开始，土工膜应用于中小型病险土石坝工程的除险加固，80 年代末 90 年代初，一些新建的中小型土石坝工程开始使用土工膜防渗。表 2-8、表 2-9 中分别给出了国外和国内坝工中采用土工膜防渗的工程情况。

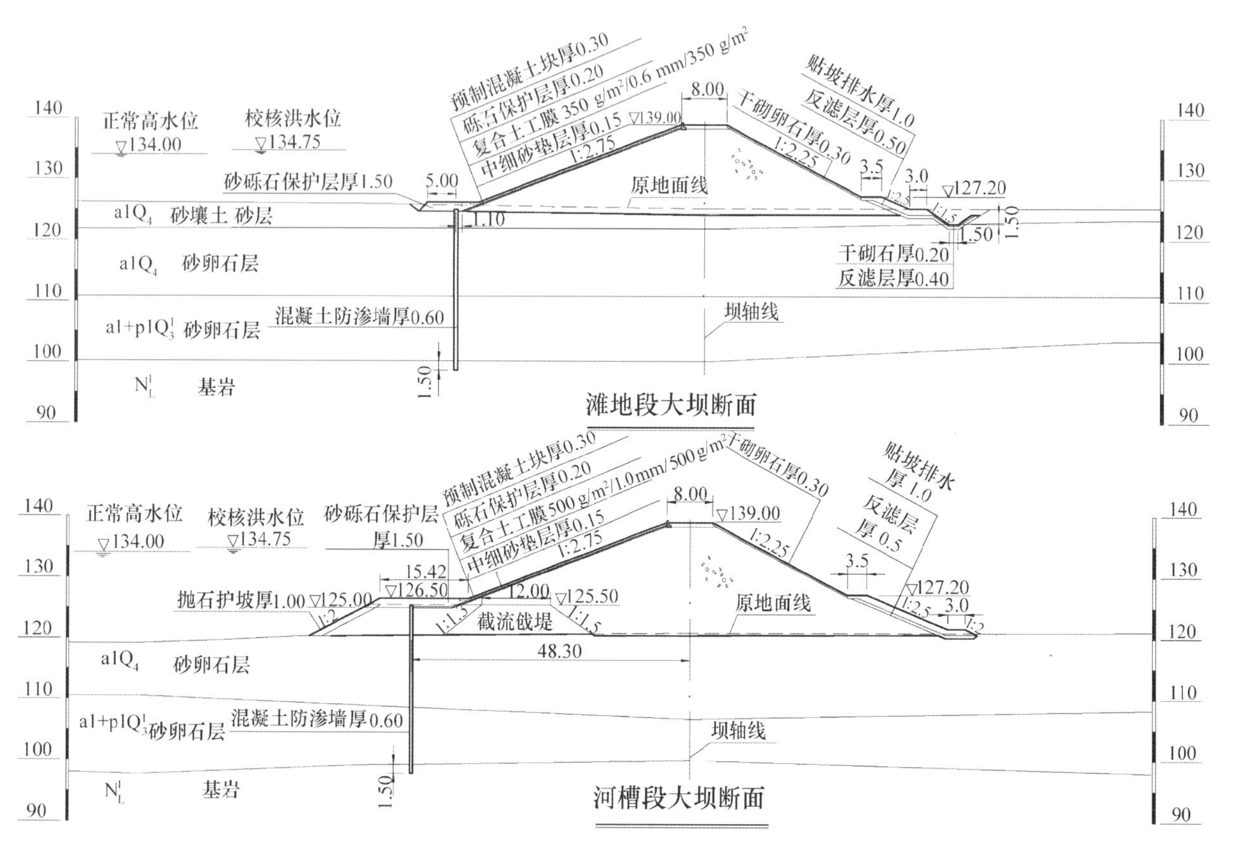


图 2-3 复合土工膜斜墙坝大坝断面 （单位：m）

**表 2-8　国外坝工中使用土工膜情况**

| 序号 | 工程名称 | 所在国家 | 开始使用年度 | 坝料 | 最大挡水水头或坝高 (m) | 土工膜材料 | 土工膜厚度 (mm) |
|---|---|---|---|---|---|---|---|
| 1 | Sabetta | 意大利 | 1959 | | 33 | RI | 2.0 |
| 2 | Dobsina | 斯洛文尼亚 | 1960 | 石料 | 10 | PVC | 0.9 |
| 3 | Terzaghi | 加拿大 | 1962 | 土料 | 55 | PVC | 0.76 |
| 4 | Llano | 哥斯达黎加 | 1963 | | | PVC | 0.5 |
| 5 | Toktogul 围堰 | 吉尔吉斯斯坦 | 1964 | 土料 | 6 | PE | 0.2/0.4/0.6 |
| 6 | Decoto | 美国 | 1966 | 土料 | 10 | RI | 0.24 |
| 7 | Miel | 法国 | 1967 | 土料 | 15 | RI | 1.0 |
| 8 | Rinconada | 美国 | 1968 | 土料 | 12 | RI | 0.32 |
| 9 | Kualapuu | 美国 | 1969 | 土料 | 18 | RI | 0.8 |
| 10 | Atbashinsk | 吉尔吉斯斯坦 | 1970 | 土料 | 46.5 | PE | 0.6 |
| 11 | Neris | 法国 | 1970 | 石料 | 18 | RI | 1.5 |
| 12 | Obecnice | 捷克 | 1971 | | | PVC | |
| 13 | Zolina | 西班牙 | 1972 | 土料 | 14 | PUR | 1.1 |
| 14 | Altenwoerth 围堰 | 奥地利 | 1973 | 砂粒料 | 10 | PVC | 0.6 |
| 15 | Landsteju | 捷克 | 1973 | 石料 | 27 | PVC | 1.1 |
| 16 | Nurek 围堰 | 俄罗斯 | 1973 | 砂砾石 | 45 | LDPE | 0.6 |
| 17 | Pond De Claix | 法国 | 1973 | 土料 | 12 | RI | 2.0 |
| 18 | Odiel | 西班牙 | 1974 | 砂砾石 | 27 | PE/PVC | 1.5 |
| 19 | AbwindenA 围堰 | 奥地利 | 1975 | 石料 | 6 | PVC | 0.5 |
| 20 | La Coche | 法国 | 1975 | 石料 | 33 | PVC | 1.0 |
| 21 | Herbes Blanches | 法国 | 1975 | 土料 | 14 | RI | 1.0 |
| 22 | Sugarloaf 围堰 | 澳大利亚 | 1976 | | 19 | CSPE | |
| 23 | Tvrdosin | 斯洛文尼亚 | 1976 | | | PVC | |
| 24 | Cotter | 美国 | 1979 | | 坝高 40 | CSPE | 0.9 ~ 1.5 |
| 25 | Avoriaz | 法国 | 1981 | | 14 | HDPE | |
| 26 | Tmarka | 捷克 | 1981 | | 20 | HDPE | |
| 27 | Codole | 法国 | 1983 | 石料 | 28 | PVC | 2.0 |
| 28 | Colibita | 罗马尼亚 | 1983 | 石料 | 坝高 47 | PVC | 0.8 |
| 29 | Kyperrounda | 塞浦路斯 | 1985 | | 27 | PVC | 0.5/1.0 |
| 30 | Sto Justo | 美国 | 1985 | | 25 | HDPE | 1.0 |
| 31 | Aubrac | 法国 | 1986 | 土料 | 15 | PVC | 1.2 |
| 32 | Barranco de Benijosr | 西班牙 | 1986 | | 16.5 | PVC | 1.2 |

**续表 2-8**

| 序号 | 工程名称 | 所在国家 | 开始使用年度 | 坝料 | 最大挡水水头或坝高(m) | 土工膜材料 | 土工膜厚度(mm) |
|---|---|---|---|---|---|---|---|
| 33 | Isanlu | 尼日利亚 | 1986 | 石料 | 19 | HDPE | 3.5 |
| 34 | Locone 围堰 | 意大利 | 1986 | | 13 | RI | 1.5 |
| 35 | Signal Buttes | 美国 | 1986 | 土料 | 14 | HDPE | |
| 36 | Piano dellaRcooa 围堰 | 意大利 | 1987 | 砂砾石 | 9 | PVC | 1.5 |
| 37 | Stillwater | 美国 | 1987 | | 坝高 45 | HDPE | 2.5 |
| 38 | Artik | 亚美尼亚 | 1988 | 土料 | 18 | LDPE | 0.5 |
| 39 | Bilancino 围堰 | 意大利 | 1988 | 石料 | 15 | PVC | 1.2 |
| 40 | Kuriyama | 日本 | 1988 | | 48.5 | PVC | 1.5 |
| 41 | Cixerri2 级 | 意大利 | 1989 | 土料 | 7 | PVC | 2.1 |
| 42 | Cixerri3 级 | 意大利 | 1989 | 土料 | 9 | PVC | 2.1 |
| 43 | Jibiya | 尼日利亚 | 1989 | 土料 | 22 | PVC | 2.1 |
| 44 | Mihoesti | 罗马尼亚 | 1989 | 土料 | 25 | PVC | 0.8 |
| 45 | Pappadai 梯级坝 | 意大利 | 1989 | 土料 | 9 | PVC | 2.1 |
| 46 | Black Mountain | 美国 | 1990 | 土料 | | PVC | 1.14 |
| 47 | Figari | 法国 | 1990 | | 35 | PVC | 2.0 |
| 48 | Ajidaybiya | 利比亚 | 1990 | | | 塑化 HDPE | 1.5 |
| 49 | Benghazi | 利比亚 | 1990 | | 14 | 塑化 HDPE | 1.5 |
| 50 | Cerro Do Lobo | 葡萄牙 | 1990 | 石料 | 4 | HDPE | 1.5 |
| 51 | Sirt | 利比亚 | 1990 | | 14.5 | 塑化 HDPE | 1.5 |
| 52 | Sgmvoulos | 塞浦路斯 | 1990 | | 37 | HDPE | 2.5 |
| 53 | Oblatos gorge | 墨西哥 | 1992 | 土料 | 14 | CSPE | 0.91 |
| 54 | Pablo | 美国 | | | | HDPE-T | 1.5 |
| 55 | Bovilla | 阿尔巴尼亚 | 1996 | 石料 | 57 | PVC | 3.0 |

注：PE 为聚乙烯，PVC 为聚氯乙烯，LDPE 为低密度聚乙烯，HDPE 为高密度聚乙烯，CSPE 为氯磺化聚乙烯，RI 为异丁橡胶，PUR 为聚氨酯。

**表 2-9(1)　我国部分堤坝工程修复加固中使用土工膜情况**

| 序号 | 工程名称 | 所在省(市、区) | 使用年份 | 最大挡水水头或坝高(m) | 土工膜使用部位 | 使用情况 | 土工膜类型 |
|---|---|---|---|---|---|---|---|
| 1 | 桓仁 | 辽宁 | 1967 | 79 | 坝面 | 加固 | 沥青 PVC 热压膜 |
| 2 | 西北峪 | 陕西 | 1978 | 31 | 库区 | 修复 | 3 层 0.06 单膜 |
| 3 | 滑子 | 北京 | 1984 | 8 | 斜墙和库区 | 修复 | 复合膜 |
| 4 | 放马峪 | 北京 | 1984 | 10 | 斜墙 | 修复 | 3 层 0.1 单膜 |
| 5 | 罗坑 | 江西 | 1986 | 14.2 | 斜墙 | 修复 | 单膜 0.16，0.18，0.22 |
| 6 | 先锋 | 四川 | 1987 | 坝高 33 | 斜墙 | 修复 | 3 层 0.12 单膜 |
| 7 | 麦坑 | 江西 | 1987 | 9.75 | 斜墙 | 修复 | 单膜 0.32 |
| 8 | 闽江 | 福建 | 1987 | 7.8 | 铺盖 | 修复 | 单膜 0.24 |
| 9 | 李家箐 | 云南 | 1988 | 30.6 | 斜墙 | 修复 | 复合膜 |
| 10 | 黄尖山 | 江西 | 1988 | 14.6 | 斜墙 | 加固 | 单膜 0.1，0.07 |
| 11 | 犁壁桥 | 福建 | 1988 | 7.5 | 斜墙 | 修复 | 复合膜 |
| 12 | 军山 | 江西 | 1988 | 19.6 | 斜墙 | 修复 | 复合膜 |
| 13 | 乱木 | 河北 | 1989 | 10 | 斜墙 | 加固 | 单膜 0.8 |
| 14 | 新立 | 广东 | 1990 | 坝高 8 | 铺盖 | 修复 | 单膜 |
| 15 | 六甲 | 福建 | 1991 | 15.5 | 斜墙 | 修复 | 单膜 |
| 16 | 三官塘 | 福建 | 1991 | 15.5 | 斜墙 | 修复 | 单膜 |
| 17 | 田头 | 福建 | 1992 | 坝高 30 | 斜墙 | 修复 | 单膜 |
| 18 | 切吉 | 青海 | 1992 | 坝高 20 | 斜墙 | 加固 | 单膜 1 |
| 19 | 毛儿冲 | 湖北 | 1993 | 20 | 斜墙 | 修复 | 单膜 0.22 |
| 20 | 湾子 | 云南 | 1995 | 18 | 库区 | 修补 | 复合膜 |
| 21 | 红卫 | 广西 |  | 坝高 30.2 | 斜墙 | 修复 | 复合膜 |
| 22 | 伍沟 | 四川 |  | 10.5 | 斜墙 | 加固 | 复合膜 |
| 23 | 贡拜尔沟 | 新疆 |  | 28 | 铺盖 | 修复 | 复合膜 |
| 24 | 大渔山 | 新疆 |  |  | 地基垂直铺膜 | 修复 |  |

**表 2-9(2) 我国部分新建堤坝工程中使用土工膜情况**

| 序号 | 工程名称 | 所在省(市、区) | 使用年份 | 坝料 | 最大挡水水头或坝高(m) | 土工膜使用部位 | 土工膜类型 |
|---|---|---|---|---|---|---|---|
| 1 | 大宁 | 北京 | | | 13.5 | 斜墙 | 复合膜 |
| 2 | 黑河 | 辽宁 | 1989 | 石料 | 13.9 | 心墙 | 复合膜 |
| 3 | 白河301 | 吉林 | 1989 | | 21.5 | 心墙 | 3层0.4单膜 |
| 4 | 田村 | 广西 | 1990 | 石料 | 41.9 | 心墙 | 复合膜 |
| 5 | 水口围堰 | 福建 | 1990 | 石料 | 26.5 | 心墙 | 复合膜 |
| 6 | 小岭头 | 浙江 | 1991 | 石料 | 坝高36 | 斜墙 | 复合膜 |
| 7 | 四扣 | 山东 | 1992 | | 5 | 斜墙 | 复合膜 |
| 8 | 甲日普 | 西藏 | 1992 | | 坝高31.4 | 心墙 | 复合膜 |
| 9 | 温泉堡 | 河北 | 1993 | | 46.3 | 碾压混凝土坝表面 | 复合膜 |
| 10 | 松子坑坝群 | 广东 | 1994 | | 28 | 斜墙和心墙 | 复合膜 |
| 11 | 小青沟2号 | 辽宁 | 1995 | | 20 | 斜墙 | 复合膜 |
| 12 | 万家寨围堰 | 山西、内蒙古 | 1995 | | 5.5 | 心墙 | 复合膜 |
| 13 | 塘房庙 | 云南 | 1997 | | 坝高52 | 斜墙 | 复合膜 |
| 14 | 钟吕 | 江西 | 1998 | 石料 | 51 | 斜墙 | 复合膜 |
| 15 | 三峡二期围堰防渗墙上部 | 湖北 | 1999 | | 13.2 | 斜墙、心墙 | 复合膜 |
| 16 | 王甫洲 | 湖北 | 1999 | 砂砾石 | 10 | 心墙 | 复合膜 |
| 17 | 温泉 | 青海 | 1994 | 砂砾石 | 坝高17.5 | 斜墙 | 复合膜 |
| 18 | 土坎 | 四川 | | | 13.3 | 斜墙 | 膜+织物0.25 |
| 19 | 黑石山副坝 | 青海 | 1989 | 砂卵石 | 坝高10 | 斜墙、铺盖 | 复合膜 |
| 20 | 风城高库副坝 | 新疆 | 2000 | 石料 | 坝高23 | 心墙 | 复合膜 |

从表 2-8、表 2-9 中可以看出一些特点：①土工膜在坝工中的应用，从地域上看已很广泛，国内外已经普遍接受了这种新型的防渗材料和技术。许多工程实录都表明其防渗效果良好、经济、施工方便，有推广使用价值。②国内土工膜的应用落后于国外，但从土工膜承受 20 m 以上水头的实例所占的百分数来看，已与国外相当，且国内也有土工膜承受超过 50 m 水头的实例。这些都说明国内在坝工中使用土工膜的技术水平已逐渐接近国际先进水平。③关于土工膜的厚度目前有两种观点，一种主张用厚膜(膜厚＞1.0 mm)，以欧洲国家为多；另一种主张使用薄膜(膜厚＜1.0 mm)，以美洲国家和我国的实例较多，这些坝的使用情况至今仍然良好。

#### 2.3.2.2 土工膜的耐老化性能

土工膜应用于水工建筑物，其使用寿命有多长，这是工程技术人员最关心的问题。土工膜即聚合物薄膜，其损坏原因有以下几种：

(1)由于反聚合作用和分子断裂使聚合物分解，因而失去聚合物的物理性能和发生软化。

(2)由于失去增塑剂和辅助成分，聚合物硬化发脆。

(3)由于液体浸渍而膨胀甚至溶解，因而降低力学性质，增大渗透性。

(4)由于液体浸渍或接缝应力过高，从而使接缝拉开。

损害聚合物的主要因素为：热、氧、光、臭氧、湿气、大气中的 $NO_2$ 和 $SO_2$、溶剂、低温、应力和应变、酶和细菌等。

要比较全面和准确地测定和评价土工膜在各种条件下的耐老化性能，最好的方法是进行自然老化试验。国外坝工中应用土工膜已有 40 多年的历史(见表 2-8)，国内也有 30 多年的历史。国内外工程长期运行情况表明，土工膜的耐老化性能是可信的。

美国、南非和纳米比亚从 20 世纪 60 年代起就进行实验室研究和野外试验，得到的结论是：不论是在寒冷地区还是在干热地区，土工膜的强度和伸长率都变化甚微。有关实测资料还表明，埋设在坝内的 PE 膜在 15 年中，抗拉强度只降低 5%，极限伸长率只降低 15%。因而，可以推估，土石保护下的薄膜使用寿命可达 60 年(按伸长率估算)或 180 年(按强度估算)。

前苏联对聚乙烯膜做老化试验，根据推算认为用在坝内可使用 100 年。前苏联能源部《土石坝应用聚乙烯防渗结构须知》(BCH 07—74)中规定：聚乙烯膜可用于使用年限不超过 50 年的建筑物。前苏联文献认为：之所以限制在 50 年，是因为观测时间不长，因此对使用寿命的结论是极为谨慎的。当积累足够的观测资料以后，这个年限将延长。

另外一个旁证是：英国从 1860 年开始，混凝土坝内的伸缩缝止水片应用橡胶制品。经检查，至今尚未损坏。由此可以认为，坝内埋设的橡胶膜使用寿命在 100 年以上。聚合物橡胶的耐久性优于天然橡胶，因此用于坝内防渗是安全耐久的。

近年来，我国在土工合成材料应用中也有大量研究成果。河海大学的研究成果指出：土工合成材料受拉时，高应力水平方向老化快，低应力水平方向老化慢；应力水平限制在 20%以下，则使用寿命可达 100 年以上。

国内外大量试验研究和原型工程观测资料表明，土工膜具有足够长的使用寿命。西霞院复合土工膜防渗体坝采用 PE 膜，PE 膜位于上游坝坡，其上覆盖土石保护层，应力较小且避免了紫外线的照射。国内外的试验资料表明，其使用寿命可达 50 年以上。

#### 2.3.2.3　复合土工膜选材

西霞院工程土石坝最大坝高 21 m，属低坝，为 2 级建筑物，国内采用土工膜防渗的 3 级以上土石坝的工程经验较少，并且生产土工膜的厂家很多，产品性能各异，大型工程大量使用土工膜前很有必要对产品进行充分的调研和检验工作。为此，我们专门进行了调研，并委托河海大学进行专项试验研究，共检测了 3 个厂家的 6 种复合土工膜(其中 PE 膜 4 种，PVC 膜 2 种)，完成了物理性能、力学性能、水力学性能和接缝特性等多项试验，并且进行了复合土工膜与其界面中细砂、砾石垫层的摩擦试验，为设计选材提供了依据。

工程常用土工膜有聚氯乙烯(PVC)膜和聚乙烯(PE)膜两种。PVC 膜比重大于 PE 膜；PE 膜较 PVC 膜易碎化；PE 膜成本低于 PVC 膜；二者防渗性能相当；PVC 膜可采用热焊或胶粘，PE 膜只能热焊；PVC 膜和 PE 膜还有一个突出差别，就是膜的幅宽，PVC 复合土工膜一般为 1.5 ~ 2.0 m，PE 复合土工膜可达 4.0 ~ 6.0 m，相应地，接缝 PE 膜比 PVC 膜减少 1 倍以上。

表 2-10 是调研收集的国内部分土工膜防渗体坝基本特性。

**表 2-10　国内部分土工膜防渗体坝基本特性**

| 序号 | 坝名 | 级别 | 坝高(m) | 坝型 | 坝料 | 上游坝坡 | 下游坝坡 | 土工膜材料 | 复合土工膜规格 | 坝基防渗 | 备注 |
|---|---|---|---|---|---|---|---|---|---|---|---|
| 1 | 西藏加达 | 4 级 | 14 | 斜墙坝 | 砂砾石 | 1 : 3 | 1 : 2.5 | PE | 200 g/m$^2$/0.5 mm/200 g/m$^2$ | 土工膜铺盖 | 正在施工 |
| 2 | 德州丁东 | 2 级 | 10 | 斜墙坝 | 壤土 | 1 : 3 | 1 : 3 | PE | 250 g/m$^2$/0.2 mm | 垂直铺塑 | 运用正常 |
| 3 | 泰安抽水蓄能 | 1 级 | 100 | 面板坝 | 堆石 | 1 : 1.5 | 1 : 1.4 | HDPE | 两布一膜 | 土工膜铺盖 | 正在施工 |
| 4 | 王甫洲主坝 | 3 级 | 13 | 心墙坝 | 砂砾石 | 1 : 3 | 1 : 2.75 | PVC | 200 g/m$^2$/0.5 mm/200 g/m$^2$ | 混凝土防渗墙 | 运用正常 |
| 5 | 王甫洲围堤 | 3 级 | 13 | 斜墙坝 | 砂砾石 | 1 : 2.75 | 1 : 2.5 | PE | 200 g/m$^2$/0.5 mm/200 g/m$^2$ | 土工膜铺盖 | 运用正常 |
| 6 | 沙坡头副坝 | 3 级 | 15.1 | 心墙坝 | 砂砾石 | 1 : 3 | 1 : 2.5 | PVC | 300 g/m$^2$/0.5 mm | 塑性混凝土防渗墙 | 正在施工 |
| 7 | 温泉土石坝 | 2 级 | 17.5 | 斜墙坝 | 砂砾石 | 1 : 3 | 1 : 2.5 | PVC | 200 g/m$^2$/0.6 mm/250 g/m$^2$ | 高压摆喷防渗墙 | 漏水严重 |
| 8 | 田村 | 3 级 | 48 | 斜墙坝 | 堆石 | 1 : 1.5 | 1 : 1.5 | PVC | 一布一膜 | 基岩 | 运用正常 |
| 9 | 钟吕 | 3 级 | 51 | 斜墙坝 | 堆石 | 1 : 1.5 | 1 : 1.4 | PVC | 350 g/m$^2$/0.6 mm/350 g/m$^2$ | 基岩 | 漏水严重 |
| 10 | 小岭头 | 3 级 | 36 | 斜墙坝 | 堆石 | 1 : 1.5 |  |  |  | 基岩 |  |
| 11 | 湖北月山水库 | 4 级 | 35 | 斜墙坝 | 砂砾石 |  |  |  | 两布一膜 0.5 mm | 混凝土防渗墙 |  |

从中可以看出：比较重要的工程，如王甫洲主坝、沙坡头副坝、温泉土石坝等，均采用 PVC 膜防渗，但这些坝最高 17.5 m，最长 1 250 m，防渗面积较小。而王甫洲围堤，坝长 12 600 m，采用复合土工膜斜墙和水平铺盖防渗，面积达 107 万 $m^2$，为减少接缝，确保施工质量，土工膜采用了 PE 膜，效果良好。因此，在物理性能、力学性能、水力学性能相当的情况下，大面积土工膜施工，应尽量选用 PE 膜。而且，PE 膜接缝采用热焊，施工质量较稳定，焊缝质量易于检查，施工速度快，工程费用低。PVC 膜虽然可焊接，可胶粘，但胶粘施工质量受人为因素影响较大，大面积施工中粘缝质量较难控制，成本较高；采用焊接时温度控制是关键，温度较高时易碳化，较低时则焊接不牢。

因此，经综合分析，本工程初步确定采用 PE 膜。

复合土工膜是膜和织物热压粘合或胶粘剂粘合而成。土工织物保护土工膜以防止土工膜被接触的卵石或碎石刺破，防止铺设时被人和机械压坏，亦可防止运输时损坏。织物材料选用纯新涤纶针刺非织造土工织物。

复合土工膜采用两布一膜，规格为：右岸滩地段为 400 $g/m^2$/0.6 mm/400 $g/m^2$；左岸滩地段、河槽段为 400 $g/m^2$/0.8 mm/400 $g/m^2$。复合土工膜厚度的选择详见 2.3.3.3 节复合土工膜厚度验算。

## 2.3.3 计算分析

### 2.3.3.1 渗流计算

计算采用程序、计算断面和计算工况同壤土斜墙坝相关内容。计算参数及计算成果分别见表 2-11、表 2-12。计算时为避免畸形单元，参照其他工程经验，将土工膜的厚度扩大 100 倍，相应渗透系数也扩大 100 倍。

**表 2-11 坝体、基础材料渗透特性**

| 序号 | 材料名称 | 允许渗透比降 | 渗透系数(m/d) |
|---|---|---|---|
| 1 | 复合土工膜 | | $8.64\times10^{-7}$ |
| 2 | 坝壳填筑料 | | 7.948 8 |
| 3 | 坝基粉细砂覆盖层 | 0.27 ~ 0.35 | 1.5 |
| 4 | $Q_4$ 砂砾石 | 0.08 ~ 0.2 | 15 |
| 5 | $Q_3^1$ 砂砾石 | 0.08 ~ 0.2 | 30 |
| 6 | 基岩 | | $4.32\times10^{-2}$ |
| 7 | 混凝土防渗墙 | | $8.64\times10^{-6}$ |

**表 2-12　复合土工膜斜墙坝二维渗流计算成果**

| 坝型方案 | 断面 | 坡脚渗透比降 | 允许比降 | 单宽渗漏量($m^3/(d \cdot m)$) |
|---|---|---|---|---|
| 土工膜斜墙坝垂直防渗 | 河槽 | 0.034 | 0.08 ~ 0.2 | 0.61 |
| | 滩地 | 0.010 | 0.27 ~ 0.35 | 0.54 |

计算结果表明，滩地段垂直防渗比水平防渗效果明显，渗漏量和下游坝脚渗透比降都非常小。

### 2.3.3.2　稳定计算

计算采用程序、计算断面和计算工况同壤土心墙坝相关内容。计算参数见表 2-5，坝坡稳定计算成果见表 2-13。

**表 2-13　复合土工膜斜墙坝坝坡稳定计算结果**

| 工况 | 正常运用条件 | | 非常运用条件 I | | 非常运用条件Ⅱ | |
|---|---|---|---|---|---|---|
| | 上游坡 | 下游坡 | 上游坡 | 下游坡 | 上游坡 | 下游坡 |
| 允许最小安全系数 | 1.35 | 1.35 | 1.25 | 1.25 | 1.15 | 1.15 |
| 河槽断面 | 1.830 | 1.615 | 1.816 | 1.628 | 1.515 | 1.430 |
| 滩地断面 | 1.771 | 1.433 | 1.594 | 1.433 | 1.490 | 1.285 |
| 计算条件 | 上游不利水位 131 m，下游水位 120.03 m | 上游水位 134 m，下游水位 120.03 m | 上、下游无水 | 上、下游无水 | 上游水位 134 m，下游水位 120.03 m | 上游水位 134 m，下游水位 120.03 m |

从表 2-13 计算成果可以看出，在所有计算工况下，安全系数均满足规范要求，上游坝坡整体稳定安全储备较高。

土工膜斜墙坝上游坝坡结构为(由外到内)：30 cm 厚的混凝土护坡、20 cm 厚的砾石(最大粒径＜40 mm)上垫层、复合土工膜、15 cm 厚的中细砂下垫层。坝坡 1∶2.75。需验算沿土工织物的抗滑稳定性，安全系数按下式计算：

$$F_s = \frac{\tan\delta}{\tan\alpha} = \frac{f}{\tan\alpha}$$

式中　$\delta$、$f$ ——复合土工膜与下垫层之间的内摩擦角、摩擦系数；

$\alpha$ ——复合土工膜铺放坡角。

根据王甫洲工程经验，复合土工膜与垫层间的摩擦角保守地取 26°(饱和砂)，坝坡稳定安全系数为 1.34，满足规范要求的 1.25。

另外，土工膜防渗体坝在国内大型工程的应用处于起步阶段，经验较少，从调研收集的土工膜防渗体砂砾石坝资料(见表 2-10)来看，坝高在 10 ~ 17.5 m，上游坝坡在 1 ∶ 2.7 ~ 1 ∶ 3.0。

根据以上几方面，综合选取上游坝坡坡比为 1 ∶ 2.75。

#### 2.3.3.3　复合土工膜厚度验算

土工膜厚度可按《水利水电工程土工合成材料应用技术规范》(SL/T 225—98)中的公式计算。

$$T = 0.204 \cdot \frac{pb}{\sqrt{\varepsilon}}$$

式中：$T$——薄膜的单宽拉力，kN/m；

$p$——薄膜上承受的水压力荷载，kPa；

$b$——预计膜下地基可能产生的裂缝宽度，m；

$\varepsilon$——薄膜发生的拉应变(%)。

计算土工膜的厚度时，考虑土工膜垫层采用中细砂、砾石，作用水头按最大水头 13.97 m 计，即 $p$=139.7 kPa，假设裂缝宽度为 10 mm，得到土工膜的拉应力—拉应变曲线，$T = \frac{0.285}{\sqrt{\varepsilon}}$。此曲线应与选用厚度的土工膜材料的拉应力—拉应变曲线对比，求出应力安全系数和应变安全系数，要求安全系数为 5。如不满足，应选较厚膜。

根据国内已建工程经验，以及土工合成材料生产厂家的能力，设计要求 0.6 mm 厚的土工膜极限抗拉强度为 8 kN/m，应变 10%，进行验算得 $T$=0.09 kN/m，安全系数 $F_s$=8/0.09=88.9＞4 ~ 5(满足 SL/T 225—98 规范要求的数值)。

调研收集的国内部分土工膜防渗体坝的资料见表 2-10。温泉土石坝为 2 级建筑物，坝高 17.5 m，采用 200 g/m$^2$/0.6 mm/250 g/m$^2$ 复合土工膜；钟吕坝，坝高 51.0 m，采用 350 g/m$^2$/0.6 mm/350 g/m$^2$；王甫洲围堤采用 200 g/m$^2$/0.5 mm/200 g/m$^2$。本工程为 2 级建筑物，坝高 21.0 m，采用 350 g/m$^2$/0.6 mm/350 g/m$^2$ 复合土工膜还是比较合适的。

专项试验研究成果表明，复合土工膜在左岸转弯段和河槽段应变较大，材料(规格 350 g/m$^2$/0.6 mm/350 g/m$^2$)的极限应变与其比值小于 5，不能满足规范要求。因此，应待专项试验研究工作完成后，最终确定复合土工膜的规格。

### 2.3.4 基础处理

复合土工膜斜墙坝与壤土心墙坝具有相同的工程地质问题，因此基础处理方法基本相同。即两岸坝基范围内的河漫滩表部砂壤土、砂层采用强夯处理；坝基防渗采用混凝土防渗墙。

防渗墙设于上游坝脚，斜墙复合土工膜锚固于防渗墙顶部，具体连接方法为(见图 2-4)：先将连接处墙顶清理干净，用砂浆抹平后涂上一层沥青，贴上止水橡皮后再铺膜，土工膜上再贴止水橡皮，并用 10 mm 厚钢板压平，每隔 50 cm 用膨胀螺栓固定，最后浇筑 30 cm 高的混凝土盖帽封闭。

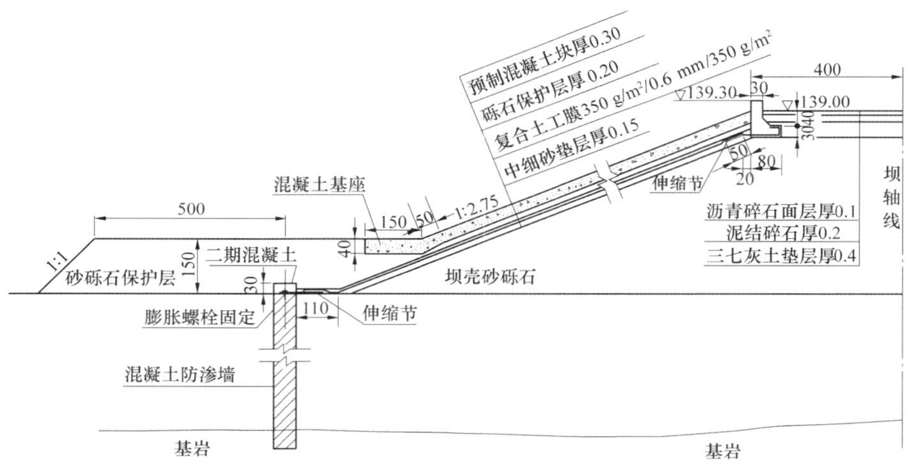


**图 2-4 土工膜与防渗墙连接简图** (单位：m)

### 2.3.5 坝体与岸坡和其他建筑物的连接

#### 2.3.5.1 土坝与岸坡连接

土坝与岸坡连接工程的布置原则同壤土斜墙坝。主要处理方法是：

土坝与坝肩接头部位采用削坡处理，根据坝肩地形条件，左坝肩连接坡度为 1∶2，右坝肩连接坡度为 1∶1.5。

#### 2.3.5.2 土坝与混凝土建筑物连接

西霞院工程土石坝分左岸和右岸两部分，左、右岸土石坝之间是泄水和发电建筑物。

土石坝直接与混凝土建筑物坝段连接。斜墙土工膜锚固在上游混凝土导墙和混凝土坝段上，上游坝脚防渗墙通过设置在上游导墙底部的混凝土防渗墙与混凝土建筑物坝段的防渗墙连成整体。

斜墙土工膜与混凝土建筑物的连接方法(见图2-5)是先将连接处混凝土表面清理干净，涂上一层沥青，贴上止水橡皮后再铺膜，土工膜上再贴止水橡皮，并用 10 mm 厚钢板压平，每隔 50 cm 用膨胀螺栓固定在混凝土墙上，最后用砂浆覆盖封闭。

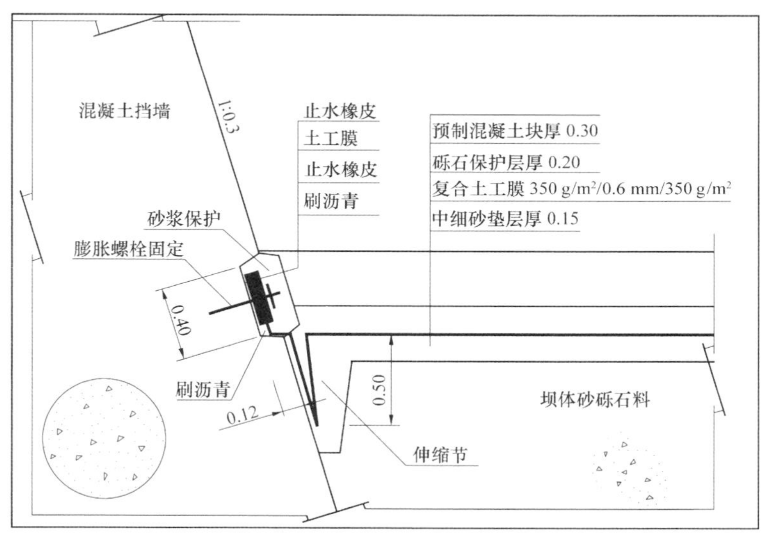


图 2-5 土工膜与混凝土建筑物连接大样 (单位：m)

## 2.4 方案比较

### 2.4.1 工程量和投资估算

壤土心墙坝和复合土工膜斜墙坝的主要工程量和投资比较见表 2-14，投资估算考虑了施工导流、施工占地及移民安置等费用。

**表 2-14　两种坝型方案主要工程量和投资比较**

| 序号 | 工程项目 | 复合土工膜斜墙坝(1) | 壤土心墙坝(2) | (1)–(2) |
|---|---|---|---|---|
| 一 | 大坝主要工程量 | | | |
| | 黄土、砂壤土开挖($m^3$) | 436 497 | 506 773 | –70 276 |
| | 砂卵石开挖($m^3$) | 20 773 | 41 241 | –20 468 |
| | 坝基强夯处理($m^2$) | 199 318 | 200 888 | –1 570 |
| | 壤土填筑($m^3$) | 0 | 390 456 | –390 456 |
| | 砂砾石填筑($m^3$) | 1 993 945 | 1 494 964 | 498 981 |
| | 反滤料填筑($m^3$) | 26 908 | 184 899 | –157 991 |
| | 砾石保护层($m^3$) | 22 536 | 0 | 22 536 |
| | 中细砂垫层($m^3$) | 16 771 | 0 | 16 771 |
| | 干砌卵石护坡($m^3$) | 23 593 | 24 428 | –835 |
| | 干砌石砌筑($m^3$) | 43 100 | 121 721 | –78 621 |
| | 浆砌石砌筑($m^3$) | 853 | 869 | –16 |
| | 混凝土($m^3$) | 36 673 | 6 447 | 30 226 |
| | 钢筋(t) | 488 | 262 | 226 |
| | 复合土工膜斜墙($m^2$) | 135 581 | | 135 581 |
| | 混凝土防渗墙($m^3$) | 88 719 | 87 240 | 1 479 |
| 二 | 大坝直接工程费用(万元) | 18 587 | 18 745 | –158 |
| 三 | 临时工程费用(万元) | 1 545 | 1 697 | –152 |
| 1 | 导流工程(万元) | 550 | 498 | 52 |
| 2 | 施工道路(万元) | 995 | 1 199 | –204 |
| 四 | 施工占地及移民安置费用(万元) | 15 629 | 15 784 | –155 |
| 五 | 总计(万元) | 35 761 | 36 226 | –465 |

从表 2-14 可以看出：壤土心墙坝投资为 36 226 万元，复合土工膜斜墙坝为 35 761 万元，壤土心墙坝投资多 465 万元。

## 2.4.2　防渗型式比较

### 2.4.2.1　防渗材料比较

复合土工膜斜墙坝和壤土斜墙坝的主要区别在于防渗体材料的不同。

复合土工膜防渗性能好，质量轻，对不均匀沉陷适应能力强、施工简便，造价低廉，但在大型土石坝工程中运用较少。由于工程中应用时间短，一些人对复合土工膜的耐老化性和使用寿命还不太放心。

壤土防渗是土石坝常用的一种防渗型式，可靠性好，但方量大，工期长，受降水和冬季影响，施工干扰大。

两种坝型坝肩绕渗处理均采用混凝土垂直防渗墙型式，但复合土工膜斜墙坝在坝肩处防渗墙为折线布置，比壤土心墙坝的直线布置复杂。

#### 2.4.2.2　与混凝土建筑物连接

复合土工膜斜墙坝直接和混凝土建筑物连接，斜墙土工膜锚固于混凝土侧墙上。连接段防渗墙沿着泄水建筑物上游导墙底部布置，型式相对复杂。土工膜与混凝土的连接需要设置伸缩节。

壤土心墙坝通过刺墙与混凝土建筑物连接，设过渡段，心墙上下游边坡变缓，施工相对复杂。连接段防渗墙为直线布置，与混凝土建筑物坝段防渗墙轴线相同。

### 2.4.3　施工条件比较

#### 2.4.3.1　施工工艺

壤土心墙坝的施工是一种常规方法，施工技术成熟。土工膜防渗体坝在水利工程中运用较少，土工膜施工是一项新工艺，需要有专门的施工队伍，并且要进行上岗前的培训。

土工膜接缝多，易被带棱角、尖锐的砾石刺穿，施工要精心，对施工人员的素质要求高。铺设时，工作人员应穿软底鞋，不能穿硬底皮鞋或带钉的鞋。铺好后应及时覆盖，以免受阳光照射而老化，或被风吹动而撕破。

#### 2.4.3.2　施工导流

两种坝型均是分两期施工。一期施工左、右两岸滩地土石坝和混凝土坝段，二期施工河槽段土石坝。二期工程施工期间，土石坝需临时挡水度汛，上游坝坡要分两次施工。对于复合土工膜斜墙坝，河槽段的复合土工膜增加了一道水平接缝，并且增加了临时保护的工作；对于壤土心墙坝则影响较小。

复合土工膜斜墙坝截流围堰考虑截流以及防渗墙的施工要求，围堰顶宽 31.75 m，上游边坡 1∶2.0；壤土心墙坝截流围堰不做防渗墙，因此围堰顶宽仅有 20.0 m，但需抛填黄土防渗，围堰上游边坡 1∶6，并且基础不能完全截断渗流，将加大基坑排水量。两种坝型施工导流工程量见表 2-15(由于下游围堰相同，在此仅列出上游围堰的工程量)。两种方案围堰投资基本相当。

表 2-15 两种坝型上游围堰工程量和投资比较

| 项目 | 复合土工膜斜墙坝上游围堰(1) | 壤土心墙坝上游围堰(2) | (1)–(2) |
|---|---|---|---|
| 砂砾石填筑($m^3$) | 67 207 | 14 893 | 52 314 |
| 抛卵石($m^3$) | 42 570 | 37 249 | 5 321 |
| 抛块石($m^3$) | 27 735 | 24 268 | 3 467 |
| 干砌石护坡($m^3$) | 3 341 | | 3 341 |
| 抛黄土($m^3$) | | 47 806 | –47 806 |
| 围堰费用(万元) | 550 | 498 | 52 |

#### 2.4.3.3 料场占地

复合土工膜斜墙坝不用壤土防渗，没有土料场，但砂砾石料用量较壤土心墙坝多，两种坝型料场占地相差不多。

各方案料场占地见表 2-16。

表 2-16 各方案料场占地 (单位：亩)

| 方案 | 砂砾石料场 | | | 土料场 | 合计 |
|---|---|---|---|---|---|
| | 水浇地 | 其他 | 小计 | | |
| 复合土工膜斜墙坝(1) | 930 | 740 | 1 670 | | 1 670 |
| 壤土心墙坝(2) | 842 | 473 | 1 315 | 394 | 1 709 |
| (1)–(2) | | | 355 | 394 | –39 |

#### 2.4.3.4 对施工道路的影响

复合土工膜斜墙坝没有土料场，相应地取消到南陈东及西霞院土料场的公路，长度合计为 1.7 km。

### 2.4.4 工程费用比较

各方案大坝工程费用见表 2-14，壤土心墙坝投资为 36 226 万元，复合土工膜斜墙坝为 35 761 万元，壤土心墙坝投资多 465 万元。

### 2.4.5 推荐坝型

通过以上各方面综合比较可知：

壤土心墙坝和复合土工膜斜墙坝技术上均是可行的，复合土工膜斜墙坝成功的一个关键因素在于土工膜的施工。

壤土斜墙坝设计、施工技术比较成熟，复合土工膜斜墙坝大型工程中应用较少，特别是大江大河上应用最少。

由于土工膜在我国工程实际应用时间不长，尚有人对土工膜的耐老化性能和使用寿命存在疑虑。

复合土工膜斜墙坝与壤土心墙坝相比，土工膜接缝较多，产生漏水情况的几率较大。复合土工膜斜墙坝投资比壤土心墙坝少465万元。

我国人均耕地面积很小，不占、少占耕地是应提倡的。壤土斜墙坝需要开采黏土筑坝，往往破坏耕地，引起纠纷。土工膜防渗，可以不用黏土，不占耕地，有利于环境保护，这在我国更有特殊意义。

土工膜防渗体坝在国内外已有不少成功的经验。

因此，综合考虑推荐坝型为复合土工膜斜墙坝。

## 2.5　复合土工膜规格型号确定

西霞院工程左岸土石坝坝段在桩号D0+202.85 m~D0+780.00 m区域内拐了一个弯，呈“S”形，其余为平直段。因此，土工膜的厚度选定既要考虑平直坝段的影响，又要考虑拐弯坝段的影响。

### 2.5.1　平直坝段土工膜厚度计算

平直段土工膜厚度按《水利水电工程土工合成材料应用技术规范》(SL/T 225—98)中的公式计算。

$$T = 0.204 \cdot \frac{pb}{\sqrt{\varepsilon}}$$

计算土工膜的厚度时，土工膜垫层按中细砂、砾石考虑，作用水头按最大水头13.97 m计，即$p$=139.7 kPa，假设裂缝宽度为10 mm，得到土工膜的拉应力—拉应变曲线，$T = \frac{0.285}{\sqrt{\varepsilon}}$。此曲线应与选用厚度的土工膜材料的拉应力—拉应变曲线对比，求出应力安全系数和应变安全系数，要求安全系数为5。如不满足，应选较厚膜。

根据调研收集的国内部分土工膜防渗体坝的资料(见表2-10)，温泉土石坝为2级建筑物，坝高17.5 m，采用200 g/m$^2$/0.6 mm/250 g/m$^2$复合土工膜；钟吕坝，坝高51.0 m，采用350 g/m$^2$/0.6 mm/350 g/m$^2$；王甫洲围堤采用200 g/m$^2$/0.5 mm/200 g/m$^2$。本工程为2级建筑物，坝高20.20 m，拟选用350 g/m$^2$/0.6 mm/350 g/m$^2$复合土工膜。

根据国内已建工程经验，以及土工合成材料生产厂家的能力，确定0.6 mm厚的土工膜极限抗拉强度和应变计算参数分别为8 kN/m和10%，代入公式得

$T$=0.09 kN/m，安全系数 $F_s$=8/0.09=88.9>4～5，满足 SL/T 225—98 规范要求的数值。

所以，平直坝段选用 350 g/m²/0.6 mm/350 g/m² 型复合土工膜可以满足要求。

## 2.5.2 拐弯坝段土工膜厚度计算

拐弯坝段土工膜选型委托河海大学进行了专项试验研究，主要是对坝体进行三维应力应变计算，对具体厂家的不同厚度的复合土工膜进行拉伸试验，从而科学确定复合土工膜的规格型号。

### 2.5.2.1 三维应力应变计算成果

专项试验研究对坝体左岸转弯段连同左岸部分山体进行三维应力应变计算(计算范围为桩号 D0–150.00 m～D1+50.00 m)。根据计算结果和试验资料，分别考虑复合土工膜纵横向的应力应变关系，选择适合工程的复合土工膜规格。

由坝面应变计算结果可知：①最大拉应变出现在校核水位考虑远期泥沙淤积工况下，最大值为–6.86%，其他各种工况的拉应变均小于此值；②左岸土石坝布置为“S”形，其应变与直线段的结果不同，拐弯处的拉应变值最大；③两个拐弯段相比较，拉应变又以河床拐弯段大于河岸拐弯段，这一方面与水压力大小有关，另一方面两个拐弯段的方向相反，河床拐弯段凹向上游而易受拉，河岸拐弯段凸向上游而略呈拱作用，则拉应变减小。

根据上述分析，为了合理选择复合土工膜型号，达到经济的目的，同时考虑到复合土工膜的幅宽(4 m)和施工方便等，将坝坡面复合土工膜分为 3 个区。Ⅰ区为 130.30 m 高程以上 0+0.00 m～1+50.00 m 坝段之间，Ⅱ区为 130.30 m 高程以下 0+0.00 m～0+530.00 m 坝段之间，Ⅲ区为 130.30 m 高程以下 0+530.0 m～0+1+50.00 m 坝段之间。

各分区复合土工膜的最大拉应变值见表 2-17。

**表 2-17 各分区复合土工膜的拉应变最大值一览表** (%)

| 工况 | Ⅰ区 | Ⅱ区 | Ⅲ区 |
|---|---|---|---|
| 正常水位考虑远期泥沙淤积工况 | <–3.49 | –5.24 | –5.82 |
| 设计水位考虑远期泥沙淤积工况 | <–4.01 | –4.53 | –6.22 |
| 校核水位考虑远期泥沙淤积工况 | –4.01 | –5.50 | –6.86 |

根据西霞院土石坝三维非线性有限元分析，结合土石坝右岸滩地段平直、坝低(最高 16 m)，河槽和左岸滩地段弯曲、坝高(最高 20.2 m)的实际情况，以及考虑安全裕度，对河槽和左岸滩地段的复合土工膜采用Ⅲ区应力应变计算结果，对右岸滩地段采用Ⅱ区计算结果，见表 2-17。

### 2.5.2.2　复合土工膜拉伸试验及安全系数确定

1)复合土工膜拉伸试验

河海大学、黄河水利科学研究院受委托对复合土工膜进行了专项试验，共检测了 6 个厂家的 16 种复合土工膜，进行了物理性能、力学性能等多项试验，表 2-18、表 2-19 为各厂家不同规格复合土工膜的检测试验结果。

2)拉力与应变安全系数的确定

根据试验数据，由复合土工膜在不同单宽拉力条件下的应变关系曲线(见图 2-6 中的曲线 2，曲线 1 为复合土工膜的应力应变曲线)可知，单宽拉力与 $\varepsilon$ 成正比。两曲线的交点即为所选材料在拉力 $T$ 作用下产生的应变 $\varepsilon$ 与 $p$ 荷载作用下产生的应变 $\varepsilon$ 相同的点，分别称这一点的拉力 $T$ 和应变 $\varepsilon$ 为工作拉力和工作拉应变。选择不同克重和厚度复合土工膜，则应力应变曲线不同，两曲线的交点也不同。

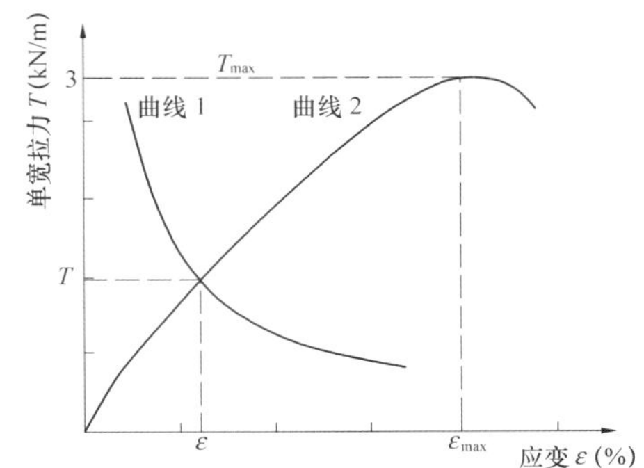


图 2-6　曲线交会法计算简图

设复合土工膜的极限单宽拉力为 $T_{max}$，极限拉应变为 $\varepsilon_{max}$，工作拉力为 $T$，工作拉应变为 $\varepsilon$，则拉力与应变的安全系数 $K_s$、$K_\varepsilon$ 分别为：

$$K_s = \frac{T_{max}}{T}, \quad K_\varepsilon = \frac{\varepsilon_{max}}{\varepsilon}$$

式中　$T_{max}$——复合土工膜极限抗拉强度(极限单宽拉力)；

$T$——复合土工膜工作拉力(工作单宽抗力)；

$\varepsilon_{max}$——复合土工膜极限拉应变；

$\varepsilon$——复合土工膜工作拉应变。

为安全计，$K_s$、$K_\varepsilon$ 应远大于 1.0。《水利水电工程土工合成材料应用技术规范》规定土工合成材料的许可抗拉强度 $T_a$ 用下式计算确定：

$$T_a = \frac{1}{F_{iD}F_{cR}F_{cD}F_{bD}}T_{max}$$

式中　$T_{max}$——复合土工膜极限抗拉强度；

$F_{iD}$——考虑施工破坏影响系数，对于堤坝取 1.1 ~ 2.0；

$F_{cR}$——考虑材料蠕变影响系数，对于堤坝取 2.0 ~ 3.0；

$F_{cD}$——考虑化学破坏影响系数，对于堤坝取 1.0 ~ 1.5；

$F_{bD}$——考虑生物破坏影响系数，对于堤坝取 1.0 ~ 1.3。

表 2-18　8 种规格的复合土工膜产品检测结果一览表(长丝)

| 测试项目 | | 单位 | 长丝 | | | | | | 长丝 | |
|---|---|---|---|---|---|---|---|---|---|---|
| | | | A 厂 | | C 厂 | | D 厂 | | A 厂 | |
| | | $g/m^2/mm/g/m^2$ | 350/0.6/350 | 250/0.6/250 | 350/0.6/350 | 250/0.6/250 | 350/0.6/350 | 250/0.6/250 | 300/1.2/300 | 200/0.8/200 |
| 单位面积质量 | 复合膜 | $g/m^2$ | 1 364 | 1 141 | 1 308 | 1 105 | 1 315 | 1 110 | 1 668 | 1 127 |
| | 膜 | | 672 | 648 | 621 | 670 | 563 | 577 | | |
| | 布(总) | | 700 | 508 | 676 | 444 | 768 | 537 | | |
| 复合土工膜厚 | | mm | 5.78 | 4.87 | 6.68 | 5.09 | 5.97 | 5.16 | 8.182 | 5.931 |
| 膜厚 | | mm | 0.63 | 0.64 | 0.62 | 0.63 | 0.62 | 0.62 | 1.36 | 0.91 |
| 膜容重 | | $kg/m^3$ | 1 066.7 | 1 012.5 | 1 001.6 | 1 063.5 | 908.1 | 930.6 | | |
| 抗拉强度 | 纵向 | kN/m | 52.20 | 43.11 | 60.02 | 50.73 | 63.84 | 54.88 | 41.00 | 29.34 |
| | 横向 | | 48.17 | 37.01 | 46.58 | 43.42 | 47.82 | 37.39 | 36.76 | 33.90 |
| 延伸率 | 纵向 | % | 52.60 | 54.10 | 57.70 | 56.10 | 63.20 | 52.20 | 66.00 | 59.00 |
| | 横向 | | 55.60 | 54.40 | 62.30 | 54.00 | 65.40 | 65.20 | 70.00 | 68.00 |
| 撕裂强度 | 纵向 | kN | 1.30 | 1.18 | 1.78 | 1.17 | 1.84 | 1.58 | 1.31 | 0.86 |
| | 横向 | | 1.18 | 1.13 | 1.40 | 1.01 | 1.49 | 1.16 | 1.18 | 0.95 |
| CBR 顶破强度 | | kN | 10.81 | 8.54 | 10.90 | 8.71 | 10.22 | 8.75 | | |
| 刺破强度 | | kN | 1.58 | 1.31 | 1.48 | 1.28 | 1.38 | 1.26 | | |
| 圆球顶破力 | | kN | | | | | | | 4.72 | 4.11 |

表 2-19　8 种规格的复合土工膜产品检测结果一览表(短丝)

| 测试项目 | | 单位 | 短丝 | | | | 短丝 | | | |
| --- | --- | --- | --- | --- | --- | --- | --- | --- | --- | --- |
| | | | B 厂 | | E 厂 | | F 厂 | | B 厂 | |
| | | g/m²/mm/g/m² | 500/0.6/500 | 350/0.6/350 | 500/0.6/500 | 350/0.6/350 | 500/0.8/500 | 350/0.6/350 | 500/0.8/500 | 350/0.5/350 |
| 单位面积质量 | 复合膜 | $g/m^2$ | 1 619 | 1 231 | 1 772 | 1 452 | 2 171 | 1 366 | 1 847 | 1 313 |
| | 膜 | | 902 | 841 | 867 | 770 | | | | |
| | 布(总) | | 830 | 388 | 909 | 702 | | | | |
| 复合土工膜厚 | | mm | 6.37 | 3.64 | 4.80 | 4.39 | 7.62 | 5.237 | 6.717 | 5.207 |
| 膜厚 | | mm | 0.79 | 0.78 | 0.79 | 0.78 | 0.94 | 0.64 | 0.93 | 0.71 |
| 膜容重 | | $kg/m^3$ | 1 141.8 | 1 078.2 | 1 097.5 | 987.2 | | | | |
| 抗拉强度 | 纵向 | kN/m | 40.37 | 26.91 | 36.80 | 28.47 | 47.00 | 25.50 | 49.20 | 32.94 |
| | 横向 | | 36.90 | 27.56 | 30.18 | 25.88 | 54.30 | 32.64 | 50.76 | 30.00 |
| 延伸率 | 纵向 | % | 91.30 | 78.90 | 68.10 | 75.20 | 101.00 | 65.15 | 68.00 | 79.00 |
| | 横向 | | 86.60 | 68.70 | 83.50 | 77.30 | 79.00 | 73.00 | 78.00 | 96.00 |
| 撕裂强度 | 纵向 | kN | 1.22 | 0.90 | 1.14 | 0.91 | 1.03 | 0.82 | 1.21 | 0.83 |
| | 横向 | | 1.22 | 0.89 | 0.93 | 0.79 | 1.37 | 0.88 | 1.20 | 0.85 |
| CBR 顶破强度 | | kN | 7.41 | 5.09 | 5.96 | 4.97 | | | | |
| 刺破强度 | | kN | 1.55 | 1.04 | | | | | | |
| 圆球顶破力 | | kN | | | | | 4.86 | 3.12 | 4.75 | 2.53 |

土工合成材料受拉力时，高应力水平老化快，低应力水平老化慢，应力水平超过 20%则聚合物结构缺陷区扩张，老化加快。应力水平限制在 20%以下，则使用寿命可达 100 年以上。取 $F_{iD}$=1.6、$F_{cR}$=2.0、$F_{cD}$=1.3、$F_{bD}$=1.2，则 $T_a=\frac{1}{5}T_{\max}$，亦即安全系数 $K$=5。

考虑校核工况的偶然性，不同工况下的允许安全系数见表 2-20。

**表 2-20　复合土工膜应力水平安全系数**

| 序号 | 工况 | 安全系数 |
| --- | --- | --- |
| 1 | 正常工况 | 5 |
| 2 | 设计工况 | 5 |
| 3 | 校核工况 | 4.5 |

不同厂家不同规格的复合土工膜(长丝、短丝共计 16 种)纵横向抗拉安全系数见表 2-21、表 2-22。

从表 2-21、表 2-22 中可看出，各个厂家的产品，对于同一坝体区域，膜厚、布重规格的均比膜薄、布轻规格的安全系数高。因此，可以确定，在膜厚确定的条件下,增加土工布的重量,是可以改善复合土工膜的应力状况的(安全系数)。

在长丝中，350 g/m²/0.6 mm/350 g/m² 规格的复合土工膜纵横向抗拉安全系数满足土石坝Ⅱ区的要求，对Ⅲ区，有两个厂家的纵向安全系数不满足要求，其他均满足要求。

在短丝中，350 g/m²/0.6 mm/350 g/m² 规格的复合土工膜纵横向抗拉安全系数满足土石坝Ⅱ区、Ⅲ区的要求；350 g/m²/0.6 mm/350 g/m² 规格有部分不满足西霞院土石坝Ⅱ区的要求。

### 2.5.3　复合土工膜选型

根据上述分析计算、试验成果以及国内外工程应用的一般规律，考虑本工程的重要性，复合土工膜的规格选定如下：

土工膜采用 PE 膜，最大抗拉强度≥10 kN/m，极限延伸率≥300%。

土工织物不论长丝、短丝均采用聚酯(涤纶)。

综合考虑复合土工膜的原料、铺设、产品质量控制和成本等多方面因素，最终右岸滩地坝段选用的规格为 400 g/m²/0.6 mm/400 g/m²，在河槽、左岸滩地坝段选用的规格为 400 g/m²/0.8 mm/400 g/m²，幅宽＞4 m。

表 2-21　8 种规格的复合土工膜纵横向抗拉安全系数(长丝)

| 测试项目 | | 单位 | 长丝复合土工膜 | | | | | | | |
|---|---|---|---|---|---|---|---|---|---|---|
| | | | A 厂 | | C 厂 | | D 厂 | | A 厂 | |
| | | $g/m^2$ /mm/ $g/m^2$ | 350/0.6/350 | 250/0.6/250 | 350/0.6/350 | 250/0.6/250 | 350/0.6/350 | 250/0.6/250 | 300/1.2/300 | 200/0.8/200 |
| 抗拉强度 | 纵向 | kN/m | 52.20 | 43.11 | 60.02 | 50.73 | 63.84 | 54.88 | 41.00 | 29.34 |
| | 横向 | | 48.17 | 37.01 | 46.58 | 43.42 | 47.82 | 37.39 | 36.76 | 33.90 |
| Ⅱ区 | 纵向安全系数 | | | | | | | | | |
| | | 正常工况 | 5.1 | 4.4 | 7.7 | 6.5 | 5.4 | 4.6 | | |
| | | 设计工况 | 5.8 | 4.9 | 8.6 | 7.3 | 6.1 | 5.3 | | |
| | | 校核工况 | 4.9 | 4.2 | 7.4 | 6.2 | 5.1 | 4.4 | 3.71 | 4.31 |
| | 横向安全系数 | | | | | | | | | |
| | | 正常工况 | 6.0 | 4.6 | 7.4 | 5.4 | 6.2 | 6.3 | | |
| | | 设计工况 | 6.7 | 5.0 | 8.2 | 6.1 | 7.0 | 7.1 | | |
| | | 校核工况 | 5.7 | 4.4 | 7.2 | 5.2 | 5.9 | 6.1 | 3.72 | 4.98 |
| Ⅲ区 | 纵向安全系数 | | | | | | | | | |
| | | 正常工况 | 4.6 | 4.1 | 7.0 | 5.9 | 4.9 | 4.2 | | |
| | | 设计工况 | 4.3 | 3.9 | 6.6 | 5.6 | 4.7 | 4.0 | | |
| | | 校核工况 | 4.0 | 3.6 | 6.1 | 5.2 | 4.3 | 3.7 | 3.19 | 3.75 |
| | 横向安全系数 | | | | | | | | | |
| | | 正常工况 | 5.5 | 4.2 | 6.9 | 5.0 | 5.7 | 5.8 | | |
| | | 设计工况 | 5.2 | 4.0 | 6.5 | 4.8 | 5.3 | 5.5 | | |
| | | 校核工况 | 4.8 | 3.8 | 6.1 | 4.5 | 4.9 | 5.1 | 3.30 | 4.41 |

表 2-22　8 种规格的复合土工膜纵横向抗拉安全系数(短丝)

| 测试项目 | | | 单位 | 短丝复合土工膜 | | | | | | | |
|---|---|---|---|---|---|---|---|---|---|---|---|
| | | | | B 厂 | | E 厂 | | F 厂 | | B 厂 | |
| | | | $g/m^2$ /mm/ $g/m^2$ | 500/0.6/500 | 350/0.6/350 | 500/0.6/500 | 350/0.6/350 | 500/0.8/500 | 350/0.6/350 | 500/0.8/500 | 350/0.5/350 |
| 抗拉强度 | 纵向 | | kN/m | 40.37 | 26.91 | 36.80 | 28.47 | 47.00 | 25.50 | 49.20 | 32.94 |
| 抗拉强度 | 横向 | | kN/m | 36.90 | 27.56 | 30.18 | 25.88 | 54.30 | 32.64 | 50.76 | 30.00 |
| Ⅱ区 | 纵向安全系数 | | | | | | | | | | |
| Ⅱ区 | | 正常工况 | | 6.0 | 4.0 | 5.5 | 5.3 | | | | |
| Ⅱ区 | | 设计工况 | | 6.5 | 4.3 | 6.0 | 5.8 | | | | |
| Ⅱ区 | | 校核工况 | | 5.9 | 3.9 | 5.3 | 5.2 | 4.86 | 5.51 | 5.03 | 4.91 |
| Ⅱ区 | 横向安全系数 | | | | | | | | | | |
| Ⅱ区 | | 正常工况 | | 5.6 | 3.9 | 5.1 | 4.5 | | | | |
| Ⅱ区 | | 设计工况 | | 6.0 | 4.2 | 5.5 | 4.9 | | | | |
| Ⅱ区 | | 校核工况 | | 5.5 | 3.8 | 4.9 | 4.4 | 5.28 | 6.39 | 6.06 | 4.81 |
| Ⅲ区 | 纵向安全系数 | | | | | | | | | | |
| Ⅲ区 | | 正常工况 | | 5.7 | 3.8 | 5.2 | 5.0 | | | | |
| Ⅲ区 | | 设计工况 | | 5.5 | 3.7 | 5.0 | 4.9 | | | | |
| Ⅲ区 | | 校核工况 | | 5.3 | 3.6 | 4.7 | 4.6 | 4.40 | 4.75 | 4.38 | 4.46 |
| Ⅲ区 | 横向安全系数 | | | | | | | | | | |
| Ⅲ区 | | 正常工况 | | 5.3 | 3.7 | 4.7 | 4.3 | | | | |
| Ⅲ区 | | 设计工况 | | 5.2 | 3.6 | 4.5 | 4.1 | | | | |
| Ⅲ区 | | 校核工况 | | 5.0 | 3.5 | 4.3 | 3.9 | 4.75 | 5.77 | 5.29 | 4.43 |

# 2.6　工程采用的复合土工膜主要设计控制指标

## 2.6.1　规格

(1)左岸和河槽坝段：采用长丝复合土工膜，规格为 400 g/m²/0.8 mm/ 400 g/m²。

(2)右岸坝段：采用短丝复合土工膜，规格 400 g/m²/0.6 mm/400 g/m²。

(3)王庄渠道：采用短丝复合土工膜，规格 200 g/m²/0.3 mm/200 g/m²。

(4)复合土工膜幅宽要求：≥4.5 m。

## 2.6.2　力学指标

本工程采用的复合土工膜力学指标见表 2-23。

**表 2-23　本工程采用的复合土工膜力学指标**

| 项目 | | 单位 | 长丝 | 长丝 | 短丝 |
|---|---|---|---|---|---|
| | | $g/m^2$ /mm/ $g/m^2$ | 400/0.8/400 | 400/0.6/400 | 200/0.3/200 |
| 极限抗拉强度 | 纵向 | kN/m | ≥55.0 | ≥55.0 | ≥8.0 |
| | 横向 | | ≥45.0 | ≥45.0 | ≥8.0 |
| 极限延伸率 | 纵向 | % | ≥50.0 | ≥50.0 | ≥60.0 |
| | 横向 | | ≥50.0 | ≥50.0 | ≥60.0 |
| 撕裂强度 | 纵向 | kN | ≥1.5 | ≥1.5 | ≥0.3 |
| | 横向 | | ≥1.3 | ≥1.3 | ≥0.3 |
| CBR 顶破强度 | | kN | ≥10.0 | ≥10.0 | ≥2.0 |
| 刺破强度 | | kN | ≥1.4 | ≥1.4 | |
| 渗透系数 | | m/s | $\leqslant 10^{-11}$ | $\leqslant 10^{-11}$ | $\leqslant 10^{-11}$ |

## 2.6.3　应力、应变安全系数

(1)本工程大坝上用的复合土工膜，应满足应力、应变安全系数要求。

应力安全系数：$F_s=T_f/T$

应变安全系数：$F_s=\varepsilon_f/\varepsilon$

式中　$T_f$——极限抗拉强度；

$\varepsilon_f$——极限抗拉应变；

$T$——工作应力；

$\varepsilon$——工作应变。

上述符号含义如图 2-7 所示。

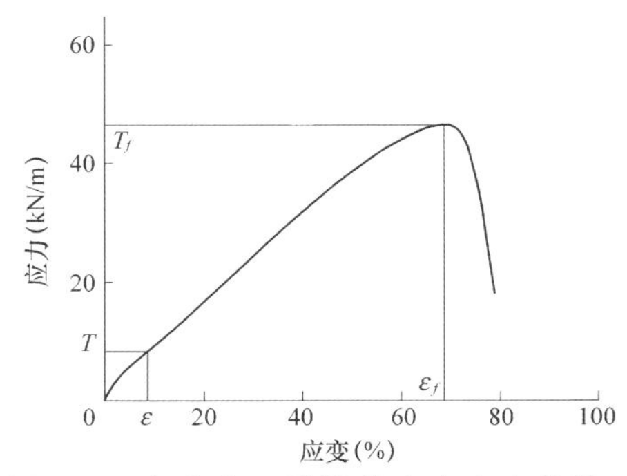


图 2-7　复合土工膜拉伸应力应变曲线

应力、应变安全系数见表 2-24。

表 2-24　应力、应变安全系数

| 分区 | 工况 | 工作应变(%) | 纵向安全系数 $F_s$ | 横向安全系数 $F_s$ |
| --- | --- | --- | --- | --- |
| 右岸坝段 | 正常工况 | 5.24 | 5.0 | 5.0 |
| | 设计工况 | 4.53 | 5.0 | 5.0 |
| | 校核工况 | 5.50 | 4.5 | 4.5 |
| 左岸和河槽坝段 | 正常工况 | 5.82 | 5.0 | 5.0 |
| | 设计工况 | 6.22 | 5.0 | 5.0 |
| | 校核工况 | 6.86 | 4.5 | 4.5 |

(2)材料的拉伸应力应变曲线不应出现折点，即材料要均匀。

(3)复合土工膜的工作应力采用不同批次的纵横向拉伸试验成果求得。

## 2.7　基础处理

复合土工膜斜墙坝两岸坝基范围内的河漫滩表部砂壤土、砂层采用强夯处理，坝基防渗采用混凝土防渗墙。

防渗墙设于上游坝脚，斜墙复合土工膜锚固于防渗墙顶部，具体连接方法为，先将连接处墙顶清理干净，用砂浆抹平后涂上一层沥青，贴上止水橡皮后再铺膜，土工膜上再贴止水橡皮，并用 10 mm 厚钢板压平，每隔 50 cm 用膨胀螺栓固定，最后浇筑 30 cm 高的混凝土盖帽封闭。

# 第 3 章　复合土工膜采购与质量控制

## 3.1　复合土工膜采购

复合土工膜作为一种新型防渗材料，一般应用于公路、堤防、环保、建筑领域，在水利工程建设领域，部分工程的水工建筑物虽也有批量应用，但主要用在不太重要的附属工程中。西霞院工程为大(2)型，在其大坝上采用土工膜防渗技术，在国内尚属首次，可借鉴的经验不多。特别是大坝坝体主要靠这一层土工膜防渗，其产品质量对大坝的安全极端重要。因此，项目管理单位高度重视，在采购过程中采取了一系列措施，保证产品质量。

### 3.1.1　生产厂家的选择确定及驻厂监造

在招标采购阶段，业主和设计组成考察组对全国土工膜行业生产和应用情况进行了实地考察，了解土工膜行业的生产和应用情况，为最终选择实力雄厚、信誉好、知名度高的大型生产企业承担复合土工膜的生产制造任务发挥了重要作用，为确保产品质量奠定了坚实的基础。最后通过公开招标确定了 PE 膜生产厂家和复合土工膜生产厂家。

在复合土工膜生产过程中，项目管理单位组织技术人员先后对生产厂家的无纺布生产车间和复合土工膜使用工程进行了考察，如湖南王甫洲工程、河北石板水库工程、云南景洪围堰工程、黄壁庄水库除险加固工程等，了解复合土工膜应用效果。同时，项目管理单位先后派出两批次工程技术人员到生产厂家进行驻厂监造。对复合土工膜的复合设备、生产工艺、材料检验及运输过程进行全过程跟踪，确保交货质量。

### 3.1.2　复合土工膜合同技术要求

#### 3.1.2.1　原材料技术要求

(1)土工膜的原材料为聚乙烯(PE)，拉伸强度≥17 MPa，断裂伸长率≥400%，碳黑含量≥2%。土工织物不论长丝、短丝，原材料均采用聚酯(涤纶)。

(2)生产土工织物的原材料——聚酯切片必须是由大型化工厂生产的名

牌优质原生材料，原生材料要有出厂合格证明。

(3)生产土工织物的原材料——聚酯切片不允许使用无合格证或检验不合格、劣质或再生材料生产的聚酯切片作土工织物原料。

(4)生产过程要采取切实可靠的工艺措施，彻底清除原料中的杂质，使原料的纯度满足要求，保证土工织物质量。

(5)用于本工程的土工织物必须是用长丝生产的，其土工织物产品除生产厂要出具合格证、检验报告等资料外，还应提交由相应资质的第三方检测机构出具的检测报告。

(6)对外购的 PE 土工膜，土工膜的生产用料必须是由大型化工厂生产的名牌优质原生材料，原生材料要有出厂合格证明、检验报告等资料。

(7)对 PE 土工膜生产过程，厂家要派专人到 PE 膜生产厂去进行监理，重点检查生产用料是否有合格证、检验报告等资料，是否符合要求等。

(8)对生产的 PE 膜，生产厂除要出具合格证、检验报告等资料外，还应提交由国家化学建筑材料测试中心出具的测试报告。

(9)在进行土工织物与土工膜复合前，生产厂要提前 7 天通知买方，买方将派技术人员到生产厂进行全过程生产监理。同时，生产厂要准备好土工织物和土工膜材料的合格证、检验报告等买方要求的资料，以备买方查验。

(10)经买方查验合格，并在买方人员到位、具备进行生产过程监理的条件下，方可进行复合土工膜复合生产。

(11)生产厂家要根据买方的型号、规格、幅宽、长度、数量、时间等要求进行分批生产和供货。

(12)复合土工膜成品要求厚薄均匀、平整，复合净幅宽不小于 4.5 m，两边未复合预留量不小于 10 cm。

#### 3.1.2.2 铺设要求

铺设要求包括复合土工膜材料特性，敷设、焊接、缝合要求，质量检测方法和注意事项，覆盖时间要求，施工注意事项，焊接、缝合设备使用方法及注意事项等有关必要的内容。

卖方负责西霞院反调节水库所有土工膜的质量检测工作，并出具检测报告。

#### 3.1.2.3 复合土工膜规格

(1)左岸和河槽坝段：采用长丝复合土工膜，规格 400 g/m$^2$/0.8 mm/400 g/m$^2$。

(2)右岸坝段：采用短丝复合土工膜，规格 400 g/m$^2$/0.6 mm/400 g/m$^2$。

(3)王庄渠道：采用短丝复合土工膜，规格 200 g/m$^2$/0.3 mm/200 g/m$^2$。

(4)复合土工膜幅宽要求：≥4.5 m。

(5)土工膜厚度、土工织物的单位面积重量均不得小于规格要求。

(6)产品质量执行以下标准：

《土工合成材料　聚乙烯土工膜》(GB/T 17643—1998)；

《土工合成材料　长丝纺粘针刺非织造土工布》(GB/T 17639—1998)；

《土工合成材料　短纤针刺非织造土工布》(GB/T 17638—1998)；

《土工合成材料　非织造复合土工膜》(GB/T 17642—1998)。

#### 3.1.2.4　复合土工膜设计控制指标

复合土工膜主要设计控制指标见表 3-1。

表 3-1　复合土工膜主要设计控制指标

<table>
<tr><td colspan="2" rowspan="2">项目</td><td rowspan="2">单位</td><td>长丝</td><td>短丝</td><td>短丝</td></tr>
<tr><td>400/0.8/400</td><td>400/0.6/400</td><td>200/0.3/200</td></tr>
<tr><td rowspan="2">极限抗拉强度</td><td>纵向</td><td rowspan="2">kN/m</td><td>≥55.0</td><td>≥27.5</td><td>≥8.0</td></tr>
<tr><td>横向</td><td>≥45.0</td><td>≥25.0</td><td>≥8.0</td></tr>
<tr><td rowspan="2">极限延伸率</td><td>纵向</td><td rowspan="2">%</td><td>≥50.0</td><td>≥60.0</td><td>≥60.0</td></tr>
<tr><td>横向</td><td>≥50.0</td><td>≥60.0</td><td>≥60.0</td></tr>
<tr><td rowspan="2">撕裂强度</td><td>纵向</td><td rowspan="2">kN</td><td>≥1.5</td><td>≥0.9</td><td>≥0.3</td></tr>
<tr><td>横向</td><td>≥1.3</td><td>≥0.8</td><td>≥0.3</td></tr>
<tr><td colspan="2">CBR 顶破强度</td><td>kN</td><td>≥10.0</td><td>≥5.0</td><td>≥2.0</td></tr>
<tr><td colspan="2">刺破强度</td><td>kN</td><td>≥1.4</td><td>≥0.7</td><td></td></tr>
<tr><td colspan="2">渗透系数</td><td>m/s</td><td>≤$10^{-13}$</td><td>≤$10^{-13}$</td><td>≤$10^{-13}$</td></tr>
</table>

#### 3.1.2.5　其他要求

(1)厂家调试好的产品，除要满足技术条款上述要求外，还需要满足应力安全系数、应变安全系数要求。

应力安全系数：　　$F_s=T_f/T$

应变安全系数：　　$F_s=\varepsilon_f/\varepsilon$

应力、应变安全系数见表 3-2。

**表 3-2　应力、应变安全系数**

| 分区 | 工况 | 工作应变(%) | 纵向、横向安全系数 |
| --- | --- | --- | --- |
| 右岸坝段 | 正常 | 5.24 | 5.0 |
| | 设计 | 4.53 | 5.0 |
| | 校核 | 5.50 | 4.5 |
| 左岸和河槽坝段 | 正常 | 5.82 | 5.0 |
| | 设计 | 6.22 | 5.0 |
| | 校核 | 6.86 | 4.5 |

(2)厂家材料的拉伸应力应变曲线不应出现折点，即材料要均匀。

### 3.1.3　复合土工膜采购数量

复合土工膜采购数量见表 3-3。

**表 3-3　复合土工膜采购数量**

| 序号 | 名称 | 规格 | 数量($m^2$) | 使用部位 |
| --- | --- | --- | --- | --- |
| 1 | 长丝复合土工膜 | 400 $g/m^2$/0.8 mm/400 $g/m^2$ | 86 000 | 左岸土石坝段和河床土石坝段 |
| 2 | 短丝复合土工膜 | 400 $g/m^2$/0.6 mm/400 $g/m^2$ | 42 000 | 右岸土石坝段 |

### 3.1.4　技术服务

(1)卖方要在工地举办复合土工膜敷设铺装培训班，对施工人员，包括监理人员和业主相关人员进行理论和实践操作培训，培训考核合格后，发给上岗操作证书。

(2)卖方要制定详细培训方案，培训内容包括复合土工膜材料特性，敷设、焊接、缝合要求，质量检测方法和注意事项，覆盖时间要求，施工注意事项，焊接、缝合设备使用方法及注意事项等有关必要的内容。

(3)为了保证复合土工膜敷设质量，卖方要始终派人在现场进行复合土工膜敷设铺装指导和技术支持。

### 3.1.5　质量保证

(1)卖方应保证生产过程中的所有工艺、材料试验等(包括卖方的外购材料在内)均符合本技术条款的规定。

(2)产品必须满足技术条款的有关规定，并提供试验报告和产品合格证。

(3)卖方应有遵守技术条款中各条款和工作项目的 ISO 9001 GB/T 19001 质量保证体系。

### 3.1.6　质量检测要求

(1)复合土工膜各项指标的检测，以及基于产品质量的各项检测(如外观、原材料等)，均应满足上述有关要求。

(2)买方将对卖方运至工地的货物进行抽样检查，抽样率为交货卷数的 8%，最少不小于 1 卷。

### 3.1.7　包装、运输和储存

(1)卖方应按买方要求将不同长度的复合土工膜卷成卷，外面用不漏水不透光的布和纸包装，贴上标签，标签上应标明复合土工膜类型、规格、长度、宽度、生产厂名、生产时间等。

(2)装运时要小心，避免尖锐物体刺破土工膜。

## 3.2　质量检测

为保证复合土工膜生产质量，项目管理单位和生产厂家先后分别将原材料、生产成品送往上海勘测设计研究院检测站、水利部基本建设工程质量检测中心、国家化学建筑材料测试中心三家具有甲级资质的检验机构，分别对土工膜、土工布、复合土工膜力学指标进行检验和抗老化试验，生产厂家自己也进行了内部质量检测，所有检测结果均满足设计要求。

### 3.2.1　上海勘测设计研究院检测站土工合成材料检测结果

委托单位：水利部小浪底水利枢纽建设管理局。

工程名称：黄河小浪底水利枢纽配套工程——西霞院反调节水库。

产品名称：LDPE 光膜。

生产厂家：湖南中核无纺有限公司。

检测结果：见表 3-4 ~ 表 3-17。

**表 3-4　检测结果(一)**

样品规格：0.6 mm　　　　报告编号：TG06-0990

| 检测项目 | | 单位 | 式样数 | 检测值 | 变异系数 | 检测依据 |
|---|---|---|---|---|---|---|
| 厚度 | | mm | 10 | 0.61 | 0.017 | GB/T 13761—92 |
| 断裂强度(抗拉强度) | 纵向 | MPa | 5 | 21.58 | 0.028 | GB/T 1040—92 |
| | 横向 | | 5 | 23.06 | 0.018 | |
| 断裂延伸率 | 纵向 | % | 5 | 694 | 0.014 | |
| | 横向 | | 5 | 760 | 0.018 | |
| 直角撕裂强度 | 纵向 | N/mm | 5 | 106 | 0.028 | QB/T 1130—91 |
| | 横向 | | 5 | 101 | 0.027 | |
| 耐环境应力开裂 | | h | | >1 505 | | GB/T 17463—1998 |
| 200 ℃时氧化诱导时间 | | min | | 1 | | GB/T 17463—1998 |
| –70 ℃低温冲击脆化性能 | | 失效数 | | 1/30 | | GB/T 17463—1998 |
| 水蒸气渗透系数 | | g·cm/(cm$^2$·s·Pa) | | $7.10\times10^{-17}$ | | GB 1037—88 |

送样日期：2006-06-16

**表 3-5　检测结果(二)**

样品规格：0.6 mm　　　　报告编号：TG06-1285

| 检测项目 | | 单位 | 式样数 | 检测值 | 变异系数 | 检测依据 |
|---|---|---|---|---|---|---|
| 厚度 | | mm | 10 | 0.59 | 0.017 | GB/T 13761—92 |
| 断裂强度(抗拉强度) | 纵向 | MPa | 5 | 22.60 | 0.020 | GB/T 1040—92 |
| | 横向 | | 5 | 21.07 | 0.034 | |
| 断裂延伸率 | 纵向 | % | 5 | 648 | 0.050 | |
| | 横向 | | 5 | 714 | 0.025 | |
| 直角撕裂强度 | 纵向 | N/mm | 5 | 114.6 | 0.078 | QB/T 1130—91 |
| | 横向 | | 5 | 111.9 | 0.036 | |
| 水蒸气渗透系数 | | g·cm/(cm$^2$·s·Pa) | 3 | $7.41\times10^{-17}$ | 0.050 | GB 1037—88 |

送样日期：2006-09-11

**表 3-6　检测结果(三)**

样品规格：400 g/m²/0.6 mm/400 g/m²　　两布一膜　　报告编号：TG06-0988

| 检测项目 | | 单位 | 式样数 | 检测值 | 变异系数 | 检测依据 |
|---|---|---|---|---|---|---|
| 断裂强度(抗拉强度) | 纵向 | kN/m | 5 | 59.00 | 0.050 | GB/T 3923.1—1997 |
| | 横向 | | 5 | 47.78 | 0.036 | |
| 断裂延伸率 | 纵向 | % | 5 | 54 | 0.034 | |
| | 横向 | | 5 | 59 | 0.039 | |
| 工作应力 | 纵向 | kN/m | 5 | 11.8 | 0.050 | 设计要求 |
| | 横向 | | 5 | 9.6 | 0.035 | |
| 工作应变 | 纵向 | % | 5 | 4.6 | 0.096 | |
| | 横向 | | 5 | 5.0 | 0.079 | |
| 梯形撕裂强度 | 纵向 | N | 10 | 1 755 | 0.055 | GB/T 13763—92 |
| | 横向 | | 10 | 1 329 | 0.041 | |
| CBR 顶破强度 | | N | 5 | 12 454 | 0.007 | GB/T 14800—93 |
| 刺破强度 | | N | 5 | 1 380 | 0.053 | GB/T 14800—93 |
| 垂直渗透系数 | | cm/s | 3 | $3.59\times10^{-13}$ | 0.017 | GB/T 17462—1998 |

送样日期：2006-06-16

**表 3-7　检测结果(四)**

样品规格：400 g/m²/0.6 mm/400 g/m²　　两布一膜　　报告编号：TG06-1283

| 检测项目 | | 单位 | 式样数 | 检测值 | 变异系数 | 检测依据 |
|---|---|---|---|---|---|---|
| 断裂强度(抗拉强度) | 纵向 | kN/m | 5 | 61.21 | 0.073 | GB/T 15788—2005 |
| | 横向 | | 5 | 47.39 | 0.065 | |
| 断裂延伸率 | 纵向 | % | 5 | 49 | 0.053 | |
| | 横向 | | 5 | 60 | 0.056 | |
| 工作应力 | 纵向 | kN/m | 5 | 12.24 | 0.073 | 设计要求 |
| | 横向 | | 5 | 9.48 | 0.065 | |
| 工作应变 | 纵向 | % | 5 | 4.6 | 0.054 | |
| | 横向 | | 5 | 4.3 | 0.096 | |
| 梯形撕裂强度 | 纵向 | N | 10 | 1 534 | 0.060 | GB/T 13763—92 |
| | 横向 | | 10 | 1 482 | 0.030 | |
| CBR 顶破强度 | | N | 5 | 11 894 | 0.012 | GB/T 14800—93 |
| 刺破强度 | | N | 5 | 1 409 | 0.015 | GB/T 14800—93 |
| 垂直渗透系数 | | cm/s | 3 | $3.41\times10^{-14}$ | 0.048 | GB/T 17462—1998 |

送样日期：2006-09-11

**表 3-8　检测结果(五)**

样品规格：400 g/m²　　　　聚酯长丝无纺土工布　　　　报告编号：TG05-1569

| 检测项目 | | 单位 | 式样数 | 检测值 | 变异系数 | 检测依据 |
|---|---|---|---|---|---|---|
| 单位面积质量 | | $g/m^2$ | 10 | 388.90 | 0.122 | GB/T 13762—92 |
| 厚度 | | mm | 10 | 2.43 | 0.066 | GB/T 13761—92 |
| 断裂强度(抗拉强度) | 纵向 | kN/m | 5 | 23.98 | 0.070 | GB/T 15788—1995 |
| | 横向 | | 5 | 22.36 | 0.030 | |
| 断裂延伸率 | 纵向 | % | 5 | 46 | 0.058 | |
| | 横向 | | 5 | 51 | 0.009 | |
| 梯形撕裂强度 | 纵向 | N | 10 | 640 | 0.060 | GB/T 13763—92 |
| | 横向 | | 10 | 598 | 0.030 | |
| CBR 顶破强度 | | N | 5 | 4 046 | 0.012 | GB/T 14800—93 |
| 等效孔径 $O_{90}$ | | mm | 5 | <0.065 | | GB/T 14799—93 |
| 垂直渗透系数 | | cm/s | 3 | $2.00\times10^{-1}$ | 0.210 | GB/T 15789—1995 |

送样日期：2005-11-24

**表 3-9　检测结果(六)**

样品规格：400 g/m²　　　　聚酯长丝无纺土工布　　　　报告编号：TG06-0987

| 检测项目 | | 单位 | 式样数 | 检测值 | 变异系数 | 检测依据 |
|---|---|---|---|---|---|---|
| 单位面积质量 | | $g/m^2$ | 10 | 477.00 | 0.036 | GB/T 13762—92 |
| 厚度 | | mm | 10 | 2.80 | 0.021 | GB/T 13761—92 |
| 断裂强度(抗拉强度) | 纵向 | kN/m | 5 | 25.38 | 0.027 | GB/T 3923.1—1997 |
| | 横向 | | 5 | 20.81 | 0.044 | |
| 断裂延伸率 | 纵向 | % | 5 | 46 | 0.012 | |
| | 横向 | | 5 | 52 | 0.090 | |
| 梯形撕裂强度 | 纵向 | N | 10 | 695 | 0.059 | GB/T 13763—92 |
| | 横向 | | 10 | 628 | 0.030 | |
| CBR 顶破强度 | | N | 5 | 4 744 | 0.018 | GB/T 14800—93 |
| 刺破强度 | | N | 5 | 810 | 0.072 | GB/T 14800—93 |
| 落锥穿透直径 | | mm | 10 | 11 | 0.096 | GB/T 17630—1998 |
| 等效孔径 $O_{90}$ | | mm | 5 | 0.095 | 0.014 | GB/T 14799—93 |
| 垂直渗透系数 | | cm/s | 3 | $2.78\times10^{-3}$ | 0.169 | GB/T 15789—1995 |

送样日期：2006-06-16

**表 3-10　检测结果(七)**

样品规格：400 g/m$^2$　　聚酯长丝无纺土工布　　报告编号：TG06-1282

| 检测项目 | | 单位 | 式样数 | 检测值 | 变异系数 | 检测依据 |
|---|---|---|---|---|---|---|
| 单位面积质量 | | g/m$^2$ | 10 | 404.50 | 0.104 | GB/T 13762—92 |
| 厚度 | | mm | 10 | 2.53 | 0.041 | GB/T 13761—92 |
| 断裂强度(抗拉强度) | 纵向 | kN/m | 5 | 23.60 | 0.030 | GB/T 15788—2005 |
| | 横向 | | 5 | 20.50 | 0.098 | |
| 断裂延伸率 | 纵向 | % | 5 | 50 | 0.026 | |
| | 横向 | | 5 | 53 | 0.054 | |
| 梯形撕裂强度 | 纵向 | N | 10 | 816 | 0.039 | GB/T 13763—92 |
| | 横向 | | 10 | 636 | 0.063 | |
| CBR 顶破强度 | | N | 5 | 5 182 | 0.093 | GB/T 14800—93 |
| 刺破强度 | | N | 5 | 851 | 0.056 | GB/T 14800—93 |
| 落锥穿透直径 | | mm | 10 | 14 | 0.094 | GB/T 17630—1998 |
| 等效孔径 $O_{90}$ | | mm | 5 | <0.065 | | GB/T 14799—2005 |
| 垂直渗透系数 | | cm/s | 3 | $1.53\times10^{-1}$ | 0.040 | GB/T 15789—2005 |

送样日期：2006-09-11

**表 3-11　检测结果(八)**

样品规格：0.8 mm　　报告编号：TG05-1570

| 检测项目 | | 单位 | 式样数 | 检测值 | 变异系数 | 检测依据 |
|---|---|---|---|---|---|---|
| 单位面积质量 | | g/m$^2$ | 10 | 638.30 | 0.030 | GB/T 13762—92 |
| 厚度 | | mm | 10 | 0.71 | 0.032 | GB/T 6672—1986 |
| 屈服强度 | 纵向 | MPa | 5 | 22.68 | 0.038 | GB/T 1040—1992 |
| | 横向 | | 5 | 23.62 | 0.027 | |
| 屈服伸长率 | 纵向 | % | 5 | 619 | 0.036 | |
| | 横向 | | 5 | 723 | 0.012 | |
| 直角撕裂强度 | 纵向 | N/mm | 5 | 109.86 | 0.024 | QB/T 1130—1991 |
| | 横向 | | 5 | 92.96 | 0.039 | |
| 耐环境应力开裂 | | h | | ≥1 500 | | GB/T 1842—1999 |
| 200 ℃时氧化诱导时间 | | min | | 0 | | GB/T 2591—1997 |
| −70 ℃低温冲击脆化性能 | | 失效数 | 30 | 0(合格) | | GB/T 5470—1985 |
| 水蒸气渗透系数 | | g·cm/(cm$^2$·s·Pa) | 2 | $1.17\times10^{-16}$ | | GB 1037—88 |

送样日期：2005-11-24

**表 3-12 检测结果(九)**

样品规格：0.8 mm　　　　报告编号：TG05-1570

| 仪器的类型及型号：UV-Ⅱ型非金属材料人工加速老化试验机 | | | | |
|---|---|---|---|---|
| 试验时间：96 h | | | | |
| 灯 | 制造商：Q-Panel Lab Products(美国) | | 类型：UVB-313 荧光灯 | |
| 峰值辐射波长　313　nm | | | 低值(1%波峰)波长　280 nm | |
| 周期 | 在 60 ℃下 4 h　UV/在 50 ℃下 4 h 冷凝 | | | |
| 特别试验条件：无 | | | | |
| 开始日期 | 结束日期 | 定时器开始时小时数　0 | | |
| 2005-12-01 | 2005-12-05 | 定时器停止时小时数　96 | | |
| 式样尺寸：6 mm × 115 mm | | | | |
| 需测定性能：抗拉强度(MPa) | | | 操作标准：GB/T 1040-92 | |
| 纵向抗拉强度 | 老化前：22.68 | 老化后：19.69 | 保持率(%) | 86.82 |
| 横向抗拉强度 | 老化前：23.62 | 老化后：20.26 | 保持率(%) | 85.77 |

送样日期：2005-11-24

**表 3-13 检测结果(十)**

规格：0.8 mm　　　　报告编号：TG06-0991

| 检测项目 | | 单位 | 式样数 | 检测值 | 变异系数 | 检测依据 |
|---|---|---|---|---|---|---|
| 厚度 | | mm | 10 | 0.81 | 0.010 | GB/T 13761—92 |
| 断裂强度(抗拉强度) | 纵向 | MPa | 5 | 23.00 | 0.049 | GB/T 1040—1992 |
| | 横向 | | 5 | 22.76 | 0.016 | |
| 断裂伸长率 | 纵向 | % | 5 | 723 | 0.022 | |
| | 横向 | | 5 | 776 | 0.030 | |
| 直角撕裂强度 | 纵向 | N/mm | 5 | 105 | 0.051 | QB/T 1130—1991 |
| | 横向 | | 5 | 102 | 0.046 | |
| 耐环境应力开裂 | | h | | ＞1 505 | | GB/T 17643—1998 |
| 200 ℃时氧化诱导时间 | | min | | 3 | | GB/T 17643—1998 |
| −70 ℃低温冲击脆化性能 | | 失效数 | | 0/30 | | GB/T 17643—1998 |
| 水蒸气渗透系数 | | $g\cdot cm/(cm^2\cdot s\cdot Pa)$ | | $4.70\times10^{-17}$ | | GB 1037—88 |

送样日期：2006-06-16

**表 3-14　检测结果(十一)**

规格：0.8 mm　　　　报告编号：TG06-1286

| 检测项目 | | 单位 | 式样数 | 检测值 | 变异系数 | 检测依据 |
|---|---|---|---|---|---|---|
| 厚度 | | mm | 10 | 0.82 | 0.008 | GB/T 13761—92 |
| 断裂强度(抗拉强度) | 纵向 | MPa | 5 | 25.28 | 0.038 | GB/T 1040—1992 |
| | 横向 | | 5 | 24.92 | 0.039 | |
| 断裂伸长率 | 纵向 | % | 5 | 734 | 0.015 | |
| | 横向 | | 5 | 744 | 0.015 | |
| 直角撕裂强度 | 纵向 | N/mm | 5 | 114.90 | 0.042 | QB/T 1130—1991 |
| | 横向 | | 5 | 111.20 | 0.035 | |
| 水蒸气渗透系数 | | g·cm/(cm$^2$·s·Pa) | 3 | $6.45\times10^{-17}$ | 0.096 | GB 1037—88 |

送样日期：2006-09-11

**表 3-15　检测结果(十二)**

样品规格：400 g/m$^2$/0.8 mm/400 g/m$^2$　　两布一膜　　报告编号：TG05-1688

| 检测项目 | | 单位 | 式样数 | 检测值 | 变异系数 | 检测依据 |
|---|---|---|---|---|---|---|
| 断裂强度(抗拉强度) | 纵向 | kN/m | 5 | 69.94 | 10.543 | GB/T 3923.1—1997 |
| | 横向 | | 5 | 53.20 | 16.943 | |
| 断裂延伸率 | 纵向 | % | 5 | 57 | 0.066 | |
| | 横向 | | 5 | 52 | 0.088 | |
| 工作应力 | 纵向 | kN/m | 5 | 13.99 | 10.543 | |
| | 横向 | | 5 | 10.64 | 16.943 | |
| 工作应变 | 纵向 | % | 5 | 6.00 | 0.051 | |
| | 横向 | | 5 | 4.30 | 0.133 | |
| 梯形撕裂强度 | 纵向 | N | 10 | 2 010 | 0.009 | GB/T 13763—92 |
| | 横向 | | 10 | 1 708 | 0.048 | |
| CBR 顶破强度 | | N | 5 | 12 458 | 0.023 | GB/T 14800—93 |
| 刺破强度 | | N | 5 | 1 415 | 0.057 | GB/T 14800—93 |
| 垂直渗透系数 | | cm/s | 24 h 无水渗出 | | | GB/T 17642—1998 |

送样日期：2005-12-05

表 3-16 检测结果(十三)

样品规格：400 g/m$^2$/0.8 mm/400 g/m$^2$　　两布一膜　　报告编号：TG06-0989

| 检测项目 | | 单位 | 式样数 | 检测值 | 变异系数 | 检测依据 |
|---|---|---|---|---|---|---|
| 断裂强度(抗拉强度) | 纵向 | kN/m | 5 | 57 | 0.137 | GB/T 3923.1—1997 |
| | 横向 | | 5 | 52 | 0.096 | |
| 断裂延伸率 | 纵向 | % | 5 | 65 | 0.044 | |
| | 横向 | | 5 | 67 | 0.081 | |
| 工作应力 | 纵向 | kN/m | 5 | 11.30 | 0.136 | 设计要求 |
| | 横向 | | 5 | 10.40 | 0.096 | |
| 工作应变 | 纵向 | % | 5 | 5.30 | 0.143 | |
| | 横向 | | 5 | 5.50 | 0.090 | |
| 梯形撕裂强度 | 纵向 | N | 10 | 1 776 | 0.072 | GB/T 13763—92 |
| | 横向 | | 10 | 1 760 | 0.071 | |
| CBR 顶破强度 | | N | 5 | 12 622 | 0.073 | GB/T 14800—93 |
| 刺破强度 | | N | 5 | 1 484 | 0.026 | GB/T 14800—93 |
| 垂直渗透系数 | | cm/s | 3 | $4.51 \times 10^{-13}$ | 0.015 | GB/T 17642—1998 |

送样日期：2006-06-16

表 3-17 检测结果(十四)

样品规格：400 g/m$^2$/0.8 mm/400 g/m$^2$　　两布一膜　　报告编号：TG06-1284

| 检测项目 | | 单位 | 式样数 | 检测值 | 变异系数 | 检测依据 |
|---|---|---|---|---|---|---|
| 断裂强度(抗拉强度) | 纵向 | kN/m | 5 | 55.80 | 0.049 | GB/T 15788—2005 |
| | 横向 | | 5 | 45.82 | 0.069 | |
| 断裂延伸率 | 纵向 | % | 5 | 62 | 0.064 | |
| | 横向 | | 5 | 67 | 0.048 | |
| 工作应力 | 纵向 | kN/m | 5 | 11.16 | 0.051 | 设计要求 |
| | 横向 | | 5 | 9.17 | 0.069 | |
| 工作应变 | 纵向 | % | 5 | 6.60 | 0.079 | |
| | 横向 | | 5 | 6.30 | 0.125 | |
| 梯形撕裂强度 | 纵向 | N | 10 | 1 715 | 0.035 | GB/T 13763—92 |
| | 横向 | | 10 | 1 396 | 0.026 | |
| CBR 顶破强度 | | N | 5 | 10 998 | 0.057 | GB/T 14800—93 |
| 刺破强度 | | N | 5 | 1 409 | 0.015 | GB/T 14800—93 |
| 垂直渗透系数 | | cm/s | 3 | $4.55 \times 10^{-14}$ | 0.008 | GB/T 17642—1998 |

送样日期：2006-09-11

## 3.2.2　水利部基本建设工程质量检测中心检测结果

检测结果：见表 3-18 ~ 表 3-22。

**表 3-18　检测结果(一)**

样品规格：长丝纺粘针刺非织造土工布 400 g/m$^2$　　　　第 20846 号

| 试验项目 | | | | 单位 | 标准值 | 平均值 | 参照标准 |
|---|---|---|---|---|---|---|---|
| 物理特性 | 单位面积质量 | | | g/m$^2$ | ＞380.00 | 408.00 | GB/T 13762—92 |
| | 厚度(2 kPa) | | | mm | ＞2.80 | 2.95 | GB/T 13761—92 |
| 力学特性 | 宽条样拉伸 | 断裂强度 | 纵向 | kN/20 cm | ＞4.10 | 4.647 | GB/T 15788—1995 |
| | | | 横向 | | | 4.186 | |
| | | 断裂伸长率 | 纵向 | % | 40~80 | 60.45 | |
| | | | 横向 | | | 63.32 | |
| | 撕破强度 | | 纵向 | kN | ＞0.56 | 0.75 | GB/T 13763—92 |
| | | | 横向 | | | 0.63 | |
| | CBR 顶破强度 | | | kN | ＞3.50 | 3.61 | GB/T 14800—93 |
| 水力特性 | 垂直渗透系数 | | | cm/s | $K\times(10^{-1}\sim10^{-3})$ | $1.84\times10^{-1}$ | SL/T 235—1999 |
| | 等效孔径 $O_{95}$ | | | mm | 0.07~0.20 | 0.102 | GB/T 14799—93 |

送样日期：2006-09-12

**表 3-19　检测结果(二)**

样品规格：短丝复合土工膜 400 g/m$^2$/0.6 mm/400 g/m$^2$　　　　第 20848 号

| 试验项目 | | | | 单位 | 试样数 | 平均值 | 参照标准 |
|---|---|---|---|---|---|---|---|
| 力学特性 | 宽条样拉伸 | 断裂强度 | 纵向 | kN/20 cm | 6 | 11.230 | GB/T 15788—1995 |
| | | | 横向 | | | 9.218 | |
| | | 断裂伸长率 | 纵向 | % | 6 | 62.65 | |
| | | | 横向 | | | 70.02 | |
| | 梯形撕裂强度 | | 纵向 | kN | 6 | 1.533 | GB/T 13763—92 |
| | | | 横向 | | | 1.364 | |
| | CBR 顶破强度 | | | kN | 6 | 10.27 | GB/T 14800—93 |
| | 刺破强度 | | | kN | 6 | 1.417 | SL/T 235—1999 |
| 水力特性 | 渗透系数 | | | cm/s | 3 | $9.26\times10^{-14}$ | SL/T 235—1999 |

送样日期：2006-09-12

**表 3-20　检测结果(三)**

样品规格：短丝复合土工膜 400 g/m²/0.6 mm/400 g/m²　　第 20627 号

| 试验项目 | | | | 单位 | 试样数 | 平均值 | 参照标准 |
|---|---|---|---|---|---|---|---|
| 力学特性 | 宽条样拉伸 | 断裂强度 | 纵向 | kN/20 cm | 6 | 11.785 | GB/T 15788—1995 |
| | | | 横向 | | | 9.218 | |
| | | 断裂伸长率 | 纵向 | % | 6 | 54.30 | |
| | | | 横向 | | | 59.62 | |
| | 梯形撕裂强度 | | 纵向 | kN | 6 | 1.55 | GB/T 13763—92 |
| | | | 横向 | | | 1.32 | |
| | CBR 顶破强度 | | | kN | 6 | 10.19 | GB/T 14800—93 |
| | 刺破强度 | | | kN | 6 | 1.42 | SL/T 235—1999 |
| 水力特性 | 渗透系数 | | | cm/s | 3 | $8.54 \times 10^{-13}$ | SL/T 235—1999 |

送样日期：2006-07-10

**表 3-21　检测结果(四)**

样品规格：长丝复合土工膜 400 g/m²/0.8 mm/400 g/m²　　第 20847 号

| 试验项目 | | | | 单位 | 试样数 | 平均值 | 参照标准 |
|---|---|---|---|---|---|---|---|
| 力学特性 | 宽条样拉伸 | 断裂强度 | 纵向 | kN/20 cm | 6 | 11.192 | GB/T 15788—1995 |
| | | | 横向 | | | 9.104 | |
| | | 断裂伸长率 | 纵向 | % | 6 | 65.90 | |
| | | | 横向 | | | 79.87 | |
| | 梯形撕裂强度 | | 纵向 | kN | 6 | 2.175 | GB/T 13763—92 |
| | | | 横向 | | | 2.023 | |
| | CBR 顶破强度 | | | kN | 6 | 10.43 | GB/T 14800—93 |
| | 刺破强度 | | | kN | 6 | 1.441 | SL/T 235—1999 |
| 水力特性 | 渗透系数 | | | cm/s | 3 | $8.76 \times 10^{-14}$ | SL/T 235—1999 |

送样日期：2006-09-12

**表 3-22　检测结果(五)**

样品规格：长丝复合土工膜 400 g/m²/0.8 mm/400 g/m²　　第 20626 号

| 试验项目 | | | | 单位 | 试样数 | 平均值 | 参照标准 |
|---|---|---|---|---|---|---|---|
| 力学特性 | 宽条样拉伸 | 断裂强度 | 纵向 | kN/20 cm | 6 | 11.934 | GB/T 15788—1995 |
| | | | 横向 | | | 9.352 | |
| | | 断裂伸长率 | 纵向 | % | 6 | 52.75 | |
| | | | 横向 | | | 58.48 | |
| | 梯形撕裂强度 | | 纵向 | kN | 6 | 1.58 | GB/T 13763—92 |
| | | | 横向 | | | 1.35 | |
| | CBR 顶破强度 | | | kN | 6 | 10.27 | GB/T 14800—93 |
| | 刺破强度 | | | kN | 6 | 1.46 | SL/T 235—1999 |
| 水力特性 | 渗透系数 | | | cm/s | 3 | $6.78 \times 10^{-13}$ | SL/T 235—1999 |

送样日期：2006-07-10

### 3.2.3　国家化学建筑材料测试中心检测结果

样品名称：LDPE 土工膜。
委托单位：湖南中核无纺有限公司。
生产单位：北京华盾雪花塑料集团有限责任公司。
检测类别：委托检测。
检测结果：见表 3-23、表 3-24。

**表 3-23　检测结果(一)**

样品规格：4 400 mm × 0.6 mm　　报告编号：2006(X)0996

| 序号 | 检验项目 | | 单位 | 技术指标(GL 型) | 检验结果 | 单项判定 |
|---|---|---|---|---|---|---|
| 1 | 厚度 | | mm | | 0.61 | 实测值 |
| 2 | 厚度极限偏差 | | mm | ± 0.06 | 0.02 | 合格 |
| 3 | 厚度平均偏差 | | % | ± 6 | 1.70 | 合格 |
| 4 | 拉伸强度 | 横向 | MPa | ≥14 | 25.20 | 合格 |
| | | 纵向 | | ≥14 | 24.00 | 合格 |
| 5 | 拉伸断裂伸长率 | 横向 | % | ≥400 | 847 | 合格 |
| | | 纵向 | | ≥400 | 719 | 合格 |

委托日期：2006-09-11

**表 3-24 检测结果(二)**

样品规格：4 400 mm × 0.8 mm　　报告编号：2006(X)0997

| 序号 | 检验项目 | | 单位 | 技术指标(GL 型) | 检验结果 | 单项判定 |
|---|---|---|---|---|---|---|
| 1 | 厚度 | | mm | | 0.82 | 实测值 |
| 2 | 厚度极限偏差 | | mm | ± 0.06 | 0.04 | 合格 |
| 3 | 厚度平均偏差 | | % | ± 6 | 2.50 | 合格 |
| 4 | 拉伸强度 | 横向 | MPa | ≥14 | 23.70 | 合格 |
| | | 纵向 | | ≥14 | 22.70 | 合格 |
| 5 | 拉伸断裂伸长率 | 横向 | % | ≥400 | 796 | 合格 |
| | | 纵向 | | ≥400 | 700 | 合格 |

委托日期：2006-09-11

### 3.2.4 湖南中核无纺有限公司检测结果

检测结果：见表 3-25 ~ 表 3-27。

**表 3-25 检测结果(一)**

产品名称：长丝针刺复合土工膜(两布一膜)

设计重量：1 400 g/m²　　编号：068

| 试验项目 | | | | 单位 | 平均值 | 参照标准 |
|---|---|---|---|---|---|---|
| 物理特性 | 实际重量 | | | g/m² | 1 392 | |
| | 质量变异系数 | | | % | 6.40 | |
| | 厚度(2 kPa) | | | mm | 6.34 | GB/T 13761 |
| 力学特性 | 断裂强力 | 断裂强度 | 纵向 | N/5 cm | 2 769 | GB/T 3923.1 |
| | | | 横向 | | 2 312 | |
| | | 断裂伸长率 | 纵向 | % | 70 | |
| | | | 横向 | | 71 | |
| | 撕破强度 | | 纵向 | N | 1456 | GB/T 13763—92 |
| | | | 横向 | | 1366 | |
| | 剥离强度 | | | N | 8.10 | FZ/T 01010 |
| | CBR 顶破强度 | | | N | 7 126 | GB/T 14800 |
| 水力特性 | 水力鼓破 | | | MPa | 1.20 | |
| | 垂直渗透系数 | | | cm/s | $\leqslant 10^{-11}$ | |

报告日期：2006-09-13

**表 3-26　检测结果(二)**

产品名称：长丝针刺复合土工膜(两布一膜)
设计重量：1 600 g/m²
编号：069

| 试验项目 | | | | 单位 | 平均值 | 参照标准 |
|---|---|---|---|---|---|---|
| 物理特性 | 实际重量 | | | g/m² | 1 589 | |
| | 质量变异系数 | | | % | 6.60 | |
| | 厚度(2 kPa) | | | mm | 6.51 | GB/T 13761 |
| 力学特性 | 断裂强力 | 断裂强度 | 纵向 | N/5 cm | 2 794 | GB/T 3923.1 |
| | | | 横向 | | 2 344 | |
| | | 断裂伸长率 | 纵向 | % | 71 | |
| | | | 横向 | | 72 | |
| | 撕破强度 | | 纵向 | N | 1 487 | GB/T 13763—92 |
| | | | 横向 | | 1 365 | |
| | 剥离强度 | | | N | 7.80 | FZ/T 01010 |
| | CBR 顶破强度 | | | N | 7 138 | GB/T 14800 |
| 水力特性 | 水力鼓破 | | | MPa | 1.20 | |
| | 垂直渗透系数 | | | cm/s | $\leqslant 10^{-11}$ | |

报告日期：2006-09-13

**表 3-27　检测结果(三)**

产品名称：聚酯长丝针刺土工布
设计重量：400 g/m²
编号：227

| 试验项目 | | | | 单位 | 平均值 | 参照标准 |
|---|---|---|---|---|---|---|
| 物理特性 | 实际重量 | | | g/m² | 406 | |
| | 质量变异系数 | | | % | 7.10 | |
| | 厚度(2 kPa) | | | mm | 2.78 | GB/T 13761 |
| 力学特性 | 断裂强力 | 断裂强度 | 纵向 | N/5 cm | 1 076 | GB/T 3923.1 |
| | | | 横向 | | 1 037 | |
| | | 断裂伸长率 | 纵向 | % | 59 | |
| | | | 横向 | | 60 | |
| | 撕破强度 | | 纵向 | N | 631 | GB/T 13763—92 |
| | | | 横向 | | 594 | |
| | CBR 顶破强度 | | | N | 3 621 | GB/T 14800 |
| 水力特性 | 孔隙率 | | | % | >95 | |
| | 渗透系数 | | | cm/s | $3.15 \times 10^{-1}$ | |
| | 等效孔径 $O_{90}$ | | | mm | 0.11 | |

报告日期：2006-09-13

# 第 4 章　复合土工膜施工工艺研究

## 4.1　施工工艺研究的意义和必要性

土工膜是一种防渗性能良好、造价低廉、施工简捷的大坝防渗新材料，土工膜防渗土石坝是一种柔性防渗新型大坝结构。

国际大坝委员会 2006 年关于土工膜防渗大坝的最新报告显示，全世界已有土工膜防渗大坝 235 座，其中土石坝 161 座，混凝土坝与圬工坝 42 座，碾压混凝土坝 32 座。在土工膜防渗土石坝中，1996 年建成的高 91 m 的阿尔巴尼亚 Bovilla 堆石坝与 2005 年建成的高 196 m 的芬兰 Karahnjukar 堆石坝具有较大的国际影响。

我国已建的土工膜防渗土石坝高度在 50 m 以下，且均建在较小的河流上。对于土工膜这种具有突出优点的防渗材料作为土石坝的防渗结构尚缺乏成熟的设计与施工经验，可参照的技术规范也较简略。所以，当前在我国大江大河上建造土工膜防渗土石坝是一种挑战，也是一次工程技术突破。

西霞院工程位于我国第二大河——黄河干流上，坝体采用复合土工膜斜墙防渗，是国内首次在大(2)型大坝上使用，已突破了现行土石坝规范，可借鉴的设计和施工经验较少；坝体仅靠复合土工膜防渗，土工膜斜墙的施工质量对大坝的安全极为重要；土工膜厚度达 0.8 mm，单膜厚度较大；目前，复合土工膜施工规范没有统一标准，不能解决工程施工中具体的技术难题。因此，建设管理单位多次组织召开专家咨询会，对土工膜的铺设工艺进行咨询，并根据实际情况对施工工艺进行了专题研究，制定本工程复合土工膜施工标准。

土工膜防渗土石坝的工艺研究是工程基础性研究，一方面为大坝成功建设提供技术保证，另一方面为新型防渗结构大坝提供设计依据和参考。通过研究，也将为土工膜防渗土石坝施工规范的制定提供实质性内容和参考。

## 4.2　工程现场条件下土工膜焊接的参数优化

### 4.2.1　自动焊接机对比选型

#### 4.2.1.1　概述

现有国产土工膜基本上为 PE(聚乙烯)膜和 PVC(聚氯乙稀)膜，尽管 PVC

膜既可以焊接，又可以融合胶粘，而 PE 膜只能焊接，不能融合胶粘(只能异物胶粘)，但 PE 膜幅宽大，厚度规格多，尤其薄型膜较多，所以 PE 膜应用更为广泛。

PE 膜的焊接基本上都是采用热加温原理，使待焊接的两幅 PE 膜的焊接部位熔化，然后加压力使熔化部位压紧融合，冷却后两幅膜即成为整体。

焊接加温的方法有热锲加温、吹风加温、红外线加温等，焊接机的选择主要取决于 PE 膜的厚度、膜结构型式与施工环境等因素。

#### 4.2.1.2　国产热锲型自动爬行焊接机

国产热锲型自动爬行焊接机由两块锲形电烙铁对膜加热，其后的胶带轮对加热后的膜滚压，形成两条宽度 10 mm 的焊缝，缝间距离为 12 mm。该焊接机的特点为结构简单，自动爬行，爬行速度与温度可调节，但滚轮压力不可调节；适用于厚度小于 0.8 mm 的 PE 膜的焊接。由于爬行焊接机自身构造限制，难以适应多边或复杂形状的焊接。

#### 4.2.1.3　进口焊接机

进口焊接机有热锲型、吹风型和红外线型等，普通焊接常用热锲型和吹风型。

进口热锲型自动爬行焊接机与国产焊接机相比较，具有焊缝宽、焊缝表面有压纹、滚轮压力可调节等优点，但该机更适用于厚度大于 0.8 mm 的膜的焊接。

进口吹风型焊接机为手持型焊接机，应用 PE 焊条熔合焊缝的原理，具有适应各种复杂形状的优点，但焊接质量直接与操作者的熟练程度有关，更适应厚度大于 1.0 mm 的膜的局部修补。

#### 4.2.1.4　焊接机选型

由于国产热锲型自动爬行焊接机比较适应于 0.8 mm 以下厚度的 PE 膜的焊接，故本工程选择国产热锲型自动爬行焊接机作为 PE 膜焊接的设备。

### 4.2.2　不同气温及特殊情况下现场土工膜焊接工艺与参数

#### 4.2.2.1　不同气温下现场焊接温度优化

土工膜的熔融温度与土工膜材质有关，例如 LDPE 的熔融温度为 108 ~ 126 ℃，HDPE 的熔融温度为 126 ~ 136 ℃；土工膜现场焊接温度与焊接设备有关，例如，热锲型焊接机为与膜直接接触的热锲的温度，热风型焊接机为不与膜直接接触的吹风口的温度，即使这两种设备的温度相同，作为受体的膜所接受的热量也是不同的；对于同一种焊接设备，土工膜的焊接质量与土工膜环境温度密切相关，主要通过调节焊接温度补偿环境温度的影响。此外，同一种土工膜，不同厚度的适宜焊接温度也有差异。对于以往大多数土工膜防渗工程，一般在一个季节中仅设置晴天与阴天两个焊接温度。

土工膜现场焊接应有适宜的环境温度条件，气温在 5 ℃以下和 35 ℃以上，是不宜进行土工膜现场焊接施工的。本工程对基本适宜土工膜现场焊接的环境温度 2 ~ 33 ℃区间，约每间隔 5 ℃设置一个环境温度的焊接温度试验点，根据以往经验，每个试验点采用 3 个不同的焊接温度，每个焊接温度取 6 个试样，通过拉伸、剥离试验，取其中最佳者作为该环境温度下适宜焊接温度。厚度 0.8 mm 和厚度 0.6 mm 不同环境温度的焊接试样的拉伸试验和剥离试验结果汇总见表 4-1 ~ 表 4-4。每个环境温度的焊接试验点对应的适宜焊接温度的试验曲线分别见图 4-1 ~ 图 4-4。将这些试验结果加以分析整理，绘制成膜厚 0.8 mm 和膜厚 0.6 mm 的适宜焊接温度与环境温度的关系曲线(见图 4-5、图 4-6)对类似工程具有指导意义。

**表 4-1　膜厚 0.8 mm 焊接试样拉伸试样结果**

试样标距:50 mm　　试样宽度：50 mm　　拉伸速率：20 mm/min

| 气温(℃) | 焊接速率(挡数) | 膜厚(mm) | 焊接温度(°C) | 最大拉力(kN) | 极限延伸率(%) | 拉力标准差 | 拉力变异系数 |
|---|---|---|---|---|---|---|---|
| 2/20 | 1 | 0.8 | 360 | 0.534 | 176.819 | 0.007 | 0.013 |
| | | | 370 | 0.514 | 162.674 | 0.019 | 0.037 |
| | | | 380 | 0.537 | 183.697 | 0.011 | 0.021 |
| 7/21 | 1 | 0.8 | 340 | 0.481 | 150.668 | 0.011 | 0.024 |
| | | | 350 | 0.508 | 186.980 | 0.010 | 0.020 |
| | | | 360 | 0.525 | 162.066 | 0.013 | 0.025 |
| 12/24 | 1 | 0.8 | 330 | 0.435 | 181.358 | 0.021 | 0.048 |
| | | | 340 | 0.438 | 155.394 | 0.011 | 0.025 |
| | | | 350 | 0.422 | 142.838 | 0.012 | 0.027 |
| 17/26 | 1.5 | 0.8 | 330 | 0.450 | 192.359 | 0.016 | 0.035 |
| | | | 340 | 0.487 | 162.894 | 0.022 | 0.045 |
| | | | 350 | 0.448 | 125.885 | 0.015 | 0.035 |
| 22/25 | 1.5 | 0.8 | 320 | 0.440 | 173.167 | 0.012 | 0.056 |
| | | | 330 | 0.499 | 278.667 | 0.012 | 0.049 |
| | | | 340 | 0.448 | 185.000 | 0.014 | 0.061 |
| 28/25 | 1.5 | 0.8 | 300 | 0.406 | 216.125 | 0.014 | 0.036 |
| | | | 310 | 0.464 | 215.247 | 0.011 | 0.025 |
| | | | 320 | 0.458 | 195.639 | 0.016 | 0.035 |
| 33/25 | 1.5 | 0.8 | 270 | 0.443 | 160.234 | 0.015 | 0.034 |
| | | | 280 | 0.493 | 224.192 | 0.020 | 0.040 |
| | | | 290 | 0.458 | 221.973 | 0.013 | 0.028 |

**注**：2/20 表示：焊接气温 2 ℃，试验气温 20 ℃。以下类同。

**表 4-2　膜厚 0.6 mm 焊接试样拉伸试验结果**

试样标距：50 mm　　试样宽度：50 mm　　拉伸速率：20 mm/min

| 气温(℃) | 焊接速率(挡数) | 膜厚(mm) | 焊接温度(℃) | 最大拉力(kN) | 极限延伸率(%) | 拉力标准差 | 拉力变异系数 |
|---|---|---|---|---|---|---|---|
| 2/20 | 1.5 | 0.6 | 290 | 0.285 | 249.992 | 0.016 | 0.056 |
| | | | 300 | 0.282 | 280.482 | 0.014 | 0.049 |
| | | | 310 | 0.287 | 276.202 | 0.021 | 0.074 |
| 7/23 | 1.5 | 0.6 | 280 | 0.300 | 256.584 | 0.004 | 0.014 |
| | | | 290 | 0.271 | 240.390 | 0.011 | 0.040 |
| | | | 300 | 0.253 | 183.620 | 0.013 | 0.050 |
| 12/24 | 1.5 | 0.6 | 270 | 0.267 | 219.928 | 0.010 | 0.039 |
| | | | 280 | 0.235 | 136.141 | 0.010 | 0.043 |
| | | | 290 | 0.290 | 234.494 | 0.017 | 0.060 |
| 17/25 | 2 | 0.6 | 270 | 0.249 | 169.718 | 0.006 | 0.245 |
| | | | 280 | 0.253 | 161.093 | 0.013 | 0.052 |
| | | | 290 | 0.248 | 169.357 | 0.010 | 0.042 |
| 22/31 | 2 | 0.6 | 270 | 0.229 | 148.146 | 0.012 | 0.052 |
| | | | 280 | 0.241 | 180.061 | 0.014 | 0.060 |
| | | | 290 | 0.226 | 115.173 | 0.013 | 0.057 |
| 28/21 | 1.5 | 0.6 | 270 | 0.329 | 225.485 | 0.007 | 0.020 |
| | | | 280 | 0.353 | 254.225 | 0.049 | 0.138 |
| | | | 290 | 0.322 | 253.469 | 0.007 | 0.022 |
| 33/31 | 2 | 0.6 | 260 | 0.227 | 161.488 | 0.013 | 0.057 |
| | | | 270 | 0.245 | 169.894 | 0.010 | 0.420 |
| | | | 280 | 0.228 | 148.633 | 0.006 | 0.026 |

注：2/20 表示：焊接气温 2 ℃，试验气温 20 ℃。以下类同。

**表 4-3　膜厚 0.8 mm 焊接试样剥离试验结果**

试样标距：50 mm　　试样宽度：50 mm　　拉伸速率：20 mm/min

| 气温(°C) | 焊接速率(挡数) | 膜厚(mm) | 焊接温度(°C) | 最大拉力(kN) | 极限延伸率(%) | 拉力标准差 | 拉力变异系数 |
|---|---|---|---|---|---|---|---|
| 2/20 | 1 | 0.8 | 360 | 0.527 | 124.380 | 0.009 | 0.017 |
| | | | 370 | 0.482 | 102.781 | 0.006 | 0.012 |
| | | | 380 | 0.428 | 109.695 | 0.102 | 0.239 |
| 7/21 | 1 | 0.8 | 340 | 0.455 | 111.379 | 0.010 | 0.021 |
| | | | 350 | 0.465 | 167.842 | 0.008 | 0.016 |
| | | | 360 | 0.470 | 162.734 | 0.009 | 0.019 |
| 12/24 | 1 | 0.8 | 330 | 0.418 | 193.408 | 0.014 | 0.034 |
| | | | 340 | 0.342 | 108.359 | 0.025 | 0.072 |
| | | | 350 | 0.284 | 106.190 | 0.056 | 0.197 |
| 17/26 | 1.5 | 0.8 | 330 | 0.450 | 138.328 | 0.005 | 0.012 |
| | | | 340 | 0.456 | 94.705 | 0.011 | 0.025 |
| | | | 350 | 0.100 | 60.364 | 0.038 | 0.381 |
| 22/25 | 1.5 | 0.8 | 320 | 0.360 | 58.833 | 0.040 | 0.112 |
| | | | 330 | 0.422 | 123.000 | 0.018 | 0.085 |
| | | | 340 | 0.405 | 89.667 | 0.009 | 0.043 |
| 28/30 | 1.5 | 0.8 | 300 | 0.335 | 138.020 | 0.037 | 0.200 |
| | | | 310 | 0.436 | 131.580 | 0.031 | 0.071 |
| | | | 320 | 0.434 | 170.226 | 0.014 | 0.314 |
| 33/22 | 1.5 | 0.8 | 270 | 0.365 | 81.091 | 0.052 | 0.143 |
| | | | 280 | 0.491 | 70.835 | 0.040 | 0.081 |
| | | | 290 | 0.487 | 101.434 | 0.013 | 0.027 |

注：2/20 表示：焊接气温 2 ℃，试验气温 20 ℃。以下类同。

表 4-4　膜厚 0.6 mm 焊接试样剥离试验结果

试样标距：50 mm　　试样宽度：50 mm　　拉伸速率：20 mm/min

| 气温(°C) | 焊接速率(挡数) | 膜厚(mm) | 焊接温度(℃) | 最大拉力(kN) | 极限延伸率(%) | 拉力标准差 | 拉力变异系数 |
|---|---|---|---|---|---|---|---|
| 2/19 | 1.5 | 0.6 | 290 | 0.275 | 173.069 | 0.011 | 0.041 |
| | | | 300 | 0.273 | 164.510 | 0.009 | 0.032 |
| | | | 310 | 0.269 | 116.433 | 0.013 | 0.049 |
| 7/23 | 1.5 | 0.6 | 280 | 0.280 | 169.966 | 0.017 | 0.060 |
| | | | 290 | 0.256 | 220.733 | 0.012 | 0.046 |
| | | | 300 | 0.245 | 207.802 | 0.008 | 0.031 |
| 12/21 | 1.5 | 0.6 | 270 | 0.263 | 152.792 | 0.006 | 0.023 |
| | | | 280 | 0.260 | 259.151 | 0.007 | 0.029 |
| | | | 290 | 0.263 | 139.808 | 0.019 | 0.071 |
| 17/25 | 2 | 0.6 | 270 | 0.253 | 170.392 | 0.011 | 0.041 |
| | | | 280 | 0.293 | 130.027 | 0.012 | 0.049 |
| | | | 290 | 0.251 | 107.328 | 0.005 | 0.018 |
| 22/25 | 2 | 0.6 | 270 | 0.252 | 72.422 | 0.009 | 0.034 |
| | | | 280 | 0.248 | 99.218 | 0.010 | 0.042 |
| | | | 290 | 0.247 | 96.716 | 0.005 | 0.021 |
| 28/23 | 1.5 | 0.6 | 270 | 0.379 | 90.070 | 0.007 | 0.020 |
| | | | 280 | 0.361 | 85.775 | 0.014 | 0.040 |
| | | | 290 | 0.379 | 91.398 | 0.032 | 0.085 |
| 33/25 | 2 | 0.6 | 260 | 0.257 | 117.244 | 0.011 | 0.044 |
| | | | 270 | 0.250 | 76.542 | 0.016 | 0.063 |
| | | | 280 | 0.250 | 76.542 | 0.160 | 0.063 |

**注**：2/19 表示：焊接气温 2 ℃，试验气温 19 ℃。以下类同。

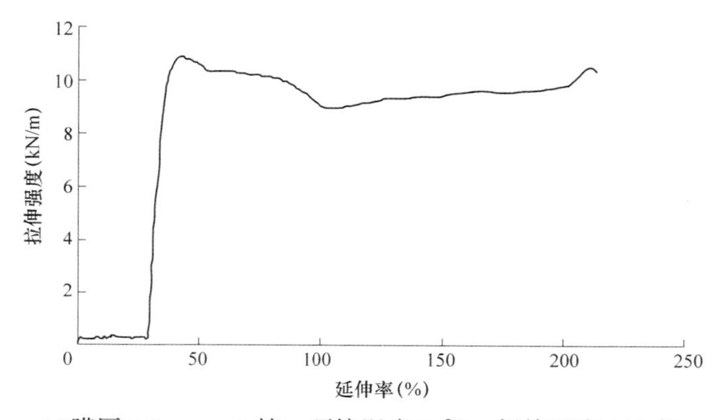


(a)膜厚 0.8 mm，1 挡，环境温度 2 ℃，焊接温度 380 ℃

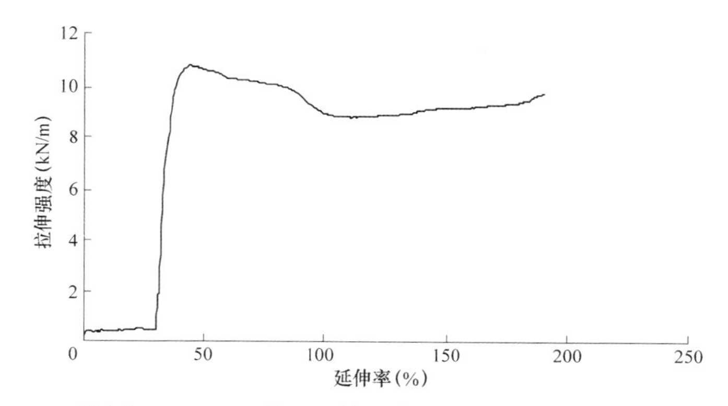


(b)膜厚 0.8 mm，1 挡，环境温度 7 ℃，焊接温度 360 ℃

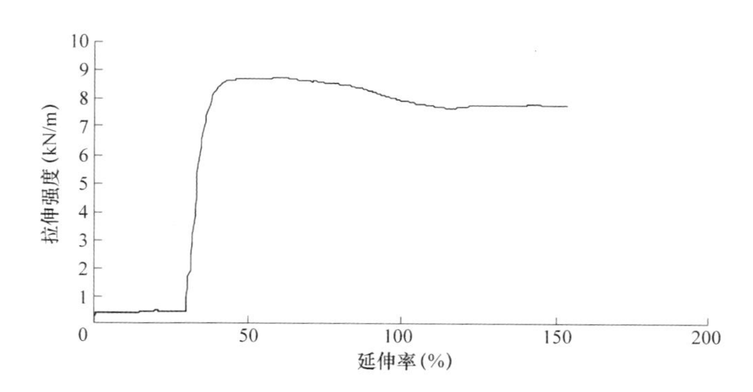


(c)膜厚 0.8 mm，1 挡，环境温度 12 ℃，焊接温度 330 ℃

**图 4-1　不同环境温度对应的适宜焊接温度的拉伸曲线(膜厚 0.8 mm)**

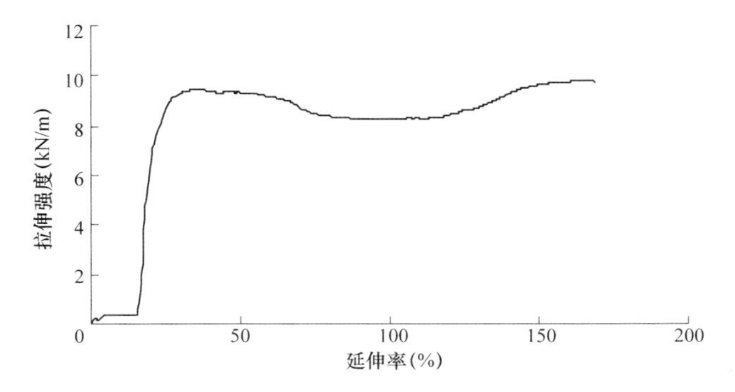


(d)膜厚 0.8 mm，1.5 挡，环境温度 17 ℃，焊接温度 340 ℃

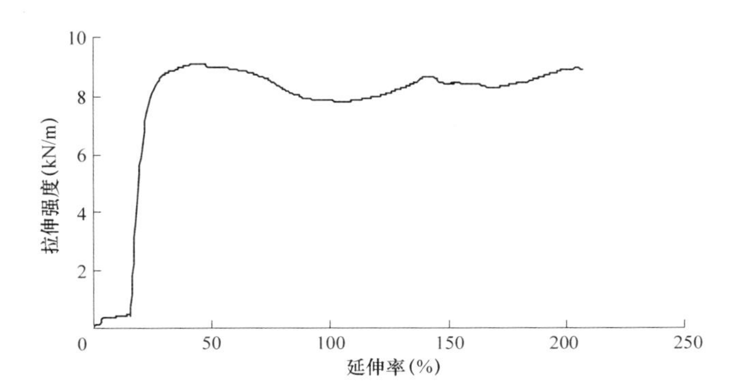


(e)膜厚 0.8 mm，1.5 挡，环境温度 22 ℃，焊接温度 340 ℃

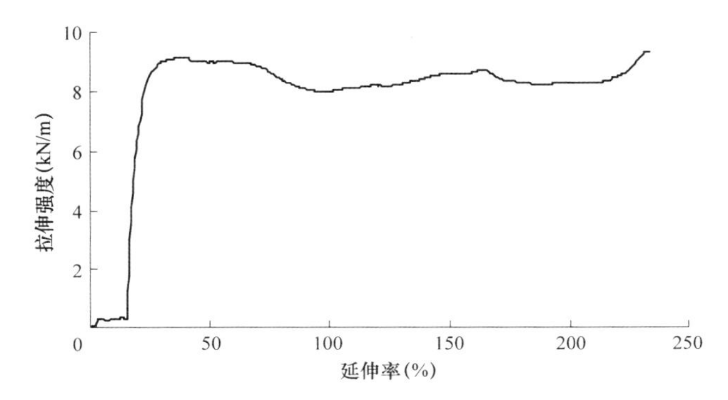


(f)膜厚 0.8 mm，1.5 挡，环境温度 28 ℃，焊接温度 310 ℃

**续图 4-1**

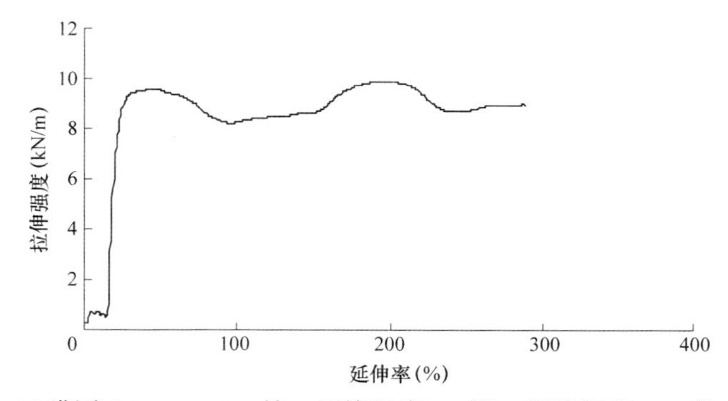


(g)膜厚 0.8 mm，1.5 挡，环境温度 33 ℃，焊接温度 280 ℃

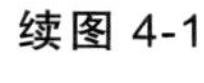
**续图 4-1**

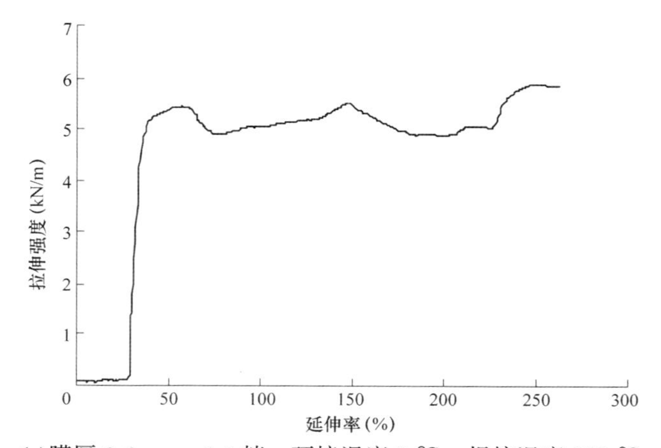


(a)膜厚 0.6 mm，1.5 挡，环境温度 2 ℃，焊接温度 290 ℃

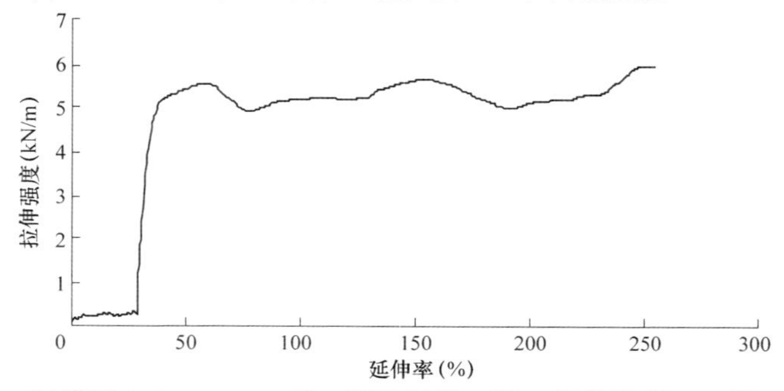


(b)膜厚 0.6 mm，1.5 挡，环境温度 7 ℃，焊接温度 280 ℃

**图 4-2　不同环境温度对应的适宜焊接温度的拉伸曲线(膜厚 0.6 mm)**

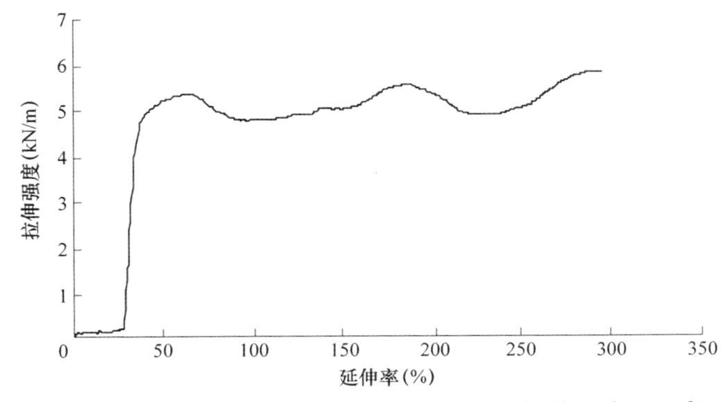


(c)膜厚 0.6 mm，1.5 挡，环境温度 12 ℃，焊接温度 290 ℃

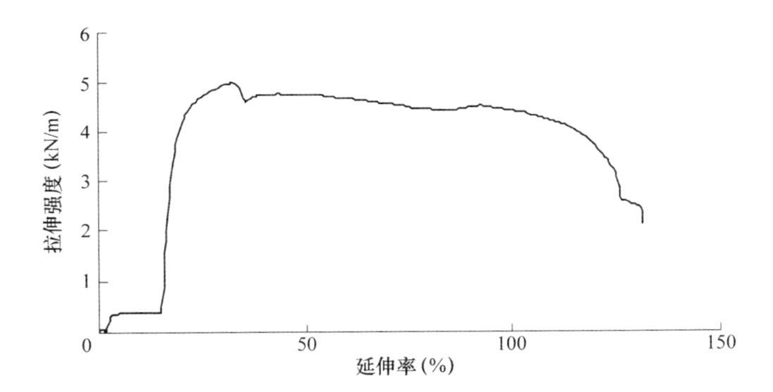


(d)膜厚 0.6 mm，2 挡，环境温度 17 ℃，焊接温度 280 ℃

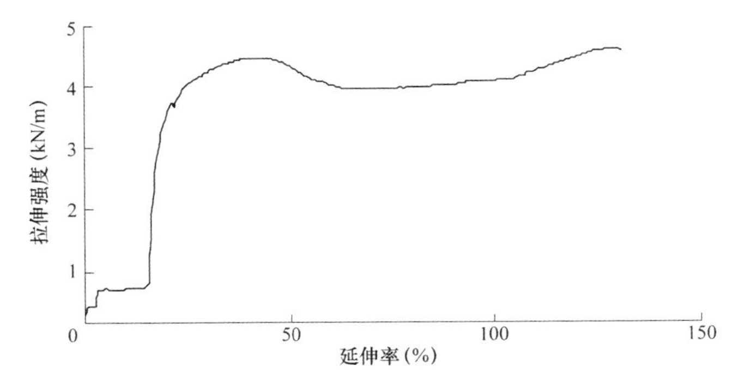


(e)膜厚 0.6 mm，2 挡，环境温度 22 ℃，焊接温度 270 ℃

**续图 4-2**

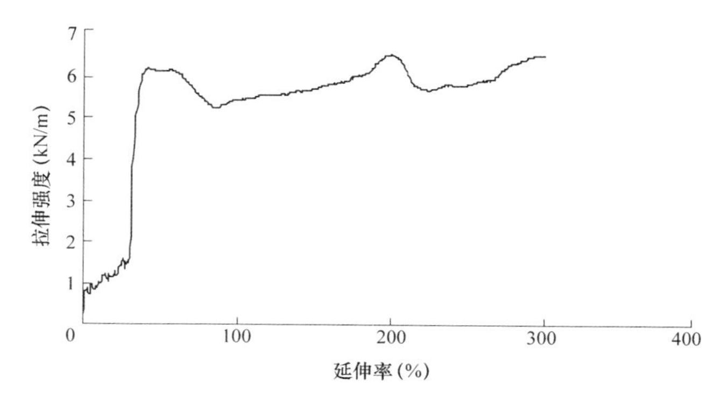


(f)膜厚 0.6 mm，1.5 挡，环境温度 28 ℃，焊接温度 280 ℃

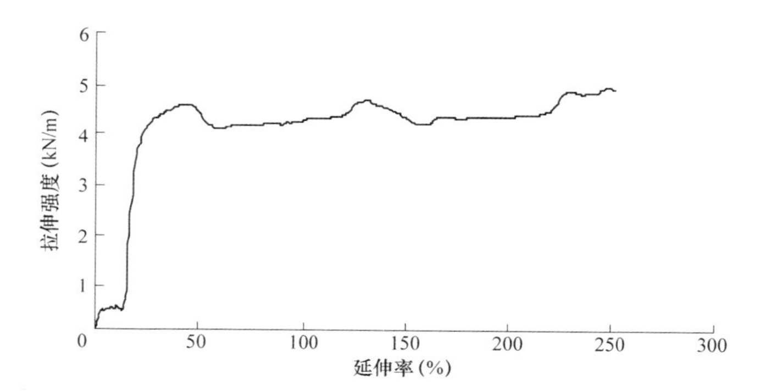


(g)膜厚 0.6 mm，2 挡，环境温度 33 ℃，焊接温度 260 ℃

**续图 4-2**

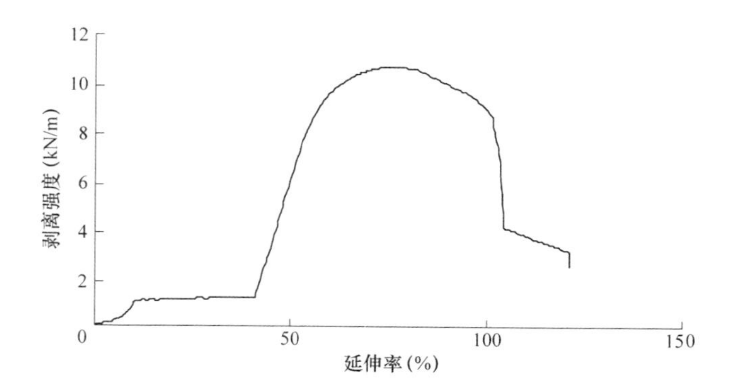


(a)膜厚 0.8 mm，1 挡，环境温度 2 ℃，焊接温度 360 ℃

**图 4-3　不同环境温度对应的适宜焊接温度的剥离曲线(膜厚 0.8 mm)**

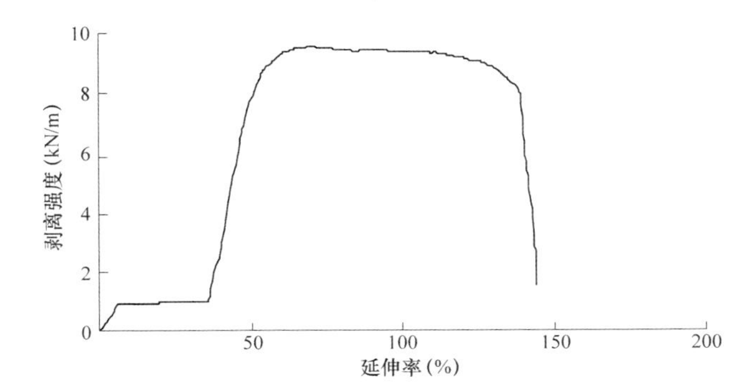


(b)膜厚 0.8 mm，1 挡，环境温度 7 ℃，焊接温度 360 ℃

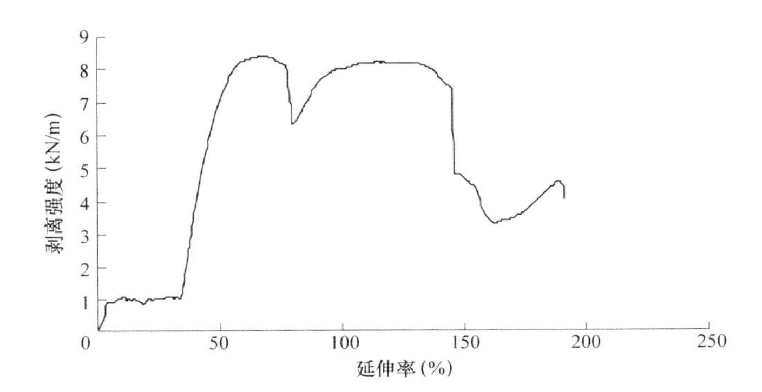


(c)膜厚 0.8 mm，1 挡，环境温度 12 ℃，焊接温度 330 ℃

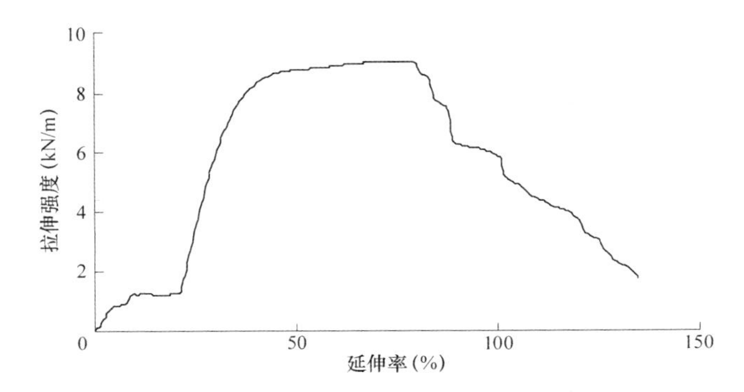


(d)膜厚 0.8 mm，1.5 挡，环境温度 17 ℃，焊接温度 330 ℃

**续图 4-3**

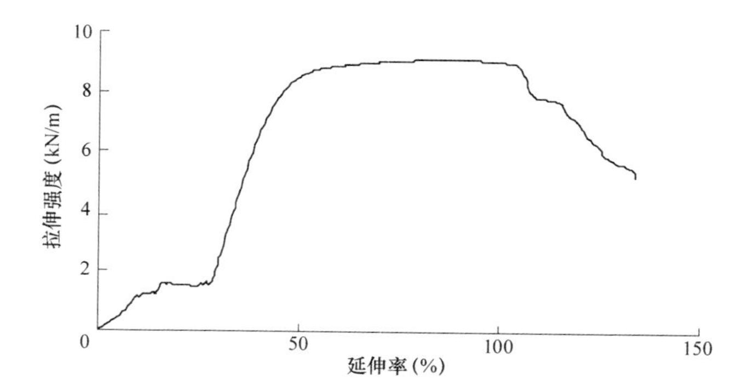


(e)膜厚 0.8 mm，1.5 挡，环境温度 22 ℃，焊接温度 340 ℃

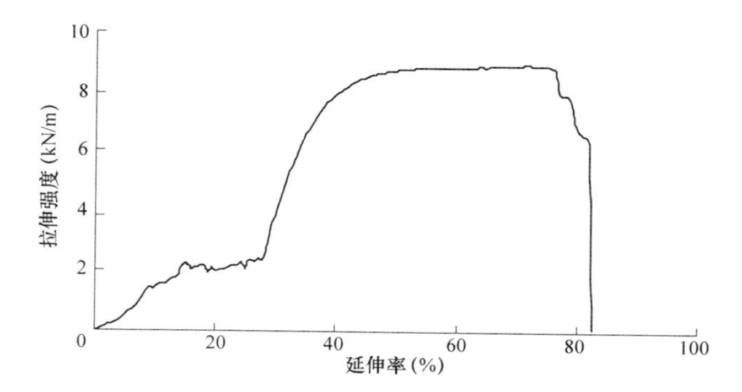


(f)膜厚 0.8 mm，1.5 挡，环境温度 28 ℃，焊接温度 310 ℃

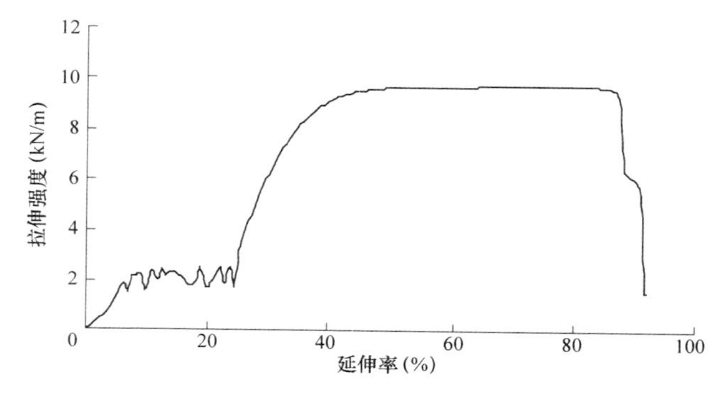


(g)膜厚 0.8 mm，1.5 挡，环境温度 33 ℃，焊接温度 290 ℃

**续图 4-3**

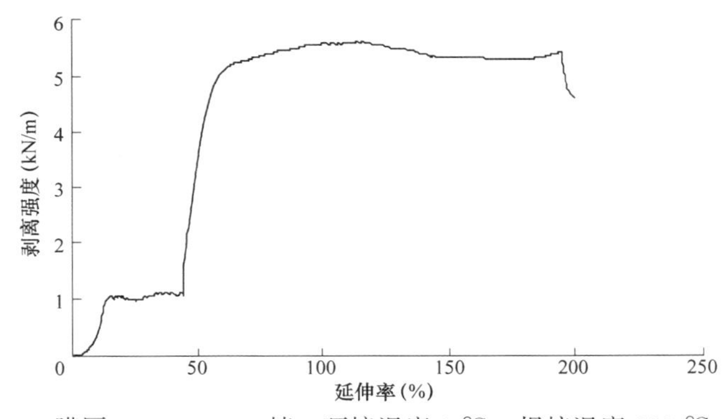


(a)膜厚 0.6 mm，1.5 挡，环境温度 2 ℃，焊接温度 290 ℃

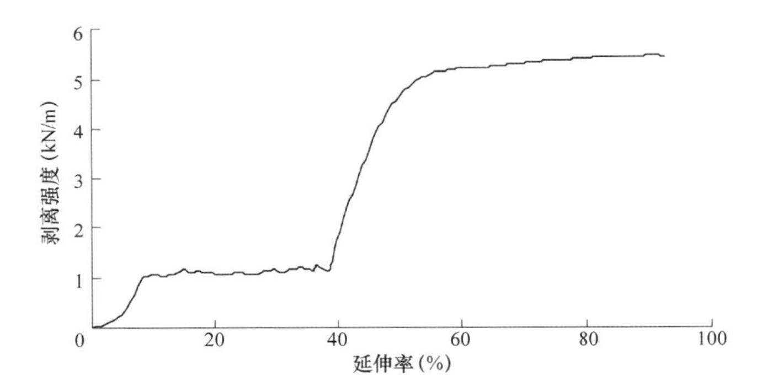


(b)膜厚 0.6 mm，1.5 挡，环境温度 7 ℃，焊接温度 280 ℃

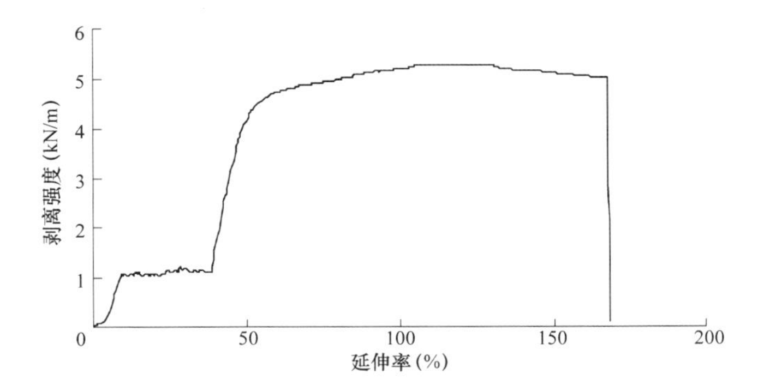


(c)膜厚 0.6 mm，1.5 挡，环境温度 12 ℃，焊接温度 270 ℃

图 4-4　不同环境温度对应的适宜焊接温度的剥离曲线(膜厚 0.6 mm)

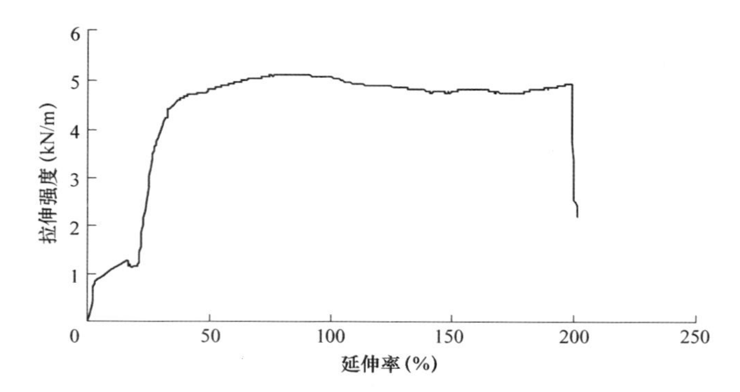


(d)膜厚 0.6 mm，2 挡，环境温度 17 ℃，焊接温度 270 ℃

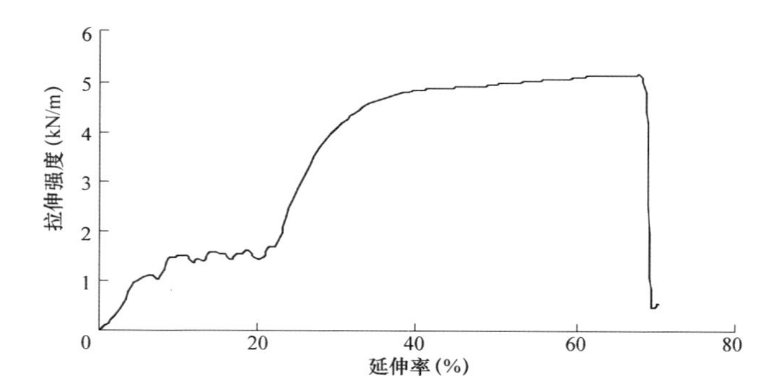


(e)膜厚 0.6 mm，2 挡，环境温度 22 ℃，焊接温度 270 ℃

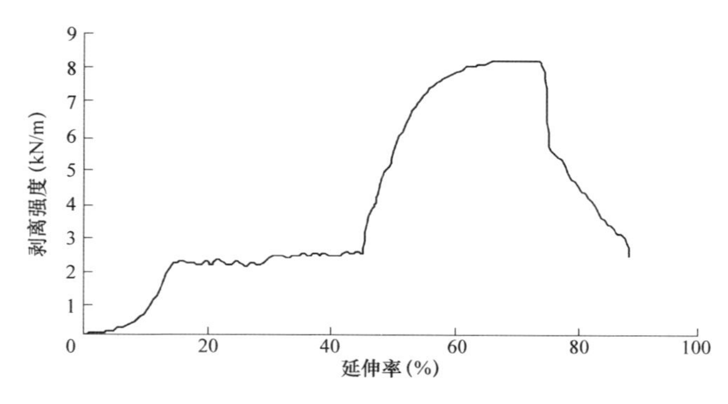


(f)膜厚 0.6 mm，1.5 挡，环境温度 28 ℃，焊接温度 290 ℃

续图 4-4

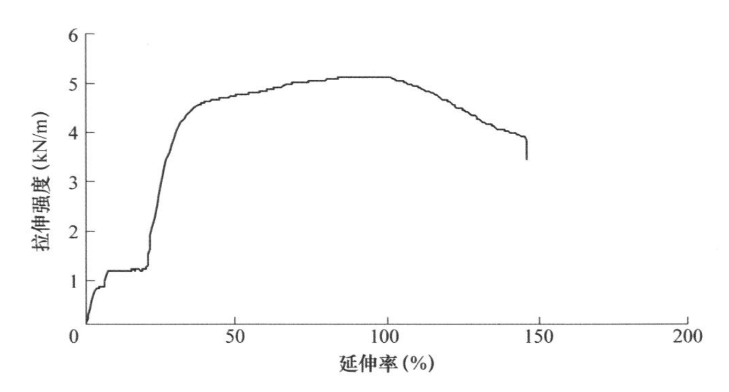


(g)膜厚 0.6 mm，2 挡，环境温度 33 ℃，焊接温度 260 ℃

续图 4-4

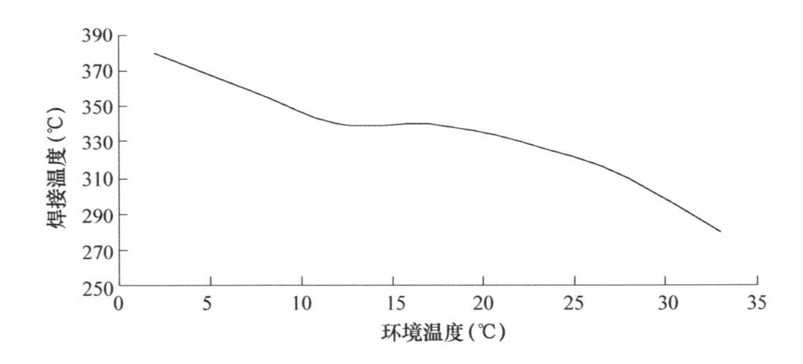


图 4-5　适宜焊接温度与环境温度关系曲线(膜厚 0.8 mm，拉伸试验)

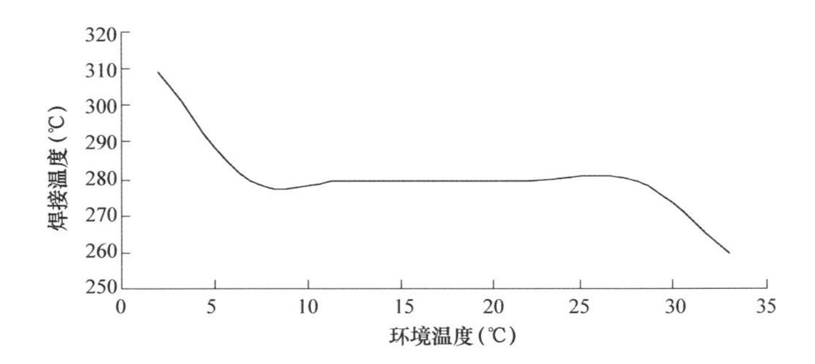


图 4-6　适宜焊接温度与环境温度关系曲线(膜厚 0.6 mm，拉伸试验)

#### 4.2.2.2 特殊情况下现场土工膜焊接工艺

1)正常情况下的焊接试验

为了与特殊情况下的焊接试验作比较，在做特殊情况试验前，在同一现场与同一环境温度条件下，先做正常焊接试验。

在环境温度 22 ℃下，PE 膜的焊接温度为 320 ℃，焊接速度为 1.8 m/min，焊缝质量检测充气压力达 0.4 MPa(0.4 MPa 已达到充气压力表的上限，而正常检测充气压力为 0.2 MPa)，持续时间为 5 min 以上，焊缝正常。

2)清晨露水(包括雨后)情况下的焊接工艺

(1)试验情况。

在焊接膜的焊接缝部位用湿布抹一遍，类似清晨露水或雨后尚未干燥情况，考虑到潮湿干燥的吸热效应，在常规室温下适当提高焊接温度。

当室温 22 ℃，采用焊接温度 330 ℃，焊接速度 1.8 m/min，质量检测充气压力达到 0.14 MPa 时，焊缝出现爆裂，数据参见表 4-5。

表 4-5　模拟清晨露水状态下的焊接试验

| 室温(℃) | 焊接温度(℃) | 焊接速度(m/min) | 焊缝爆裂时的充气压力(MPa) |
|---|---|---|---|
| 22 | 330 | 1.8 | 0.14 |

(2)潮湿影响焊接质量机理。

正常状态下，充气压力可达 0.2 MPa，持续 5 min 以上，而潮湿状态下，充气压力达到 0.14 MPa 时，焊缝爆裂，原因在于，潮湿不仅降低了焊接时的 PE 膜表面的熔化温度，而且由于水膜层的表面张力导致 PE 膜表面的潮湿程度千差万别，致使 PE 膜表面的熔化温度的降低也是一种极不均匀的温度降低。因此，得出如下结论：

由于 PE 膜表面的干燥程度在出厂时是基本相同的，在施工过程中由于受空气湿度的影响，PE 膜表面的潮湿程度是基本不相同的，所以实际焊接操作过程是难以通过不断调整焊接温度始终保持焊接熔化温度不变的，结果导致部分熔化不足，部分熔化过量，焊接质量难以保证。

(3)潮湿焊接工艺。

鉴于以上试验与分析，PE 膜潮湿状态下的焊接工艺为：

现场阴转多云以上的天气状况，或降雨后明显不再降雨时，将潮湿膜的表面干燥，即用毛巾擦拭潮湿膜的表面，至少用不同的干毛巾擦拭 2 遍以上。

在大气中蒸发干燥，待膜表面充分干燥后，再按正常操作规程操作。

3)扬尘情况下的焊接工艺

(1)试验情况。

在焊接膜的焊接缝部位从上部飘洒一些尘土，类似大风天气工地道路上由于工程车辆经过扬起的尘埃，考虑到尘埃的吸热效应，在常规室温下适当提高焊接温度。

当室温 22 ℃，采用焊接温度 330 ℃，焊接速度 1.8 m/min，质量检测充气压力达到 0.24 MPa 时，焊缝开始爆裂，将爆裂段封闭后，再充气检测，当压力达到 0.4 MPa 时，焊缝再次爆裂(见表 4-6)。

**表 4-6　尘埃状态焊接试验结果**

| 室温(°C) | 焊接温度(°C) | 焊接速度(m/min) | 焊缝爆裂时的充气压力(MPa) |
|---|---|---|---|
| 22 | 330 | 1.8 | 0.24，0.4 |

(2)尘埃影响焊接质量机理。

尘埃在焊接过程中不仅会降低焊接温度，更重要的是，尘埃掺合进熔化的 PE 膜焊缝中，实际上焊缝不再是原先的纯 PE(聚乙烯)材料，而是掺合了杂质的材料，其抗拉强度与剥离强度将降低，当尘埃在焊缝上连续分布时，相当于杂质已贯通焊缝，使其强度明显降低。

(3)尘埃焊接工艺。

鉴于以上试验与分析，尘埃状态下 PE 膜的焊接工艺为：

大风天气适逢工程车辆频繁经过土工膜焊接现场时，应停止膜焊接施工。

偶尔遇工程车辆经过有少许尘埃降落时，需在焊接机的前面清洁膜表面，使用 2 条以上的干毛巾一前一后擦拭膜表面，刚擦拭干净时焊接机紧跟着焊接，保证焊缝处于清洁状态下融合。

4)附着纤维膜的焊接工艺

(1)试验情况。

由于复合膜生产工艺原因，有时在焊接 PE 膜上粘有 PET(涤纶)纤维，为了掌握这些粘有纤维 PE 膜的焊接质量，专门对此做了试验。

当室温 22 ℃时，采用焊接温度 330 ℃，焊接速度 1.8 m/min。待焊接缝的温度稳定后进行充气检测。质量检测充气压力达到 0.14 MPa 时，焊缝出现爆裂，数据参见表 4-7。

**表 4-7　附着纤维状态焊接试验结果**

| 室温(℃) | 焊接温度(℃) | 焊接速度(m/min) | 焊缝爆裂时的充气检测压力(MPa) |
|---|---|---|---|
| 22 | 330 | 1.8 | 0.14 |

(2)纤维影响焊接质量机理。

由于 PET 的熔化温度明显高于 PE 的熔化温度，所以当采用 PE 膜焊接适宜温度时，PET 纤维是不会熔化的，这些纤维像其他杂质一样影响焊接面的融合，导致充气压力不到 0.2 MPa 时即发生焊缝爆裂。

(3)附着纤维膜的焊接工艺。

首先，人工将附着纤维扯去，一般可去除一半以上的附着纤维。

其次，对于附着较牢的纤维，采用细砂纸擦拭，只要将纤维擦去即可，擦拭过甚则使膜的厚度减小。

再次，用微湿的净布将焊接表面擦拭干净。

最后，待擦拭面干燥后进行正常焊接。

## 4.3 焊缝缺陷补焊(包括补丁)工艺研究

### 4.3.1 补焊机的类型

对于焊接瑕疵与焊接缺陷的补焊，由于焊接机的结构与构造原因，不能采用自动爬行机焊接，一般采用手持式吹风焊接机进行补焊。

手持式吹风焊接机有微型焊接枪、中型焊接机和大型焊接机。

微型焊接枪与中型焊接机只起加温作用，即通过热风使 PE 膜焊接面熔化，用手加压，使其融合，一般适用于较薄 PE 膜的补焊。

大型手持式吹风焊接机不仅能加热焊接面，而且能使经过焊接机熔化的 PE 焊条挤出后封盖在焊缝上，一般适用于较厚的 PE 膜的补焊，尤其适用于打补丁式的补焊。

### 4.3.2 不同补焊型式的选用

西霞院工程实际采用 PE 膜的厚度分别为 0.8 mm 和 0.6 mm，属于比较薄的膜，所以可选择国产普通微型吹风焊接枪作为焊接瑕疵与缺陷补焊的设备；选择进口大型吹风焊接机作为局部补丁的备用设备。

### 4.3.3 补焊工艺

#### 4.3.3.1 微小焊接瑕疵补焊

由于外来因素干扰造成焊接机爬行速度不均等尚未出现明显缺陷的现象作为瑕疵处理。

首先，将焊接过程中出现的欠佳部位用油性笔作记号，如图 4-7 所示。

待整条焊缝完成后，对这些欠佳部位进行补焊，用微型吹风焊接枪将瑕疵处加热，然后用手将加热处压紧，使该处的两层 PE 膜融合，如图 4-8 所示。

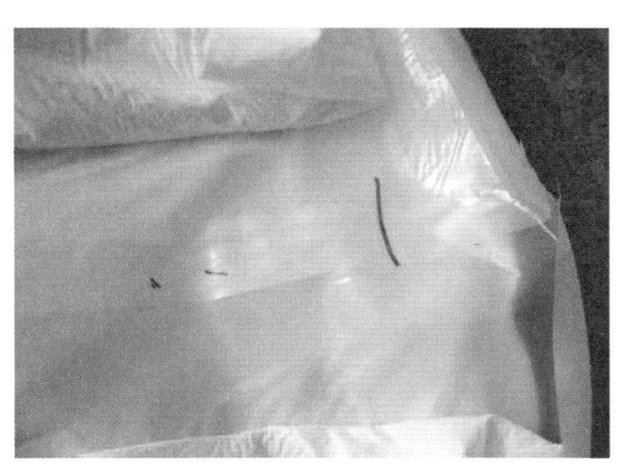

图 4-7　焊接欠佳部位记号

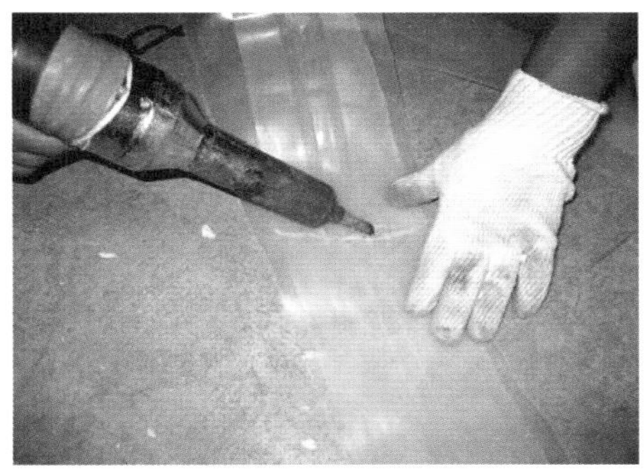

图 4-8　吹风焊接枪补焊

#### 4.3.3.2　细小焊接缺陷补焊

由于焊接机爬行过程中停顿或充气检查爆裂等部位造成的缺陷应做缺陷补焊处理。

首先，将缺陷部位作记号，以便待整条焊缝焊接完成或整条焊缝充气检查完成进行专门补焊。

对于充气爆裂缺陷，在缺陷处或附近加热重新融合，一般该处的焊接面积大于爬行机正常焊接的面积。

对于爬行机停顿造成焊接过热的缺陷，一般先在缺陷附近加热融合，再用同样厚度的 PE 膜在缺陷处打一个小补丁，补丁面积足够覆盖缺陷面积。

一般情况下，上述补焊操作采用微型吹风焊接枪；补焊处同样必须通过充气检查合格。

## 4.4　坝面普通部位的土工膜铺设

### 4.4.1　坝面土工膜铺设

土工膜铺设前，应检查土工膜支持层是否存在并清除突兀或凹坑、较大颗粒聚集、混杂带尖锐棱角的杂物等现象。

土工膜的坝面铺设可采用机械铺设，也可采用人工铺设。对于机械铺设，需要土工膜供应商提供具有中心钢管轴的土工膜捆卷，用长臂吊车将土工膜在坝面上放铺。对于人工铺设，可由人工将土工膜卷捆抬至铺设桩号处，从坝脚向上推铺，或从坝顶向下放铺。

当采用从坝顶向下放铺时，应避免从坝顶将土工膜自行下滚放铺，这种方法虽然省力，但高度较大时产生的下滚加速度可能造成土工膜的损伤。所以，当采用人工从坝顶向下放铺方式时，应将土工膜卷捆抬至放铺桩号处，由施工人员扶卷捆慢慢下滚放铺，见图 4-9。

因为放铺土工膜的左右两侧需与相邻土工膜拼接，土工膜的上下两端需锚固，所以土工膜在放铺前，应准确定位，避免放铺后再拉扯、移动土工膜而可能使土工膜造成塑性变形。

土工膜与相邻土工膜的搭接宽度应达到 20 cm，复合土工膜织物也应有相应的搭接宽度。

土工膜与上下两端锚固部位的搭接应符合设计要求。

铺设的土工膜在满足周边拼接与锚固的搭接要求后，应呈平顺松弛状态，无褶皱、绷紧等不良状态。

## 4.4.2 下层织物的缝接

下层织物的缝接首先应将两幅搭接对齐，使缝合后的织物与拼接后膜的松紧程度相适应；缝合轨迹保持平直，防止随意变动缝合轨迹。

高强度的涤纶线的针脚间距应小于 6 mm，现场缝合如图 4-10 所示。

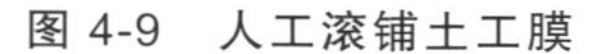

图 4-9 人工滚铺土工膜

图 4-10 焊缝上下织物现场缝合

## 4.4.3 上层织物的缝接

上层织物的缝接首先应将可能由操作带入膜与织物间的杂物清除干净，将两幅织物搭接对齐，缝合轨迹保持平直，并使松紧程度与土工膜相适应，缝合针脚应在 6 mm 以内。

## 4.5　土工膜关键部位铺设工艺

自《防渗土工膜工程特性的探讨》(《河海大学学报》Vol.21，No.4，1993年)一文正式提出土工膜“夹具效应”概念后，土工膜防渗结构设计消除锚固部位“夹具效应”的措施引起重视，但是许多措施并不可行，有的甚至还有副作用。例如，采用折叠等方式形成所谓伸缩节，实际上，在一定水头作用下，由于摩擦作用的存在，折叠部分难以舒展，吸收位移的目的不能实现，折叠部分的强度与伸长率也将大幅度降低。

本着“简便、有效”的原则，在锚固部位，土工膜先朝运行期位移的相反方向伸展数厘米或十几厘米，然后按结构设计铺设。这样，当蓄水运行使土工膜发生位移时，原先伸展的土工膜位置又回到起始位置，位移悉数被吸收，而土工膜无任何损伤。

### 4.5.1　坝轴线弯曲段的土工膜铺设

坝轴线弯曲段的土工膜铺设方法和程序与坝面土工膜铺设相同，但弯曲段土工膜呈扇面，保证该铺设平顺的关键是土工膜拼接符合扇面形状及其尺寸要求。每幅土工膜搭接边的首尾宽度差值计算公式为

$$\Delta=\frac{a-b}{n}$$

式中　$a$——弯曲段土工膜首部搭接宽度的总和；

$b$——每幅土工膜尾部搭接宽度的总和；

$n$——弯曲段拼接土工膜的幅数。

由于复合土工膜的正常生产工艺只能获得等宽度的搭接边，所以必须对土工膜复合工艺加以改造，使铺设于弯曲段的每幅复合土工膜的搭接边均首尾相差 $\Delta$。

### 4.5.2　坝脚土工膜与混凝土防渗墙连接处的铺设

土工膜底部与混凝土防渗墙连接，该处为土工膜受水头作用最大处，蓄水后该处坝体将产生较大位移变形，而土工膜在该处锚固，容易产生“夹具效应”。土工膜运行期的安全在土工膜铺设时即应考虑。

在混凝土防渗墙的下游侧用坝体材料做一突坎，如图 4-11 所示，使土工膜运行随坝体发生位移时充分吸收位移；混凝土防渗墙顶面磨平并清洁干净，

涂上沥青，铺设橡胶带，将只有上层织物的复合土工膜铺设在橡胶带上，如图 4-12 所示；将上层橡胶带铺设在复合土工膜上，如图 4-13 所示；然后将槽钢以口朝下的方式安装，用螺母拧至设计力矩，如图 4-14 所示；最后在锚固件上立模浇筑混凝土，防止锚固剂锈蚀，如图 4-15 和图 4-16 所示。

图 4-11　锚固处的突坎

图 4-12　复合膜铺设在橡胶带上

图 4-13　橡胶带铺设在复合膜上

图 4-14　槽钢安装

图 4-15　锚固处立模

图 4-16　锚固处浇筑混凝土

### 4.5.3　坝顶土工膜与混凝土防浪墙连接处的铺设

土工膜的顶部埋置在混凝土防浪墙下，将只有上层织物的复合土工膜铺设在坝顶混凝土防浪墙的浇筑沟槽内，然后立模浇筑混凝土防浪墙，如图 4-17 所示，使坝脚混凝土防渗墙、坝体土工膜、坝顶混凝土防浪墙依次相互连接，成为一个完整的防渗体系。

### 4.5.4　土工膜与岸墙连接处的铺设

土工膜与拦河坝中部的泄水闸、发电厂房通过混凝土导墙连接，在坝坡与混凝土导墙的连接处，土工膜由坝面竖起约 90°，铺设于混凝土导墙表面，并锚固于混凝土导墙表面，如图 4-18 所示，锚固的方法与坝脚混凝土防渗墙顶锚固方法相同。当然，在锚固处用坝体材料做一突坎，用以吸收运行时坝体位移引起的土工膜位移。

图 4-17　土工膜与防浪墙连接后立模

图 4-18　土工膜与导墙连接

## 4.6　支持层与保护层的施工工艺

### 4.6.1　支持层(垫层)施工工艺

土工膜的支持层由小石和 35%的人工砂拌和 2 ~ 3 遍而成。

坝面施工验收合格后，见图 4-19，进行土工膜支持层的施工放样，每 10 ~ 15 m 打出界桩，垂直坡面定出 16 cm 的支持层铺设厚度点位，拉铁丝控制铺设厚度；自卸汽车运输垫层料，人工铺设整平；5 t 振动碾碾压 2 遍，见

图 4-20，相对密度试验值达到 0.7 时满足设计要求。

图 4-19　施工合格的坝面

图 4-20　土工膜垫层施工

### 4.6.2　保护层施工工艺

土工膜上层织物缝合完成验收后，立即进行厚 10 cm 的第一层保护层料的覆盖，该保护层料的级配与支持层料相同，采用自卸汽车运输，人工摊铺并整平，见图 4-21。第一层保护层料的覆盖一般应在 24 h 内完成，边角处暂不能覆盖的，先采用 15 cm 厚的砂料保护。

第一层保护层料经验收合格后，即进行第二层保护层料的覆盖，该层料为小石掺加 10%的人工砂，拌制后运至施工现场，人工摊铺并整平。保护层料铺设完成后，进行预制混凝土联锁块的铺设，护坡联锁块采用人工铺设，并要求搬移块体时防止坠落，消除任何损伤土工膜的可能性，见图 4-22。

图 4-21　人工摊平后的保护层

图 4-22　人工铺设的联锁块护坡

# 4.7　PE 膜焊缝质量检测方法

## 4.7.1　目测

检查焊缝是否笔直、坚挺(呈透明状)，是否存在折叠焊接。这些都是充气检查不能取代的。焊缝笔直将使膜受力均匀，这往往被焊接操作者所忽视，任自动爬行机弯曲爬行，误认为焊缝只要充气合格即可；坚挺与无折叠的焊缝将具有更大的安全潜力。

可观察焊缝的形状与色泽，必要时，可提拉焊缝，体验是否坚挺。

## 4.7.2　充气检测

根据《水利水电工程土工合成材料应用技术规范》(SL/T 225—98)规定，充气压力为 0.05 ~ 0.2 MPa，静观 5 min，压力不下降表明焊缝合格。PE 膜现场焊接与充气检测分别见图 4-23 和图 4-24。

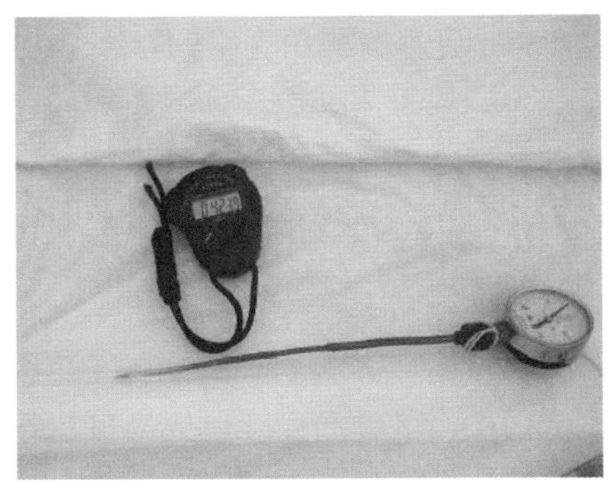

图 4-23　PE 膜现场焊接

图 4-24　焊缝现场充气检测

实际上，充气压力的大小与环境温度的关系密切。规范规定的充气压力值应理解为环境温度为 22 ~ 35 ℃，对于厚度为 0.6 ~ 0.8 mm 的 PE 膜，当环境温度小于该值时，充气压力可大于 0.2 MPa；当环境温度大于该值时，充气压力只能小于 0.2 MPa，否则将使充气的膜发生塑性变形，对膜的正常运行寿命是不利的。

现场非系列环境温度的充气试验显示，当环境温度超过 35 ℃时，0.2 MPa

充气压力将使膜发生塑性变形，焊接正常的缝也会发生爆裂，所以充气压力为 0.15 MPa 比较合适；当环境温度低于 22 ℃时，充气压力可达到 0.4 MPa，正常焊缝仍保持无塑性变形。

鉴于工程正式施工的严肃性，所以，当环境温度超过 35 ℃时，充气压力采用 0.15 MPa(仍属规范规定的 0.05 ~ 0.2 MPa 范围)；当环境温度低于 35 ℃时，采用充气压力 0.2 MPa。

### 4.7.3 充灌颜料溶剂检测

充灌颜料溶剂到两条焊缝之间是检查焊缝缺陷具体位置的一种比较有效的方法。其主要用于焊缝细微缺陷的查找，比充气检测节省时间。但必须具备专用液体泵送设备，若用充气检测设备代用，效果不佳。

施工现场曾采用先灌入一些颜料溶剂再充气的方法，但由于颜料溶剂是在无压状态下灌入的，上下两层 PE 膜的缝隙是很小的，一旦充气后，上下两层 PE 膜之间便形成管型空腔，原先充满缝隙的颜料溶剂在空腔中只占了很小一部分，空腔中绝大部分仍然是空气，焊缝细微缺陷处不一定被颜料溶剂侵入，所以仍然与充气检测的效果差不多。最终仍以充气压力 0.2 MPa 维持 5 min 为焊缝质量合格的标准。

充灌颜料溶剂检查土工膜焊缝缺陷，目前尚无现成的国产或进口设备，国内可自行开发此类专用设备。

### 4.7.4 取样检测

取样检测，是在现场焊接土工膜中截取一段焊缝，做焊缝拉伸试验和剥离试验。根据《水利水电工程土工合成材料应用技术规范》(SL/T 225—98)规定，拉伸试验的强度达到母材拉伸强度的 80%为合格。

取样检测相对于充气检测是一种辅助的质量检查方法，其优点是可测出焊缝的强度值；缺点是取样量往往十分有限，试样的强度值不能代表所有焊缝的强度值，尤其不能代表焊缝缺陷处的强度值与极限伸长率值。

实际施工中，为了不损伤整体焊接的土工膜，一般采用相同的 PE 膜边角料，在现场相同环境温度下做焊接试样，检测其焊缝强度。

为了适时实地实施取样检测，经过比较，购置使用瑞士原产便携式 LEISTER Examo 300F 型拉力测试机。该机经过检测仪器的国际权威机构认证，根据德国焊接协会(DVS)、德国标准(DIN)53455 及美国材料试验标准(ASTM)试样要求设计，拉力范围 0 ~ 4 kN，测试速度 10 ~ 300 mm/min，可按要求在屏幕上设置拉伸速度，最终的拉伸强度及其对应的伸长率、极限伸长率均可在屏幕上显示，见图 4-25 和图 4-26。

图 4-25　便携拉力机屏幕显示

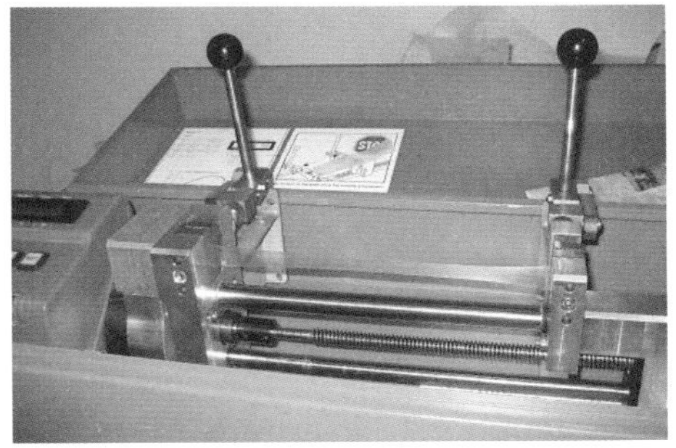

图 4-26　便携拉力机做拉伸试验

# 4.8　复合土工膜相互黏结的材料与工艺研究

施工现场现有两种黏结剂，一种为 KS 胶，另一种为聚硫密封胶。

KS 胶为专用于 PE 膜之间的黏结剂，由于 PE 膜表面的非极性，所以 KS 胶也只是非融合黏结剂。

## 4.8.1　PE 膜与 PE 膜黏结工艺

### 4.8.1.1　KS 胶黏结

KS 胶的待用状为块状，按使用说明，需加温至 180 ℃涂在黏结面上。经过实际操作发现，黏结的有效性与涂抹速度直接相关，即胶从加热容器中舀出，应迅速涂抹到黏结面上，并迅速按设计黏结宽度涂匀，然后将两幅膜粘合、加压。在实验室作试验性黏结时，为了得到较多的操作时间，胶体加热温度加高至 200 ℃，然而，将呈稠浆体状的 KS 胶舀至黏结面上，接着迅速摊开时，胶体已难以涂匀，见图 4-27。为了充分达到胶体固化强度，拉伸试验在胶体固化 24 h 以后进行，拉伸试样见图 4-28。拉伸强度为 11.4 kN/m，拉伸破坏基本不发生在黏结面上。

从试验可知，KS 胶可用于 PE 膜的黏结，但由于其极易固化，所以对现场施工工艺要求极其苛刻，春秋季节应选择暖和、少风的天气作为黏结施工日，并将加热熔融胶体的位置尽量靠近土工膜黏结部位，从容器中舀出胶体，倒在黏结面上，将胶体按设计黏结宽度迅速涂抹均匀，将两幅膜粘合等一系列操作程序应一气呵成，动作应十分熟练；否则，将会影响黏结质量。

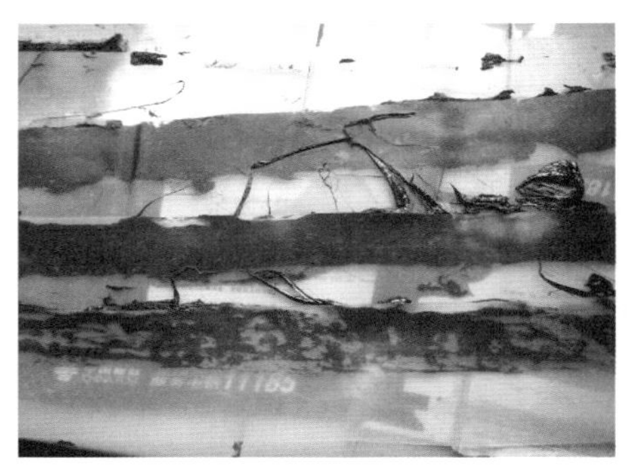

图 4-27　KS 胶黏结缝

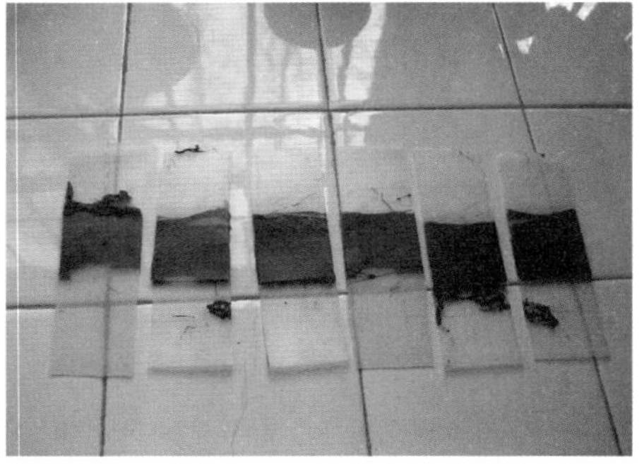

图 4-28　KS 胶黏结缝试样

#### 4.8.1.2　聚硫密封胶黏结

聚硫密封胶为双组分胶，使用前需将 A 组分与 B 组分调和调匀。因聚硫密封胶的固化时间较长，所以涂抹工艺可以从容进行。试验表明，聚硫密封胶实际上为防渗充填剂，其黏结强度极低，不能作为黏结剂使用。

### 4.8.2　PET 织物与 PET 织物黏结工艺

#### 4.8.2.1　KS 胶黏结

用 KS 胶黏结 PET 织物，其涂胶工艺比 PE 膜更为困难，由于织物表面粗糙，胶体更难在织物表面以极短时间涂匀，见图 4-29。经过 24 h 以上时间的固化，织物很容易从胶固化体上分离开来，见图 4-30。

图 4-29　KS 胶涂抹土工织物

图 4-30　从织物上分离出的 KS 胶

试验表明，KS 胶是不适宜用于 KET 织物之间黏结的。

#### 4.8.2.2　聚硫密封胶黏结

与 PE 膜黏结相同，聚硫密封胶用于 PET 织物之间的黏结，其效果也不明显，胶体固化后很容易从织物上分离出来。所以，聚硫密封胶不能用于 PET 织物之间的黏结。

### 4.8.3　PE 膜黏结 PET 长丝织物

从上述试验可知，由于聚硫密封胶的主要特性为充填防渗，所以其不适宜用来黏结 PE 膜或 PET 织物；而 KS 胶只适用于 PE 膜与 PE 膜之间的黏结，不适宜 PET 织物的黏结，所以 KS 胶也不适宜 PE 膜与 PET 织物之间的黏结。

### 4.8.4　PET 织物涂胶后的垂直渗透性

#### 4.8.4.1　织物涂 KS 胶后的垂直渗透性

虽然 KS 胶涂在 PET 织物上容易剥离，但在垂直于织物平面方向的防渗作用是不可忽视的。PET 织物涂 KS 胶后的渗透试验见图 4-31 和图 4-32。由于涂胶不均匀，所以先将明显凸出部分削去，然后一个试样设 5 个点测试胶体厚度，取其均值作为试样的平均厚度。试验水头为 150 m，3 个试样的渗透系数的算术平均值为 $4.11\times10^{-11}$ cm/s，具体数值见表 4-8。试验表明，KS 胶的渗透系数是满足防渗要求的。

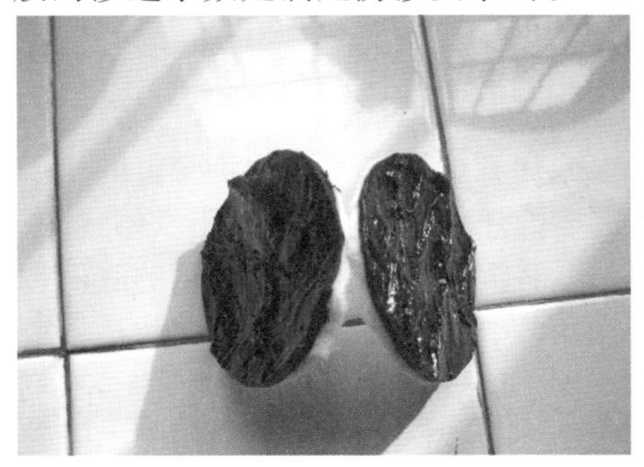

图 4-31　涂 KS 胶的织物试样

图 4-32　涂胶试样的渗透试验

表 4-8　KS 胶渗透系数

| 试样 | 时间 (s) | 开始读数 ($cm^3$) | 结束读数 ($cm^3$) | 渗流量 ($cm^3$) | 胶体厚度 (cm) | 断面面积 ($cm^2$) | 渗透系数 (cm/s) |
|---|---|---|---|---|---|---|---|
| 1 | 8×3 600 | 21.6 | 21.5 | 0.1 | 0.38 | 30 | $2.93\times10^{-11}$ |
| 2 | 6×3 600 | 24.3 | 24.1 | 0.2 | 0.31 | 30 | $6.38\times10^{-11}$ |
| 3 | 8×3 600 | 23.2 | 23.1 | 0.1 | 0.39 | 30 | $3.01\times10^{-11}$ |
| 平均值 | | | | | | | $4.11\times10^{-11}$ |

#### 4.8.4.2 织物涂聚硫密封胶后的垂直渗透性

聚硫密封胶在 PET 织物上涂胶比较均匀，在 30 $cm^2$ 面积的试样上测 5 点胶体厚度，取均值作为试样的平均厚度，试验水头为 150 m，3 个试样的渗透系数的算术平均值为 $1.01\times10^{-10}$ cm/s，具体数值见表 4-9。试验表明，聚硫密封胶的渗透系数也是满足防渗要求的。

表 4-9 聚硫密封胶渗透系数

| 试样 | 时间<br>(s) | 开始读数<br>($cm^3$) | 结束读数<br>($cm^3$) | 渗流量<br>($cm^3$) | 膜体厚度<br>(cm) | 断面面积<br>($cm^2$) | 渗透系数<br>(cm/s) |
|---|---|---|---|---|---|---|---|
| 1 | 7×3 600 | 20.5 | 20.1 | 0.4 | 0.36 | 30 | $1.26\times10^{-10}$ |
| 2 | 8×3 600 | 23.0 | 22.6 | 0.4 | 0.41 | 30 | $1.27\times10^{-10}$ |
| 3 | 8×3 600 | 23.4 | 23.2 | 0.2 | 0.32 | 30 | $0.50\times10^{-10}$ |
| 平均值 | | | | | | | $1.01\times10^{-10}$ |

## 4.9 复杂部位土工膜连接的技术评估

### 4.9.1 土工膜锚固形式的渗透试验

#### 4.9.1.1 现场土工膜锚固的实验室模拟

现场土工膜锚固工艺为：在混凝土锚固面上安装橡胶下垫带，其上安装土工膜，土工膜上安装橡胶上垫带，再安装槽钢，最后按设计要求拧紧螺栓。螺栓和螺母的收紧力是通过槽钢两个翼缘施加到橡胶垫带和土工膜上的，使混凝土锚固面与橡胶垫带及土工膜之间的空隙压紧、密封，达到止水的目的。

实验室渗透试验应模拟现场锚固工艺，将混凝土锚固面以槽钢的底面替代，其变形刚度可满足实际螺栓收紧力作用的要求。而作为锚固面的槽钢翼缘可供与压力水箱法兰连接使用。模拟试件上的安装材料与安装工艺与现场相同，包括螺栓间距也与现场相同，见图 4-33 和图 4-34。

#### 4.9.1.2 土工膜锚固渗透试验方法

土工膜锚固渗透试验是通过高压水泵和压力水箱对土工膜与锚固面之间施加水压、量测渗透水量而实现的。

按照锚固试件尺寸设计专用压力水箱，通过金属管路与抗渗仪上的高压水泵连接，水箱设有压力表，控制压力水头；锚固试件锚着于压力水箱上，渗水可通过锚固试件的锚固面与橡胶垫带及土工膜之间的空隙流出来。要求试件锚着于压力水箱的过程始终不改变现场锚固的实际状况。

图 4-33　锚固试样

图 4-34　锚固试样渗透试验

试验时，水压以每级 0.1 MPa 分级施加，每增加 0.1 MPa 压力，稳定 15 min 后再增加下一级水压，同时观察、收集渗流量；其中水压力为 0.2 MPa 时，稳定持续时间为 15 h，因该压力约为坝体实际承受的水头；当水压力增加至 0.5 MPa 时，该压力稳定维持 5 h，在观察渗流情况的同时收集渗流量；若渗流量无明显变化，则持续时间达 5 h 时量测总渗流量；若渗流量有明显变化，则每 1 h 量测一次渗流量。

#### 4.9.1.3　土工膜锚固渗透试验结果

锚固渗透试验的试件一共 3 件，取各个试件试验值的算术平均值作为锚固渗透试验的结果，具体数值见表 4-10。

表 4-10　土工膜与地基混凝土防渗墙锚固渗透试验

(2006 年 11 月 22 ~ 25 日)

| 试验参数 | | 试件序号 | | |
|---|---|---|---|---|
| | | 1# | 2# | 3# |
| 水压 0.1 MPa | 持续时间(h) | 0.25 | 0.25 | 0.25 |
| | 渗流总量(mL) | 0 | 0 | 0 |
| | 单位渗流量(mL/(s · m)) | 0 | 0 | 0 |
| 水压 0.2 MPa | 持续时间(h) | 15 | 15 | 15 |
| | 渗流总量(mL) | 0 | 0 | 0 |
| | 单位渗流量(mL/(s · m)) | 0 | 0 | 0 |
| 水压 0.3 MPa | 持续时间(h) | 0.25 | 0.25 | 0.25 |
| | 渗流总量(mL) | 0 | 0 | 0 |
| | 单位渗流量(mL/(s · m)) | 0 | 0 | 0 |
| 水压 0.4 MPa | 持续时间(h) | 0.25 | 0.25 | 0.25 |
| | 渗流总量(mL) | 0 | 0 | 0 |
| | 单位渗流量(mL/(s · m)) | 0 | 0 | 0 |
| 水压 0.5 MPa | 持续时间(h) | 5 | 5 | 5 |
| | 渗流总量(mL) | 107 | 0 | 11 |
| | 单位渗流量(mL/(s · m)) | 0.011 9 | 0 | 0.001 2 |
| 试验说明 | 试件 1#与 3#的渗流均为从槽钢上游缘渗入，经两侧渗出。实际工程中还需通过槽钢的下游缘才能渗至下游侧，即需在上下缘之间压力与上游压力相同时才能实现 | | | |

从表 4-10 中可见，在 50 m 水头作用下，1#和 3#试件的渗流量很小，2#试件无渗流现象，3 个试件的单位平均渗流量为 0.004 3 mL/(s · m)。坝体长度约为 2 000 m，则整个大坝的坝基锚固渗流量为 0.86 mL/s。当然，现场实际大面积施工的操作条件比试件加工复杂，渗流量可能大于该数值，但即使大出几个数量级，渗流量仍然很小。

## 4.9.2 土石坝与混凝土闸坝连接处位移分析

### 4.9.2.1 分析目的

西霞院工程大坝由中间混凝土泄洪闸坝段及混凝土发电厂房坝段与两边的土石坝段组成。土石坝段与中间混凝土坝段的导墙相连接，见图 4-35，接近坝顶处的混凝土结构形状比较复杂，如图 4-36 所示。在连接坝段，铺设在土石坝面上的土工膜锚固在混凝土导墙上，水库蓄水后，混凝土导墙的位移将比土石坝的位移小得多,所以土石坝面与混凝土导墙之间存在着相对位移，尤其在水深较大处，在土工膜与混凝土导墙锚固处将产生“夹具效应”，对土工膜的运行安全产生威胁。为了掌握土石坝段与混凝土坝段连接处土工膜的位移状况，为该处土工膜锚固施工工艺提供依据，对该处进行数值分析十分必要。

图 4-35　土石坝坡与导墙相连

图 4-36　土石坝近坝顶处的连接

### 4.9.2.2 计算分析方法

数值分析采用基于三维显式快速拉格朗日差分分析方法的 FLAC3D 商用软件。

1)三维显式快速拉格朗日分析法原理

(1)空间导数的有限差分近似，则应变率张量可表示为

$$\xi_{ij} = -\frac{1}{6V}\sum_{l=1}^{4}\left(v_i^{<l>}n_j^{<l>} + v_j^{<l>}n_i^{<l>}\right)S^{<l>} \tag{4-1}$$

(2)节点的运动平衡方程：

$$v_i^{<l>}(t+\frac{\Delta t}{2}) = v_i^{<l>}(t-\frac{\Delta t}{2}) + \frac{\Delta t}{M^{<l>}}F_i^{<l>} \tag{4-2}$$

节点的位移按下式进行计算：

$$u_i^{<l>}(t+\Delta t) = u_i^{<l>}(t) + \Delta t v_i^{<l>}(t+\frac{\Delta t}{2}) \tag{4-3}$$

(3)增量形式的本构关系：

$$\omega_{ij} = (v_{i,\ j} - v_{j,\ i})/2 = -\frac{1}{6V}\sum_{l=1}^{4}(v_i^{<l>}n_j^{<l>} - v_j^{<l>}n_i^{<l>})S^{<l>} \tag{4-4}$$

(4)阻尼力：

$$\tilde{F}_i^{<l>} = -\alpha\left|F_i^{<l>}\right|\text{sign}\left(v_i^{<l>}\right) \tag{4-5}$$

其中，sign 函数为符号函数；$\alpha$为阻尼系数，其默认值为 0.8。

2)FLAC3D 内嵌柔性格栅(膜)单元

FLAC3D 软件中内嵌了柔性格栅(膜)单元，用来模拟与土发生相互剪切作用的柔性格栅(如格栅、膜、织物等材料)。柔性格栅单元的力学特性分为柔性膜的结构特性和与其相邻材料相互作用的界面特性两个方面。

A. 结构特性

格栅是一种高强度、高模量的抗拉材料，厚度很薄，在土体中成层平铺，它的受力特点是只能受拉，不能受压，且抗弯刚度小，与膜和织物材料的特点类似，可用受拉膜结构模拟柔性材料的应力应变特性。另外，大量的实测和计算表明，土体的变形一般均在 5%以内，格栅、织物、膜等材料在 5%变形范围内可近似作为线弹性变形。

B. 界面特性

格栅或膜等材料的界面特性表现为：在表面切平面方向发生摩擦剪切作用，而在法线方向上则依附于相邻材料(即随相邻材料的运动而运动)，其力学特性如图 4-37 和图 4-38 所示。单元应力由有效侧限应力 $\sigma_m$ 和总剪切应力 $\tau$ 组合而成，与膜应力平衡，膜应力的合力由 $\overline{N}$ 表示(见图 4-37)。

在格栅单元的节点处，用弹簧—滑块来模拟格栅的切平面力学行为，弹簧—滑块的位置是随格栅与周围介质的相对剪切位移 $u_s$ 方向变化的(见图 4-38)，并认为弹簧—滑块在格栅表面的两侧附属区域中传递总剪应力，同时假定有效侧限应力在格栅表面的两侧相等。格栅和周围介质的界面剪切特性由黏结摩擦特性控制(见图 4-39)，即由单位面积的切向刚度 $k$、黏结力 $c$、摩擦角$\phi$以及有效侧限应力 $\sigma_m$ 等 4 个力学参数共同确定；界面剪切强度准则采用库仑准则(见图 4-40)，即 $\tau_{\max} = c + \sigma_n \tan\phi$，当界面剪应力小于剪切强度时，接触面之间为弹性黏结状态，一旦超过剪切强度，接触面之间为刚性摩擦滑移状态，即剪切破坏为理想弹塑性的。

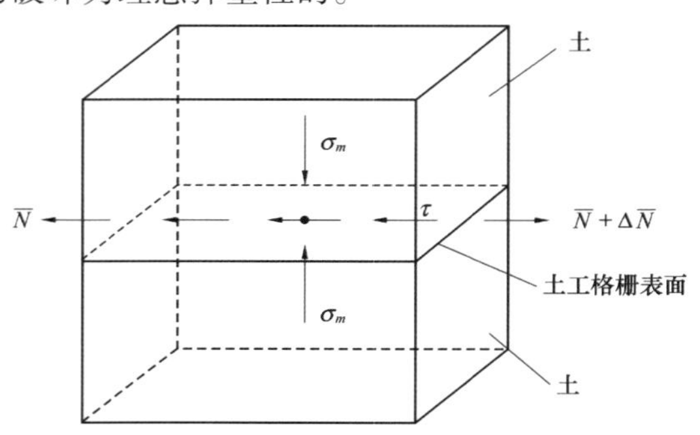


图 4-37　格栅的界面特性

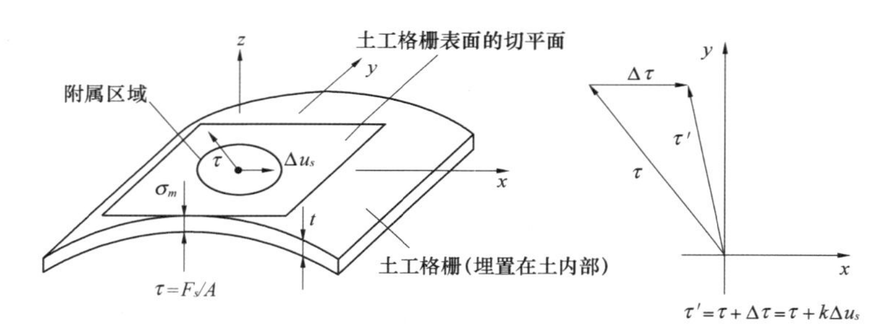


图 4-38　格栅节点的理想化界面模型

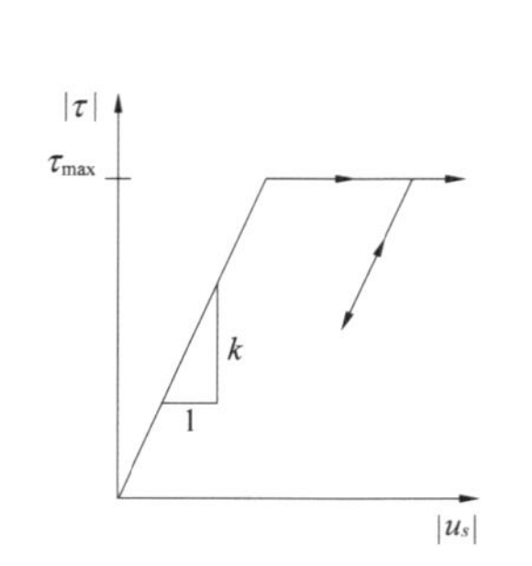


图 4-39　剪切应力和相对位移关系

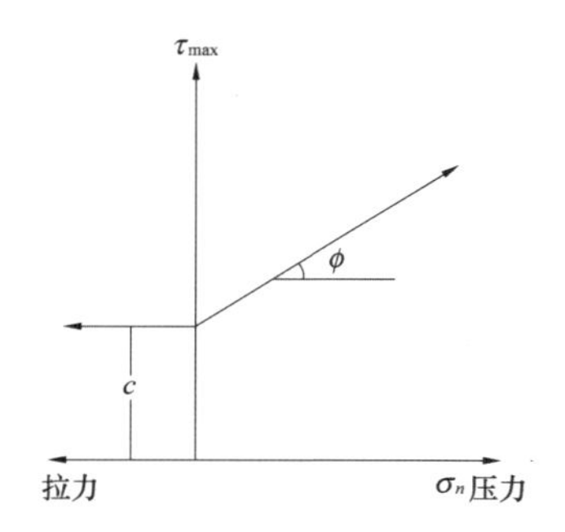


图 4-40　界面剪切强度准则

有效侧限压力$\sigma_m$垂直作用于土工格栅的表面，设格栅表面的法线方向为$z$方向，则$\sigma_m$由下式计算：

$$\sigma_m = \sigma_{zz} + p \tag{4-6}$$

式中　$p$——孔隙压力。

格栅与周围介质的相对位移是根据与节点相连区域的位移场，采用插值方法来计算的。插值法是通过所用到节点距离为加权系数来实现的，同样的插值法运用于界面产生的力传递到节点上。

格栅节点的法向运动与周围介质的运动一致，如果共用节点的格栅共面，则该节点不会给周围介质施加法向力。但是，如果不共面，那么其格栅力将按比例作用于法线方向上。该力不仅作用于周围介质的网格上，而且以相反方向作用在格栅节点上，这就是大应变的求解方式。如果容许有限挠曲变形，格栅就能承受法向荷载。因此，该法允许通过格栅与周围介质之间的滑移进行大应变计算和确定格栅破坏后的行为。如果格栅节点移出了所有区域，那么即使这些节点随后又移入区域内，其与区域之间的连接也不会重建，但格栅节点在区域间滑移时，则连接保持完整。

3)坝体应力应变关系

坝体及坝基土石料是非线性材料，其变形不仅随荷载大小变化，还与加载的应力路径有关，应力应变关系呈明显的非线性。反映这种应力应变特性的模型大致可分为两类：弹性非线性模型与能反映土体的剪胀性及应力路径影响的弹塑性模型。弹性非线性模型中邓肯—张双曲线模型使用简便，国内应用经验比较丰富，工程界用得较多。本次分析采用邓肯—张模型，其切线模量为

$$E_t = K \cdot p_a \left(\frac{\sigma_3}{p_a}\right)^n \left[1 - R_f \cdot \frac{\sigma_1 - \sigma_3}{(\sigma_1 - \sigma_3)_f}\right]^2 \tag{4-7}$$

式中：

$$(\sigma_1 - \sigma_3)_f = \frac{2c\cos\phi + 2\sigma_3 \sin\phi}{1 - \sin\phi} \tag{4-8}$$

邓肯—张模型中切线模量$E_t$与切线泊松比$\mu_t$涉及的$\phi$、$c$、$K$、$R_f$、$n$、$D$、$G$、$F$等8个计算参数由常规三轴试验确定。

4)接触面处理

混凝土防渗墙与坝基材料性质相差很大，为模拟两种特性指标差异较大的材料之间的界面关系，在两种材料之间设置无厚度的古德曼(Goodman)接

触面单元。

根据 Goodman 的建议，上下接触面上的应力和相对位移关系可表示为

$$\{\sigma\}=[k_0]\{w\} \tag{4-9}$$

式中：

$$\{\sigma\}=\begin{bmatrix}\tau_{yx} & \sigma_{yy} & \tau_{yz}\end{bmatrix}^{\mathrm{T}}$$

$$\{w\}=\begin{bmatrix}\Delta u & \Delta v & \Delta w\end{bmatrix}^{\mathrm{T}}$$

$$[k_0]=\begin{bmatrix}k_{yx} & 0 & 0\\ 0 & k_{yy} & 0\\ 0 & 0 & k_{yz}\end{bmatrix} \tag{4-10}$$

对于三维问题，切向劲度需由一维推广到二维接触面。两个切线方向劲度分别为

$$\begin{aligned}k_{yx}&=k_1\cdot\gamma_w\left(\frac{\sigma_y}{p_a}\right)^{n'}\left(1-\frac{R'_f\tau_{yx}}{\sigma_y\tan\delta}\right)^2\\ k_{yz}&=k_1\cdot\gamma_w\left(\frac{\sigma_y}{p_a}\right)^{n'}\left(1-\frac{R'_f\tau_{yz}}{\sigma_y\tan\delta}\right)^2\end{aligned} \tag{4-11}$$

式中 $k_1$——无因次量，由直剪试验求得；

$\gamma_w$——水的容重；

$\delta$——两接触材料间的摩擦角；

$n'$、$R'_f$——由直剪试验求得的指数与破坏比，其中：$R'_f$ 为剪切破坏比（$R'_f=\dfrac{\tau_f}{\tau_{ult}}$），$\tau_f$ 为抗剪强度，$\tau_{ult}$ 为接触面上的剪切应力与切向相对位移的关系曲线的渐近线坐标。

法向劲度 $k_{yy}$ 值根据接触面的受力特性取值。当接触面受压时，为保证接触面的上下两面不互相侵入，取较大值(可取为 $10^8$ kN/m$^3$)。当接触面受拉时，为保证接触面不被拉裂，取较小值(可取为 $10^2$ kN/m$^3$)。

#### 4.9.2.3 单元剖分与计算参数

西霞院大坝坝顶高程 139.0 m，最大坝高 21.0 m，坝顶宽 8 m，上游边坡 1∶2.75，下游边坡 1∶2.25。主要计算工况：上游水位 134.75 m，下游水位 126.23 m。因本次主要分析土石坝面与混凝土导墙之间的相对位移，所以取上述两者的连接部分作为计算对象，单元剖分见图 4-41，平均坝段的剖分平面见图 4-42，连接部位的剖分见图 4-43。

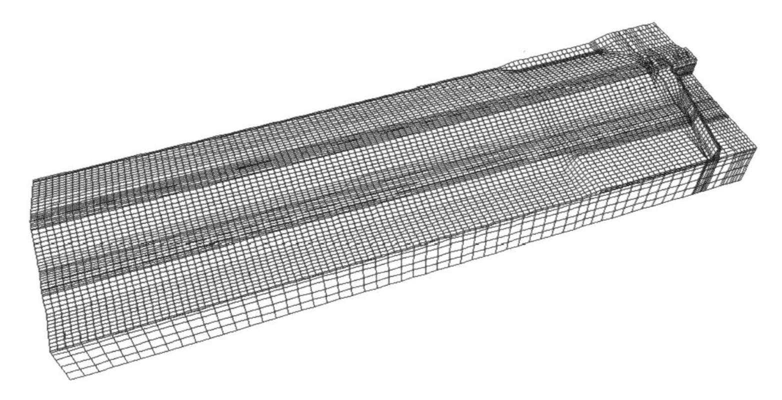

图 4-41　土石坝面与混凝土导墙连接部分单元剖分

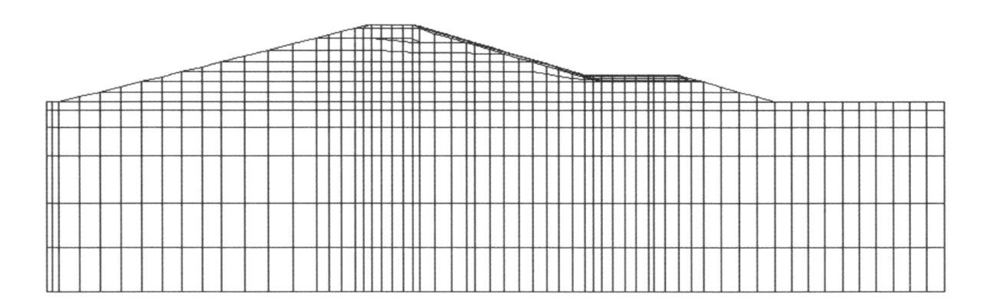

图 4-42　平均坝段的剖分平面

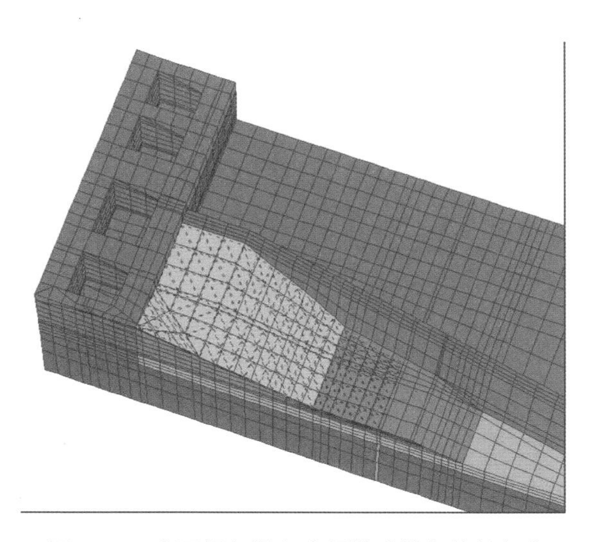

图 4-43　土石坝与混凝土导墙连接部位的剖分

三维模型坐标系建立如下：顺河向为 $x$ 轴，指向上游为正；坝轴线为 $y$ 轴，指向河谷中心为正；竖直向为 $z$ 轴，竖直向上为正。

计算参数见表 4-11。

**表 4-11　计算参数**

| 参数材料 | $\gamma_d$ (kN/m³) | $c$ (kN/m²) | $\phi$ (°) | $K$ | $n$ | $R_f$ | $G$ | $F$ | $D$ | $K_{ur}$ |
|---|---|---|---|---|---|---|---|---|---|---|
| 坝体砂砾卵石 | 21 | 0 | 32 | 600 | 0.62 | 0.71 | 0.30 | 0.15 | 6.54 | 1 000 |
| 坝基砂砾石 | 21 | 0 | 32 | 650 | 0.64 | 0.73 | 0.29 | 0.15 | 6.50 | 1 100 |
| 砂砾石与混凝土接触 | | | 22 | $3.5\times10^4$ | 1.0 | 0.9 | | | | |
| 砂砾石与土工膜接触 | | | 20 | $2.0\times10^4$ | 1.0 | 0.8 | | | | |
| 混凝土 | 24 | $E$=22 000 MPa　　$\mu$=0.167 | | | | | | | | |
| 基岩 | 21 | $E$=800 MPa　　$\mu$=0.27 | | | | | | | | |
| 土工膜 | 9.2 | $E$=180 MPa | | | | | | | | |

计算分析中，结合施工顺序共分 9 级加荷。第一级为坝基砂砾石层(包括全新统冲积层 $alQ_4$ 和上更新统下段冲积层 $al+pl\,Q_3^1$)；第二级为连接部位的混凝土坝段；第三级为河槽段截流围堰体；第四级为围堰防渗墙及第一级坝体；第五级至第八级为坝体加载；第九级为上游水位加至 134.75 m。荷载分级见表 4-12。

**表 4-12　计算荷载分级**

| 加荷级数 | 坝体高程(m) | 荷载类型 | 说明 |
|---|---|---|---|
| 第一级 | 120.0 | 坝基自重 | 坝体底部高程 |
| 第二级 | 139.0 | 混凝土坝段 | 混凝土坝顶高程 |
| 第三级 | 125.0 | 围堰自重 | 围堰顶高程 |
| 第四级 | 125.0 | 防渗墙及坝体自重 | — |
| 第五级 | 126.5 | 坝体土石料自重 | 马道顶高程 |
| 第六级 | 131.0 | 坝体土石料自重 | — |
| 第七级 | 134.7 | 坝体土石料自重 | — |
| 第八级 | 139.0 | 坝体土石料自重 | 坝顶高程 |
| 第九级 | 139.0 | 上游水位 134.75 m | 坝顶高程 |

注：各坝段的坝基计算深度为从坝基顶面到坝基基岩面的深度。

#### 4.9.2.4　计算结果

土石坝面与混凝土导墙之间的相对位移分别见表 4-13 和图 4-44。表 4-13 中的节点序号 1 对应图 4-44 中坝顶起始第一点，依次类推，表中节点序号 11 即最后一点，对应图中坝脚防渗墙顶那一点。

图 4-44 中上面一条曲线为土石坝面与混凝土导墙的连接线，即土工膜锚固线，图中下面一条曲线为蓄水后土石坝面与混凝土导墙连接线的位移线，其上各点与上面一条曲线对应各点的距离即为各点的位移值，图中位移显示比例扩大 200 倍。

从表 4-13 和图 4-44 可见，坝面与混凝土导墙之间的最大位移在 3 cm 左右，即土工膜在锚固处的最大位移约为 3 cm。

表 4-13　土工膜节点位移

| 节点序号 | 变形前位置 | | | 位移(m) |
|---|---|---|---|---|
| | $x$(m) | $y$(m) | $z$(m) | |
| 1 | 4 | 1 698.64 | 133.44 | 0.030 650 |
| 2 | 11.70 | 1 698.64 | 133.44 | 0.028 494 |
| 3 | 15.55 | 1 698.64 | 133.44 | 0.028 251 |
| 4 | 20.97 | 1 697.06 | 131.44 | 0.026 124 |
| 5 | 26.39 | 1 695.48 | 129.50 | 0.021 268 |
| 6 | 31.28 | 1 693.83 | 127.72 | 0.025 509 |
| 7 | 36.17 | 1 692.19 | 125.94 | 0.023 488 |
| 8 | 39.17 | 1 691.31 | 124.85 | 0.025 688 |
| 9 | 41.36 | 1 690.91 | 124.85 | 0.024 476 |
| 10 | 43.54 | 1 690.52 | 124.85 | 0.024 887 |
| 11 | 47.91 | 1 689.72 | 124.85 | 0.018 669 |

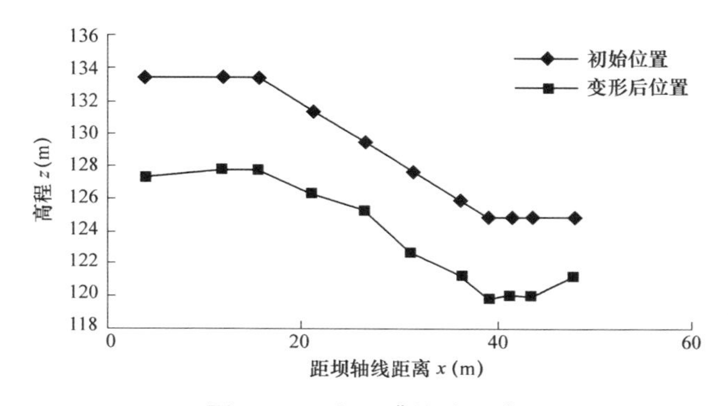


图 4-44　土工膜位移示意

#### 4.9.2.5 基于计算结果的膜锚固工艺

土工膜位移为蓄水后坝面土工膜与混凝土导墙锚固处之间的相对位移，并非坝体在整个加载过程中的位移。由观测分析可知，位移曲线在原坝面锚固线的左下方，位移方向与坝面水压力作用方向基本一致。所以，为了避免实际运行中产生“夹具效应”，对土工膜造成损伤，在施工时应将土工膜从锚固槽钢出口贴着混凝土导墙壁朝水压力作用相反方向延伸 15 ~ 20 cm，再转90°铺向土石坝坝面。当水库蓄水后，在水压力作用下，坝体沿水压力方向位移，坝面土工膜便逐渐回到原来锚固的部位，土工膜在坝体位移过程中将不发生伸长变形，“夹具效应”将被消除。

# 第 5 章　复合土工膜铺设施工

## 5.1　复合土工膜斜墙施工

西霞院工程大坝用复合土工膜为两布一膜，共计 12.8 万 $m^2$，其中左岸和河床坝段土工膜的型号规格为长丝 400 $g/m^2$/0.8 mm/400 $g/m^2$，计 86 000 $m^2$；右岸坝段土工膜的型号规格为短丝 400 $g/m^2$/0.6 mm/400 $g/m^2$，计 42 000 $m^2$。土工膜铺设随大坝施工进度间断进行，从 2006 年 3 月开始铺设施工，到 2007 年 4 月底全部完工。

### 5.1.1　施工工序

复合土工膜斜墙施工程序为：坝坡面处理验收→垫层料施工→垫层料验收→土工膜铺设→底层布缝合→土工膜焊接→土工膜检测→上层土工布缝合→覆盖保护层料→伸缩节施工→土工膜锚固→防渗墙二期混凝土施工→基座混凝土施工→预制混凝土联锁板安装→1B 料覆盖→混凝土现浇带施工→下一循环。

### 5.1.2　坝坡面处理及验收

复合土工膜铺设在上游坝坡面上，砂砾石坝体填筑施工完成后，就可以进行上游坝坡面消坡施工。上游坝坡面采用挖掘机削坡，达到设计坡比 1∶2.75 后，用斜坡振动碾碾压 2 遍，见图 5-1，并取样试验，符合要求后进行联合验收。验收的主要指标为坝面的坡比、平整度、密实度等，验收合格方可进行下道工序。

### 5.1.3　垫层施工

#### 5.1.3.1　垫层料制备

垫层料原采用单一级配的小石，铺到坝坡上，碾压不密实，人踩上去会出现下滑现象，脚印有 3~4 cm 深，相对密度达不到设计要求。后在垫层料中添加了人工砂，经现场反复试验，确定垫层料最佳级配为：人工砂(1~5 mm)

占 35%，小石(5~20 mm)占 65%，采用装载机拌和 3 遍即可拌匀，铺到坝坡碾压后即可满足设计要求。

#### 5.1.3.2 垫层料施工

上游坝坡面经业主、监理、设计和施工单位联合验收合格后，由测量工程师放线，每 10 ~ 15 m 打出界桩，并垂直坡面定出 16 cm 铺设厚度控制标志位，拉铁丝标出铺设厚度；之后采用装载机装车，自卸汽车运输垫层料，沿坝坡从上向下由人工进行摊铺、整平，必要时洒水，然后碾压，见图 5-2、图 5-3。含水量控制在 3%左右，用 5 t 自制斜坡振动碾碾压 4 遍后，由试验人员进行相对密度试验，确保相对密度不小于 0.7 的设计要求。因篇幅所限，现摘录部分垫层试验数据，见表 5-1。水平段防渗墙部位铺设完成后，再在其下游 0.9 m 范围按照设计要求铺设顶宽 0.5 m、底宽 0.9 m、高 0.2 m、两侧坡比均为 1∶1 的梯形断面，之后进行碾压处理，见图 5-4。

图 5-1 坝坡面碾压

图 5-2 人工摊铺垫层料

图 5-3 垫层碾压

图 5-4 梯形断面

**表 5-1　复合土工膜垫层密度检测试验数据统计(部分)**

| 试验编号 | 试验日期(年-月-日) | 取样部位 | | | 密度试验 | | | | 相对密度试验 | | | | 设计相对密度 |
|---|---|---|---|---|---|---|---|---|---|---|---|---|---|
| | | 桩号 | 部位 | 高程(m) | 试验方法 | 湿密度($g/cm^3$) | 含水量(%) | 干密度($g/cm^3$) | 最小干密度($g/cm^3$) | 最大干密度($g/cm^3$) | 现场干密度($g/cm^3$) | 相对密度 | |
| D-001 | 2006-03-02 | 1# | | | 灌水 | 1.96 | 1.5 | 1.93 | 1.55 | 2.07 | 1.93 | 0.78 | ≥0.70 |
| D-002 | 2006-03-02 | 2# | | | 灌水 | 2.03 | 2.6 | 1.98 | 1.57 | 2.05 | 1.98 | 0.88 | ≥0.70 |
| D-003 | 2006-03-03 | 4# | | | 灌水 | 1.99 | 1.5 | 1.96 | 1.55 | 2.08 | 1.96 | 0.82 | ≥0.70 |
| D-004 | 2006-03-03 | 3# | | | 灌水 | 2.00 | 2.1 | 1.96 | 1.55 | 2.07 | 1.96 | 0.83 | ≥0.70 |
| D-005 | 2006-03-09 | D0+021 | 上游坝坡 | 134.20 | 灌水 | 1.96 | 2.3 | 1.92 | 1.49 | 2.03 | 1.92 | 0.84 | ≥0.70 |
| D-006 | 2006-03-19 | D0+037 | 上游坝坡 | 134.70 | 灌水 | 1.92 | 1.2 | 1.90 | 1.58 | 2.01 | 1.90 | 0.79 | ≥0.70 |
| D-007 | 2005-03-21 | D0+078 | 上游坝坡 | 130.70 | 灌水 | 1.82 | 1.3 | 1.80 | 1.60 | 1.87 | 1.80 | 0.77 | ≥0.70 |
| D-008 | 2006-03-23 | D0+171 | 上游坝坡 | 129.00 | 灌水 | 1.87 | 1.4 | 1.84 | 1.51 | 1.89 | 1.84 | 0.89 | ≥0.70 |
| D-009 | 2006-03-23 | D0+130 | 上游坝坡 | 133.50 | 灌水 | 1.78 | 2.4 | 1.74 | 1.38 | 1.92 | 1.74 | 0.74 | ≥0.70 |
| D-010 | 2006-05-10 | D0+235 | 上游坝坡 | 132.00 | 灌水 | 1.88 | 1.6 | 1.85 | 1.42 | 1.99 | 1.85 | 0.81 | ≥0.70 |
| D-011 | 2006-05-10 | D0+290 | 上游坝坡 | 133.00 | 灌水 | 1.86 | 1.3 | 1.84 | 1.43 | 2.02 | 1.84 | 0.76 | ≥0.70 |
| D-012 | 2006-05-16 | D0+310 | 上游坝坡 | 134.00 | 灌水 | 1.85 | 1.3 | 1.83 | 1.50 | 1.91 | 1.83 | 0.84 | ≥0.70 |
| D-013 | 2006-05-19 | D0+370 | 上游坝坡 | 133.00 | 灌水 | 1.84 | 0.6 | 1.83 | 1.59 | 1.84 | 1.83 | 0.97 | ≥0.70 |
| D-014 | 2006-05-23 | D0+430 | 上游坝坡 | 131.50 | 灌水 | 1.94 | 1.5 | 1.91 | 1.57 | 2.02 | 1.91 | 0.80 | ≥0.70 |
| D-015 | 2006-05-23 | D0+470 | 上游坝坡 | 134.00 | 灌水 | 1.91 | 1.7 | 1.88 | 1.56 | 2.04 | 1.88 | 0.72 | ≥0.70 |
| D-016 | 2006-06-13 | D0+534 | 上游坝坡 | 133.00 | 灌水 | 1.86 | 0.5 | 1.85 | 1.69 | 1.91 | 1.85 | 0.75 | ≥0.70 |
| D-017 | 2006-06-13 | D0+574 | 上游坝坡 | 130.00 | 灌水 | 1.84 | 0.7 | 1.83 | 1.71 | 1.88 | 1.83 | 0.73 | ≥0.70 |

**续表 5-1**

| 试验编号 | 试验日期(年-月-日) | 取样部位 | | | 密度试验 | | | | 相对密度试验 | | | | 设计相对密度 |
|---|---|---|---|---|---|---|---|---|---|---|---|---|---|
| | | 桩号 | 部位 | 高程(m) | 试验方法 | 湿密度($g/cm^3$) | 含水量(%) | 干密度($g/cm^3$) | 最小干密度($g/cm^3$) | 最大干密度($g/cm^3$) | 现场干密度($g/cm^3$) | 相对密度 | |
| D-018 | 2006-06-13 | D0+613 | 上游坝坡 | 128.00 | 灌水 | 1.92 | 0.5 | 1.91 | 1.69 | 2.00 | 1.91 | 0.74 | ≥0.70 |
| D-019 | 2006-06-13 | D0+677 | 上游坝坡 | 127.00 | 灌水 | 2.01 | 0.5 | 2.00 | 1.74 | 2.04 | 2.00 | 0.89 | ≥0.70 |
| D-020 | 2006-08-02 | D2+917 | 上游坝坡 | 132.00 | 灌水 | 1.83 | 1.7 | 1.80 | 1.49 | 1.89 | 1.80 | 0.81 | ≥0.70 |
| D-021 | 2006-08-04 | D2+840 | 上游坝坡 | 133.50 | 灌水 | 1.78 | 1.2 | 1.76 | 1.47 | 1.88 | 1.76 | 0.76 | ≥0.70 |
| D-022 | 2006-08-07 | D2+753 | 上游坝坡 | 129.00 | 灌水 | 1.87 | 1.3 | 1.85 | 1.59 | 1.98 | 1.85 | 0.71 | ≥0.70 |
| D-023 | 2006-08-07 | D2+798 | 上游坝坡 | 131.00 | 灌水 | 1.86 | 0.7 | 1.85 | 1.58 | 1.86 | 1.85 | 0.97 | ≥0.70 |
| D-024 | 2006-08-11 | D2+690 | 上游坝坡 | 131.00 | 灌水 | 1.82 | 0.3 | 1.81 | 1.64 | 1.84 | 1.81 | 0.86 | ≥0.70 |
| D-025 | 2006-08-29 | D2+651 | 上游坝坡 | 131.10 | 灌水 | 1.81 | 2.5 | 1.77 | 1.44 | 1.90 | 1.77 | 0.77 | ≥0.70 |
| D-026 | 2006-08-29 | D2+603 | 上游坝坡 | 130.70 | 灌水 | 1.81 | 2.9 | 1.76 | 1.40 | 1.87 | 1.76 | 0.81 | ≥0.70 |
| D-027 | 2006-08-29 | D2+527 | 上游坝坡 | 129.80 | 灌水 | 1.98 | 2.9 | 1.92 | 1.52 | 2.01 | 1.92 | 0.85 | ≥0.70 |
| D-028 | 2006-08-29 | D2+496 | 上游坝坡 | 130.00 | 灌水 | 1.84 | 3.7 | 1.77 | 1.49 | 1.91 | 1.77 | 0.72 | ≥0.70 |
| D-029 | 2006-08-29 | D2+454 | 上游坝坡 | 128.00 | 灌水 | 1.91 | 3.4 | 1.85 | 1.50 | 2.03 | 1.85 | 0.72 | ≥0.70 |
| D-030 | 2006-10-11 | D2+400 | 上游坝坡 | 134.00 | 灌水 | 2.02 | 0.9 | 2.00 | 1.62 | 2.06 | 2.00 | 0.89 | ≥0.70 |
| D-031 | 2006-10-11 | D2+340 | 上游坝坡 | 132.00 | 灌水 | 1.88 | 0.7 | 1.87 | 1.60 | 1.96 | 1.87 | 0.79 | ≥0.70 |
| D-032 | 2006-10-11 | D2+300 | 上游坝坡 | 131.00 | 灌水 | 1.78 | 0.8 | 1.77 | 1.53 | 1.89 | 1.77 | 0.71 | ≥0.70 |
| D-035 | 2007-03-12 | D1+515 | 上游坝坡 | 134.00 | 灌水 | 1.70 | 1.1 | 1.68 | 1.52 | 1.75 | 1.68 | 0.72 | ≥0.70 |
| D-036 | 2007-03-12 | D1+520 | 上游坝坡 | 130.00 | 灌水 | 1.80 | 0.9 | 1.78 | 1.55 | 1.84 | 1.78 | 0.82 | ≥0.70 |

#### 5.1.3.3　垫层质量控制标准

由于垫层直接接触土工膜，垫层的质量，如密实度、粒径、平整度等直接影响土工膜的运行安全。

1)密实度

按照土石坝施工规范要求进行垫层密实度质量检查，垫层的粗砂细砾的相对密度 $D_r \geqslant 0.7$，小于该值为质量不合格。

2)粒径

垫层施工除级配满足设计要求外，粒径也需严格控制，尤其应剔除少数粒径大于 5 cm 带有尖锐棱角的碎石以及个别尖锐状杂物，工序验收中发现上述现象在 100 $m^2$ 内有 1 处为不合格。

3)平整度

大坝越高，对垫层平整度的要求也越高。

对于 25 ~ 50 m 高的大坝，垫层凹坑直径大于 4 cm、深度大于 3 cm，在 100 $m^2$ 内有 2 处，即为不合格。

对于 50 ~ 100 m 高的大坝，支持层凹坑直径大于 3 cm、深度大于 2 cm，在 100 $m^2$ 内有 2 处，即为不合格。

#### 5.1.3.4　垫层验收

按上述标准，由监理工程师对垫层进行验收，合格后，方可进行复合土工膜施工。

### 5.1.4　复合土工膜铺设

#### 5.1.4.1　复合土工膜现场检验

复合土工膜运抵施工现场后，施工单位和监理一块查验出厂合格证和质量检验报告，同时，根据施工技术规范要求，每 10 000 $m^2$ 进行一次抽样检验。无出厂合格证和质量检验报告的拒绝收货，抽检不合格的拒绝收货，严禁上坝施工。出厂合格证和质量检验报告齐全并抽检合格的产品方可上坝，进行铺设施工。

#### 5.1.4.2　土工膜铺设施工

本工程复合土工膜铺设采用垂直于坝轴线的方法，即土石坝段填筑到坝顶设计高程后，才可进行土工膜的铺设。复合土工膜捆卷运输到坝顶后，采用人工将土工膜从坝顶沿坝坡面徐徐滚至坡底防渗墙部位。铺设时土工膜两侧放置人行木板，如图 5-5 和图 5-6 所示，并注意张弛适度，要求土工膜与垫层结合面吻合平整，避免人为和施工机械的损伤。

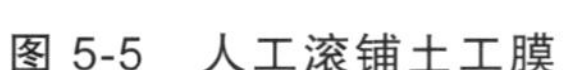

图 5-5　人工滚铺土工膜

图 5-6　土工膜铺设时人行木板

复合土工膜铺设时先铺第一幅土工膜，再铺第二幅土工膜，并使之搭接 10 cm；之后调整两幅土工膜，保证其搭接对齐、平整，松紧适度。

坝面土工膜铺设好后均呈平整、自然松弛状态为合格；存在尖锐 180°折叠为不合格。与周边连接处土工膜存在脱空现象为不合格；存在尖锐 180°折叠也为不合格。

#### 5.1.4.3　铺设技术措施和注意事项

(1)土工膜铺设应在干燥、暖和天气进行。

(2)铺放时不应过紧，应留足够余幅(大约 1.5%)，以便拼接和适应气温变化。

(3)铺设土工膜时应对正、搭齐，同时做到压膜、定型，可将保护层料装入编织袋，压住土工膜，防止被风吹起扭卷。

(4)接缝应与最大受力方向平行。

(5)坡面弯曲处特别注意剪裁尺寸，务使妥贴。

(6)施工时发现损伤，应立即修补。

(7)铺设人员应穿软底鞋或胶底鞋，不得穿钉鞋或硬底鞋在复合土工膜上行走或踩踏，以免损坏土工膜。

(8)应密切注意防火，不得将火种带入施工现场。

(9)土工膜褶皱较多处需进行修剪，以免影响焊接质量。

(10)土工膜摊铺到坝面上后，要及时采用黑色遮阳布进行覆盖，防止太阳光直接照射。

#### 5.1.4.4　底层土工布缝合

由于目前现场缝纫施工的水平难以达到与 PE 膜变形协调，此外，针刺织物缝制处的变形值与织物本身的变形值也不相同，所以复合土工膜的织物缝接只起保护 PE 膜的作用。

底层土工布缝合时，将需要焊接的土工膜向两侧翻叠(宽度约 20 cm)，之后将底层土工布铺平、搭接、对齐，最后进行缝合。土工布缝合采用手提封包机，用高强维涤纶丝线缝合，见图 5-7。缝合时针距控制在 6 mm 左右，连接面要求松紧适度，自然平顺，确保土工膜与土工布联合受力。

缝接线位置均应以与 PE 膜焊接后呈自然服帖状态为标准，明显绷紧状态为不合格，需拆除重新缝制；明显宽松褶皱应补缝一道，使其满足要求。织物接缝缝制也应呈直线状，随意曲线状的缝制为不合格，应拆除重新缝制。

#### 5.1.4.5　土工膜焊接

底层土工布缝合完成并验收合格后，即可进行土工膜焊接。首先将两幅土工膜搭接 10 cm，膜边不齐的要修剪齐整，有褶皱处要展平，之后用 2PH-213 型热合爬行焊接机进行焊接，见图 5-8，形成两条焊线宽 10 mm、间距为 16 mm 的空腔。焊接温度通常控制在 250 ~ 300 ℃，最高不超过 350 ℃，焊接速度一般为 1.5 m/min。因外界温度、风速等因素对土工膜焊接质量影响较大，在每班焊接前，必须进行焊接试验，确定最佳施工参数，确保焊接质量。

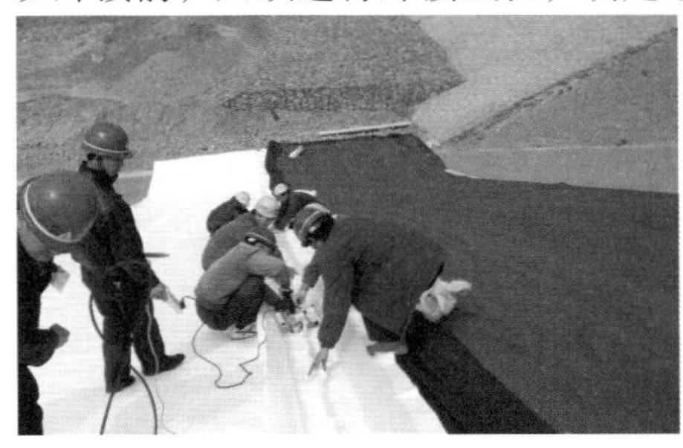

图 5-7　底层土工布缝合

图 5-8　土工膜焊接

#### 5.1.4.6　焊缝焊接质量检验

土工膜焊接完成后，采用目测法、充气法对焊缝的焊接质量进行 100% 的检验，即对每一条焊缝都必须用目测法、充气法进行检测，发现异常必须进行压力水法检测，而且应根据规范规定和工程实际进行抗拉强度试验，验收合格后方可进行下一道工序施工。

1) 目测法

土工膜焊接完成后，随即进行外观检查，观察焊缝有无漏接、虚焊、烫损、褶皱、夹渣、气泡、熔点、跑偏等现象，如图 5-9 所示。如果无上述缺陷，且焊缝拼接均匀、清晰、透明，表明焊缝外观质量良好，即可进行充气法检测。如果焊缝存在上述缺陷且轻微的，可进行修补处理，合格后即可进行充气法检测。如果焊缝存在上述缺陷且较严重的，即可判定不合格，需裁掉焊缝重新焊接。

另外，符合下列规定条件的焊缝，即可判定为不合格，需裁掉焊缝重新焊接。

(1)整幅或 50 m 长的焊缝充气检查的分段数应控制在 5 段以内，也就是使双焊缝封堵的焊接缺陷不能超过 4 个，否则即为不合格。

(2)由于外界条件使长约 50 m 的焊接操作不能连续进行的次数不能超过 2 次，否则为不合格。

(3)在长约 50 m 的焊缝上，焊缝颜色不一、焊缝不直等细小瑕疵不多于 5 处；需补焊的焊接缺陷不多于 4 处，否则为不合格。

(4)一般焊接瑕疵或焊接缺陷只需用热风机补焊即可，但对于焊缝加温过热导致 PE 膜破损或补焊使 PE 膜破损的部位，需打补丁才能避免渗漏。对于长约 50 m 的焊缝，打补丁的个数不得超过 1 个，否则即为不合格。

2)充气法

目测检查完成后，应立即对焊缝进行充气法检查，即将待测段两端密封，形成封闭空腔，然后插入带压力表的气针，充入压力气体，检测焊缝气密性。如图 5-10 和图 5-11 所示。对 400 g/m$^2$/0.8 mm/400 g/m$^2$ 规格的复合土工膜，检测压力为 0.20 MPa，静观 5 min 气压不小于 0.15 MPa 即为合格。限篇幅所限，现摘录左岸坝段土工膜焊缝充气法检测部分数据，见表 5-2。对 400 g/m$^2$/0.6 mm/400 g/m$^2$ 规格的复合土工膜，检测压力为 0.16 MPa，静观 5 min 气压不小于 0.13 MPa 即为合格。限篇幅所限，现摘录右岸坝段土工膜焊缝充气法检测部分数据，见表 5-3。如果气密性检查不合格，必须对焊缝进行压力水法检查，找出漏气点进行修补。

图 5-9　目测焊缝质量

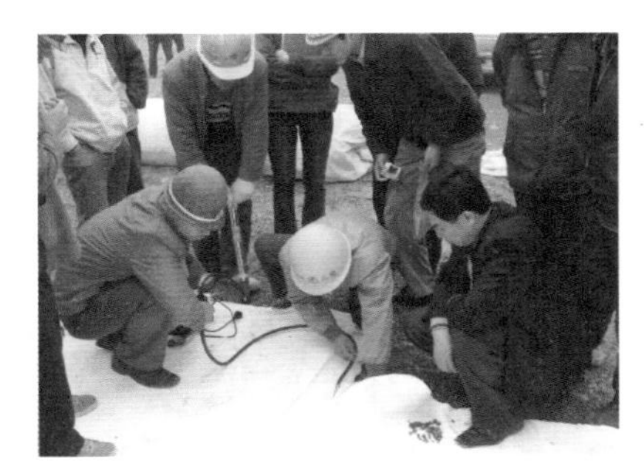

图 5-10　焊缝充气检测

3)压力水法

采用冲气法发现接缝漏气时，用水针在双焊缝间注入压力为 0.05 ~ 0.1 MPa 彩色水(红色或蓝色水)保持 1 min，进行检查，找出漏水处并用彩色油性笔标注。之后采用热风焊枪进行补焊，不再漏水即为合格，如图 5-12 所示。

表 5-2　左岸坝段土工膜焊缝充气法检测数据统计(部分)

(复合土工膜规格：400 g/m$^2$/0.8 mm/400 g/m$^2$)

| 试验编号 | 焊缝编号 | 桩号 | 试验日期(年-月-日) | 修补记录(高程：m) | 检测区间(高程：m) | 检测压强(MPa) | | 稳压时间(分:秒) | 稳压 5 min 后压强(MPa) | | 结果 | 备注 |
|---|---|---|---|---|---|---|---|---|---|---|---|---|
| | | | | | | 1 | 2 | | 1 | 2 | | |
| TG-001 | ZN+001 | D0+10.23 | 2006-03-09 | | 底部~127.5 | 0.20 | 0.20 | 05:10 | 0.18 | 0.18 | 合格 | |
| | | | | | 127.5 ~ 130.7 | 0.20 | 0.20 | 05:15 | 0.17 | 0.17 | 合格 | |
| | | | | | 130.7 ~ 134 | 0.20 | 0.20 | 05:05 | 0.18 | 0.17 | 合格 | |
| | | | | | 134 ~ 顶部 | 0.20 | 0.20 | 05:08 | 0.19 | 0.18 | 合格 | |
| TG-002 | ZN+002 | D0+14.48 | 2006-03-16 | | 底部 ~ 133.5 | 0.20 | 0.20 | 05:03 | 0.17 | 0.16 | 合格 | |
| | | | | | 133.5 ~ 顶部 | 0.20 | 0.20 | 05:05 | 0.18 | 0.17 | 合格 | |
| TG-003 | ZN-001 | D0+6.13 | 2006-03-17 | | 133.5 ~ 顶部 | 0.20 | 0.20 | 05:00 | 0.19 | 0.18 | 合格 | |
| | | | | | 129 ~ 133.5 | 0.20 | 0.20 | 05:05 | 0.18 | 0.18 | 合格 | |
| | | | | | 底部 ~ 129 | 0.20 | 0.20 | 05:01 | 0.18 | 0.17 | 合格 | |
| TG-004 | ZN-002 | D0+2.05 | 2006-03-17 | | 底部 ~ 129 | 0.20 | 0.20 | 05:03 | 0.18 | 0.18 | 合格 | |
| | | | | | 129 ~ 顶部 | 0.20 | 0.20 | 05:10 | 0.18 | 0.17 | 合格 | |
| TG-005 | ZN-003 | D0–2.00 | 2006-03-17 | | 通缝 | 0.20 | 0.20 | 05:15 | 0.18 | 0.18 | 合格 | |
| TG-006 | ZN-004 | D0–6.10 | 2006-03-17 | | 通缝 | 0.20 | 0.20 | 05:05 | 0.18 | 0.18 | 合格 | |
| TG-007 | ZN+003 | D0+18.50 | 2006-03-18 | | 通缝 | 0.20 | 0.20 | 05:10 | 0.17 | 0.17 | 合格 | |
| TG-008 | ZN+004 | D0+22.50 | 2006-03-18 | | 通缝 | 0.20 | 0.20 | 05:03 | 0.19 | 0.19 | 合格 | |
| TG-009 | ZN+005 | D0+26.55 | 2006-03-18 | | 通缝 | 0.20 | 0.20 | 05:05 | 0.16 | 0.15 | 合格 | |
| TG-010 | ZN+006 | D0+30.60 | 2006-03-18 | | 底部 ~ 130.5 | 0.20 | 0.20 | 05:08 | 0.18 | 0.17 | 合格 | |
| | | | | | 130.5 ~ 顶部 | 0.20 | 0.20 | 05:04 | 0.18 | 0.18 | 合格 | |
| TG-011 | ZN+007 | D0+34.65 | 2006-03-19 | | 通缝 | 0.20 | 0.20 | 05:03 | 0.19 | 0.18 | 合格 | |
| TG-012 | ZN+008 | D0+38.70 | 2006-03-19 | | 通缝 | 0.20 | 0.20 | 05:01 | 0.17 | 0.17 | 合格 | |

续表 5-2

| 试验编号 | 焊缝编号 | 桩号 | 试验日期(年-月-日) | 修补记录(高程：m) | 检测区间(高程：m) | 检测压强(MPa) | | 稳压时间(分:秒) | 稳压 5 min 后压强(MPa) | | 结果 | 备注 |
|---|---|---|---|---|---|---|---|---|---|---|---|---|
| | | | | | | 1 | 2 | | 1 | 2 | | |
| TG-013 | ZN+009 | D0+42.84 | 2006-03-19 | | 底部~133 | 0.20 | 0.20 | 05:10 | 0.17 | 0.16 | 合格 | |
| | | | | | 133~顶部 | 0.20 | 0.20 | 05:05 | 0.18 | 0.17 | 合格 | |
| TG-014 | ZN+010 | D0+46.85 | 2006-03-19 | | 通缝 | 0.20 | 0.20 | 05:10 | 0.18 | 0.17 | 合格 | |
| TG-015 | ZN+011 | D0+50.85 | 2006-03-19 | | 通缝 | 0.20 | 0.20 | 05:03 | 0.16 | 0.15 | 合格 | |
| TG-016 | ZN+012 | D0+54.87 | 2006-03-19 | | 通缝 | 0.20 | 0.20 | 05:05 | 0.18 | 0.18 | 合格 | |
| TG-017 | ZN+013 | D0+58.88 | 2006-03-20 | | 底部~129.5 | 0.20 | 0.20 | 05:05 | 0.18 | 0.18 | 合格 | |
| | | | | | 129.5~顶部 | 0.20 | 0.20 | 05:10 | 0.17 | 0.17 | 合格 | |
| TG-018 | ZN-005 | D0–10.15 | 2006-03-20 | | 通缝 | 0.20 | 0.20 | 05:13 | 0.17 | 0.16 | 合格 | |
| TG-019 | ZN-006 | D0–14.20 | 2006-03-20 | | 通缝 | 0.20 | 0.20 | 05:03 | 0.19 | 0.19 | 合格 | |
| TG-020 | ZN+014 | D0+62.89 | 2006-03-21 | | 通缝 | 0.20 | 0.20 | 05:10 | 0.18 | 0.18 | 合格 | |
| TG-021 | ZN+015 | D0+66.95 | 2006-03-21 | | 通缝 | 0.20 | 0.20 | 05:05 | 0.16 | 0.16 | 合格 | |
| TG-022 | ZN+016 | D0+71.11 | 2006-03-21 | 127.5 修补 1 处<br>134.2 修补 1 处<br>131 修补 1 处 | 底部~130 | 0.20 | 0.20 | 05:05 | 0.18 | 0.17 | 合格 | |
| | | | | | 134.5~顶部 | 0.20 | 0.20 | 05:10 | 0.18 | 0.18 | 合格 | |
| | | | | | 133.5~134.5 | 0.20 | 0.20 | 05:07 | 0.18 | 0.18 | 合格 | |
| | | | | | 130~133.5 | 0.20 | 0.20 | 05:15 | 0.19 | 0.19 | 合格 | |
| TG-023 | ZN+017 | D0+75.12 | 2006-03-22 | | 127.5~135 | 0.20 | 0.20 | 05:05 | 0.18 | 0.18 | 合格 | |
| | | | | | 135~顶部 | 0.20 | 0.20 | 05:10 | 0.17 | 0.16 | 合格 | |
| | | | | | 底部~127.5 | 0.20 | 0.20 | 05:10 | 0.18 | 0.18 | 合格 | |
| TG-024 | ZN+018 | D0+79.13 | 2006-03-22 | | 131~顶部 | 0.20 | 0.20 | 05:07 | 0.19 | 0.19 | 合格 | |
| | | | | | 底部~131 | 0.20 | 0.20 | 05:03 | 0.17 | 0.17 | 合格 | |

**续表 5-2**

| 试验编号 | 焊缝编号 | 桩号 | 试验日期(年-月-日) | 修补记录(高程：m) | 检测区间(高程：m) | 检测压强(MPa) | | 稳压时间(分:秒) | 稳压 5 min 后压强(MPa) | | 结果 | 备注 |
|---|---|---|---|---|---|---|---|---|---|---|---|---|
| | | | | | | 1 | 2 | | 1 | 2 | | |
| TG-025 | ZN+019 | D0+83.14 | 2006-03-22 | | 通缝 | 0.20 | 0.20 | 05:05 | 0.16 | 0.16 | 合格 | |
| TG-026 | ZN+020 | D0+87.15 | 2006-03-23 | 128 修补 1 处<br>130 修补 1 处 | 底部~130 | 0.20 | 0.20 | 05:03 | 0.18 | 0.18 | 合格 | 130 处焊死分段打压 |
| | | | | | 130~顶部 | 0.20 | 0.20 | 05:07 | 0.18 | 0.18 | 合格 | |
| TG-027 | ZN+021 | D0+91.15 | 2006-03-23 | 底部修补 1 处<br>127 修补 1 处 | 底部~127 | 0.20 | 0.20 | 05:10 | 0.17 | 0.17 | 合格 | 127 处焊死分段打压<br>127 处 1 m 长注水合格 |
| | | | | | 127~顶部 | 0.20 | 0.20 | 05:05 | 0.18 | 0.18 | 合格 | |
| TG-028 | ZN+022 | D0+95.20 | 2006-03-23 | 132 修补 1 处<br>132.5 修补 1 处 | 底部~132 | 0.20 | 0.20 | 05:03 | 0.16 | 0.15 | 合格 | 132 处焊死分段打压 |
| | | | | | 132~顶部 | 0.20 | 0.20 | 05:30 | 0.18 | 0.17 | 合格 | |
| TG-029 | ZN+023 | D0+99.25 | 2006-03-23 | 底部修补 1 处 | 132~顶部 | 0.20 | 0.20 | 05:04 | 0.16 | 0.16 | 合格 | |
| | | | | | 底部~132 | 0.20 | 0.20 | 05:23 | 0.18 | 0.17 | 合格 | |
| TG-030 | ZN+024 | D0+103.36 | 2006-03-23 | | 通缝 | 0.20 | 0.20 | 05:20 | 0.17 | 0.17 | 合格 | |
| TG-031 | ZN+025 | D0+107.38 | 2006-03-24 | 131 修补 3 处 2 次<br>128 修补 2 处 2 次<br>134.5 修补 1 处 2 次 | 通缝 | 0.20 | 0.20 | 05:10 | 0.18 | 0.17 | 合格 | |
| TG-032 | ZN+026 | D0+111.40 | 2006-03-24 | | 通缝 | 0.20 | 0.20 | 05:13 | 0.18 | 0.18 | 合格 | |
| TG-033 | ZN+027 | D0+115.40 | 2006-03-24 | 133 修补 1 处 | 底部~133 | 0.20 | 0.20 | 05:10 | 0.18 | 0.17 | 合格 | 133 处焊死分段打压 |
| | | | | | 133~顶部 | 0.20 | 0.20 | 05:05 | 0.18 | 0.17 | 合格 | |
| TG-034 | ZN+028 | D0+119.43 | 2006-03-24 | 127.5 修补 1 处 | 127.5~顶部 | 0.20 | 0.20 | 05:40 | 0.17 | 0.16 | 合格 | 127.5 处焊死分段打压 |
| | | | | | 底部~127.5 | 0.20 | 0.20 | 05:04 | 0.17 | 0.17 | 合格 | |
| TG-035 | ZN+029 | D0+123.45 | 2006-03-25 | 125.3 修补 1 处 | 底部~125.7 | 0.20 | 0.20 | 05:20 | 0.16 | 0.16 | 合格 | |
| | | | | | 125.7~顶部 | 0.20 | 0.20 | 05:12 | 0.18 | 0.18 | 合格 | |

续表 5-2

| 试验编号 | 焊缝编号 | 桩号 | 试验日期(年-月-日) | 修补记录(高程：m) | 检测区间(高程：m) | 检测压强(MPa) | | 稳压时间(分:秒) | 稳压 5 min 后压强(MPa) | | 结果 | 备注 |
|---|---|---|---|---|---|---|---|---|---|---|---|---|
| | | | | | | 1 | 2 | | 1 | 2 | | |
| TG-036 | ZN+030 | D0+127.47 | 2006-03-25 | 底部修补 1 处<br>顶部修补 1 处 | 底部~134 | 0.20 | 0.20 | 05:13 | 0.17 | 0.17 | 合格 | |
| | | | | | 134~顶部 | 0.20 | 0.20 | 05:06 | 0.17 | 0.17 | 合格 | |
| TG-037 | ZN+031 | D0+131.50 | 2006-03-25 | 底部修补 1 处<br>130.5 修补 1 处 | 130.5 ~ 顶部 | 0.20 | 0.20 | 05:18 | 0.16 | 0.16 | 合格 | 130.5 处焊死分段打压 |
| | | | | | 底部 ~ 130.5 | 0.20 | 0.20 | 05:05 | 0.17 | 0.17 | 合格 | |
| TG-038 | ZN+032 | D0+135.55 | 2006-03-25 | 底部修补 1 处<br>131.02 修补 1 处<br>135 修补 2 处 | 底部~131 | 0.20 | 0.20 | 05:04 | 0.17 | 0.17 | 合格 | 135 处焊死分段打压 |
| | | | | | 131~135 | 0.20 | 0.20 | 05:10 | 0.16 | 0.16 | 合格 | |
| | | | | | 135~顶部 | 0.20 | 0.20 | 05:05 | 0.16 | 0.16 | 合格 | |
| TG-039 | ZN+033 | D0+139.60 | 2006-03-25 | | 通缝 | 0.20 | 0.20 | 05:10 | 0.16 | 0.16 | 合格 | |
| TG-040 | ZN+034 | D0+143.78 | 2006-03-25 | | 通缝 | 0.20 | 0.20 | 05:02 | 0.17 | 0.17 | 合格 | |
| TG-041 | ZN+035 | D0+147.85 | 2006-03-25 | | 底部~129 | 0.20 | 0.20 | 05:08 | 0.16 | 0.16 | 合格 | |
| | | | | | 129~顶部 | 0.20 | 0.20 | 05:20 | 0.16 | 0.16 | 合格 | |
| TG-042 | ZN+036 | D0+151.90 | 2006-03-26 | 127 修补 1 处<br>底部修补 1 处 2 次 | 127.5~顶部 | 0.20 | 0.20 | 05:10 | 0.18 | 0.17 | 合格 | |
| | | | | | 底部~127.5 | 0.20 | 0.20 | 05:06 | 0.18 | 0.18 | 合格 | |
| TG-043 | ZN+038 | D0+160.00 | 2006-03-26 | 127.5 修补 1 处<br>顶部修补 1 处<br>133 修补 1 处 | 通缝 | 0.20 | 0.20 | 05:10 | 0.19 | 0.18 | 合格 | |
| TG-044 | ZN+037 | D0+155.98 | 2006-03-26 | | 通缝 | 0.20 | 0.20 | 05:15 | 0.17 | 0.17 | 合格 | |
| TG-045 | ZN+039 | D0+164.02 | 2006-03-26 | 126 修补 1 处<br>136.5 修补 1 处 | 通缝 | 0.20 | 0.20 | 05:06 | 0.18 | 0.18 | 合格 | |
| TG-046 | ZN+040 | D0+168.05 | 2006-03-26 | 126.5 修补 1 处<br>129 修补 1 处<br>135.5 修补 2 处 | 通缝 | 0.20 | 0.20 | 05:04 | 0.18 | 0.18 | 合格 | |
| TG-047 | ZN+041 | D0+172.10 | 2006-03-26 | 131 修补 1 处 | 通缝 | 0.20 | 0.20 | 05:03 | 0.17 | 0.17 | 合格 | |

续表 5-2

| 试验编号 | 焊缝编号 | 桩号 | 试验日期(年-月-日) | 修补记录(高程：m) | 检测区间(高程：m) | 检测压强(MPa) | | 稳压时间(分:秒) | 稳压 5 min 后压强(MPa) | | 结果 | 备注 |
|---|---|---|---|---|---|---|---|---|---|---|---|---|
| | | | | | | 1 | 2 | | 1 | 2 | | |
| TG-048 | ZN+042 | D0+176.10 | 2006-03-26 | 顶部修补 1 处<br>129.5 修补 1 处 2 次<br>134 修补 1 处 | 通缝 | 0.20 | 0.20 | 05:15 | 0.18 | 0.18 | 合格 | |
| TG-049 | ZN+043 | D0+180.07 | 2006-03-27 | 127 修补 1 处<br>136 修补 1 处<br>134.5 修补 1 处<br>127~128 修补 4 处 | 底部~134.5 | 0.20 | 0.20 | 05:05 | 0.16 | 0.16 | 合格 | 134.5 处焊死分段打压 |
| | | | | | 134.5~顶部 | 0.20 | 0.20 | 05:08 | 0.17 | 0.17 | 合格 | |
| TG-050 | ZN+044 | D0+184.10 | 2006-03-27 | 128 修补 1 处<br>131 修补 1 处<br>130 修补 1 处<br>126.5 修补 1 处 | 126.5 ~顶部 | 0.20 | 0.20 | 05:04 | 0.18 | 0.18 | 合格 | 126.5 处焊死分段打压 |
| | | | | | 底部~126.5 | 0.20 | 0.20 | 05:05 | 0.18 | 0.18 | 合格 | |
| TG-051 | ZN+045 | D0+188.12 | 2006-03-28 | | 通缝 | 0.20 | 0.20 | 05:02 | 0.17 | 0.17 | 合格 | |
| TG-052 | ZN+046 | D0+192.15 | 2006-03-28 | 135 修补 1 处<br>133 修补 1 处 | 通缝 | 0.20 | 0.20 | 05:03 | 0.16 | 0.16 | 合格 | |
| TG-053 | ZN+047 | | 2006-05-13 | 135 修补 1 处<br>133 修补 2 处 | 通缝 | 0.20 | 0.20 | 06:03 | | | 合格 | |
| TG-054 | ZN+048 | | | 135 修补 1 处<br>133 修补 3 处 | 通缝 | 0.20 | 0.20 | 07:03 | | | 合格 | |
| TG-053 | ZN+047 | D0+196.10 | 2006-05-12 | 136.5 修补 1 处<br>131.5 修补 1 处 | 130~顶部 | 0.20 | 0.20 | 05:02 | 0.16 | 0.16 | 合格 | |
| | | | | | 底部~130 | 0.20 | 0.20 | 05:18 | 0.18 | 0.18 | 合格 | |
| TG-054 | ZN+048 | D0+200.00 | 2006-05-12 | 130 修补 1 处<br>133 修补 1 处 | 130~顶部 | 0.20 | 0.20 | 05:03 | 0.16 | 0.16 | 合格 | 130 打断分段打压 |
| | | | | | 底部~130 | 0.20 | 0.20 | 05:10 | 0.17 | 0.17 | 合格 | |

续表 5-2

| 试验编号 | 焊缝编号 | 桩号 | 试验日期(年-月-日) | 修补记录(高程：m) | 检测区间(高程：m) | 检测压强(MPa) | | 稳压时间(分:秒) | 稳压 5 min后压强(MPa) | | 结果 | 备注 |
|---|---|---|---|---|---|---|---|---|---|---|---|---|
| | | | | | | 1 | 2 | | 1 | 2 | | |
| TG-055 | ZN+049 | D0+204.00 | 2006-05-12 | 133 修补 1 处<br>129 修补 1 处<br>127 修补 1 处<br>136 修补 1 处 | 底部~135 | 0.20 | 0.20 | 05:05 | 0.19 | 0.19 | 合格 | |
| | | | | | 135~顶部 | 0.20 | 0.20 | 05:02 | 0.18 | 0.18 | 合格 | |
| TG-056 | ZN+050 | D0+208.00 | 2006-05-13 | 135.5 修补 1 处<br>底部修补 1 处 | 底部~顶部 | 0.20 | 0.20 | 05:08 | 0.17 | 0.17 | 合格 | |
| TG-057 | ZN+051 | D0+212.00 | 2006-05-13 | 顶部修补 1 处 | 底部~128 | 0.20 | 0.20 | 05:06 | 0.17 | 0.17 | 合格 | |
| | | | | | 128~134 | 0.20 | 0.20 | 05:03 | 0.18 | 0.18 | 合格 | |
| | | | | | 134~顶部 | 0.20 | 0.20 | 05:13 | 0.17 | 0.17 | 合格 | |
| TG-058 | ZN+052 | D0+216.00 | 2006-05-13 | 129 修补 1 处<br>128 修补 1 处 | 底部~顶部 | 0.20 | 0.20 | 05:01 | 0.15 | 0.15 | 合格 | |
| TG-059 | ZN+053 | D0+220.00 | 2006-05-13 | 127 修补 1 处 | 通缝 | 0.20 | 0.20 | 05:18 | 0.18 | 0.18 | 合格 | |
| TG-060 | ZN+054 | D0+224.00 | 2006-05-13 | 126 修补 1 处<br>顶部修补 1 处<br>132 修补 1 处<br>127 修补 1 处 | 通缝 | 0.20 | 0.20 | 05:03 | 0.17 | 0.17 | 合格 | |
| TG-061 | ZN+055 | D0+228.00 | 2006-05-14 | 底部修补 1 处<br>127 修补 1 处 | 底部~130 | 0.20 | 0.20 | 05:05 | 0.17 | 0.17 | 合格 | |
| | | | | | 130~顶部 | 0.20 | 0.20 | 05:07 | 0.18 | 0.18 | 合格 | |
| TG-062 | ZN+056 | D0+232.00 | 2006-05-14 | | 127.5~132 | 0.20 | 0.20 | 05:03 | 0.18 | 0.18 | 合格 | |
| | | | | | 底部~127.5 | 0.20 | 0.20 | 05:03 | 0.16 | 0.16 | 合格 | |
| | | | | | 132~135 | 0.20 | 0.20 | 05:10 | 0.17 | 0.17 | 合格 | |
| | | | | | 135~顶部 | 0.20 | 0.20 | 05:10 | 0.16 | 0.16 | 合格 | |

续表 5-2

| 试验编号 | 焊缝编号 | 桩号 | 试验日期(年-月-日) | 修补记录(高程：m) | 检测区间(高程：m) | 检测压强(MPa) | | 稳压时间(分:秒) | 稳压 5 min 后压强(MPa) | | 结果 | 备注 |
|---|---|---|---|---|---|---|---|---|---|---|---|---|
| | | | | | | 1 | 2 | | 1 | 2 | | |
| TG-063 | ZN+057 | D0+236.00 | 2006-05-14 | | 128~顶部 | 0.20 | 0.20 | 05:06 | 0.18 | 0.18 | 合格 | |
| | | | | | 底部~128 | 0.20 | 0.20 | 05:15 | 0.16 | 0.16 | 合格 | |
| TG-064 | ZN+058 | D0+240.00 | 2006-05-14 | | 通缝 | 0.20 | 0.20 | 05:04 | 0.17 | 0.17 | 合格 | |
| TG-065 | ZN+059 | D0+244.10 | 2006-05-15 | 134 修补 1 处<br>133.5 修补 1 处<br>136 修补 1 处<br>顶部修补 1 处 | 底部~134 | 0.20 | 0.20 | 05:04 | 0.17 | 0.17 | 合格 | 134 打断分段打压 |
| | | | | | 134~顶部 | 0.20 | 0.20 | 05:01 | 0.19 | 0.19 | 合格 | |
| TG-066 | ZN+060 | D0+248.20 | 2006-05-15 | | 通缝 | 0.20 | 0.20 | 05:10 | 0.17 | 0.17 | 合格 | |
| TG-067 | ZN+061 | D0+252.30 | 2006-05-15 | 133 修补 1 处 | 通缝 | 0.20 | 0.20 | 05:04 | 0.17 | 0.17 | 合格 | |
| TG-068 | ZN+062 | D0+256.40 | 2006-05-15 | 130 修补 1 处<br>127.5 修补 1 处<br>135 修补 1 处 | 127~顶部 | 0.20 | 0.20 | 05:04 | 0.17 | 0.17 | 合格 | |
| | | | | | 底部~127 | 0.20 | 0.20 | 05:03 | 0.16 | 0.16 | 合格 | |
| TG-069 | ZN+063 | D0+260.53 | 2006-05-16 | 126 修补 1 处<br>125.5 修补 1 处<br>136.5 修补 2 处 | 底部~127.5 | 0.20 | 0.20 | 05:10 | 0.17 | 0.17 | 合格 | |
| | | | | | 127.5~134 | 0.20 | 0.20 | 05:20 | 0.17 | 0.17 | 合格 | |
| | | | | | 134~顶部 | 0.20 | 0.20 | 05:04 | 0.17 | 0.17 | 合格 | |
| TG-070 | ZN+064 | D0+264.72 | 2006-05-16 | 135 修补 2 处 | 通缝 | 0.20 | 0.20 | 05:03 | 0.19 | 0.19 | 合格 | |
| TG-071 | ZN+065 | D0+268.63 | 2006-05-16 | 底部修补 1 处<br>顶部修补 1 处 | 底部~131 | 0.20 | 0.20 | 05:02 | 0.18 | 0.18 | 合格 | |
| | | | | | 131~顶部 | 0.20 | 0.20 | 05:01 | 0.15 | 0.15 | 合格 | |
| TG-072 | ZN+066 | D0+264.72 | 2006-05-16 | 127 修补 1 处 | 133~顶部 | 0.20 | 0.20 | 05:03 | 0.18 | 0.18 | 合格 | |
| | | | | | 底部~133 | 0.20 | 0.20 | 05:17 | 0.17 | 0.17 | 合格 | |

续表 5-2

| 试验编号 | 焊缝编号 | 桩号 | 试验日期(年-月-日) | 修补记录(高程：m) | 检测区间(高程：m) | 检测压强(MPa) | | 稳压时间(分:秒) | 稳压 5 min 后压强(MPa) | | 结果 | 备注 |
|---|---|---|---|---|---|---|---|---|---|---|---|---|
| | | | | | | 1 | 2 | | 1 | 2 | | |
| TG-073 | ZN+067 | D0+268.63 | 2006-05-17 | 底部修补 2 处<br>127.5 修补 1 处<br>137 修补 1 处 | 底部~131 | 0.20 | 0.20 | 05:20 | 0.18 | 0.18 | 合格 | |
| | | | | | 131~顶部 | 0.20 | 0.20 | 05:02 | 0.17 | 0.17 | 合格 | |
| TG-074 | ZN+068 | D0+272.60 | 2006-05-17 | 137 修补 1 处 | 通缝 | 0.20 | 0.20 | 05:03 | 0.18 | 0.18 | 合格 | |
| TG-075 | ZN+069 | D0+276.50 | 2006-05-17 | | 通缝 | 0.20 | 0.20 | 05:01 | 0.16 | 0.16 | 合格 | |
| TG-076 | ZN+070 | D0+280.40 | 2006-05-17 | 133 修补 1 次<br>130 修补 1 次<br>131 修补 1 次<br>顶部修补 1 处 | 底部~130 | 0.20 | 0.20 | 05:17 | 0.18 | 0.18 | 合格 | |
| | | | | | 130~131 | 0.20 | 0.20 | 05:02 | 0.18 | 0.18 | 合格 | |
| | | | | | 131~顶部 | 0.20 | 0.20 | 05:01 | 0.17 | 0.17 | 合格 | |
| TG-077 | ZN+071 | D0+284.30 | 2006-05-18 | 135 修补 1 处 | 132~顶部 | 0.20 | 0.20 | 05:02 | 0.16 | 0.16 | 合格 | |
| | | | | | 底部~132 | 0.20 | 0.20 | 05:02 | 0.17 | 0.17 | 合格 | |
| TG-078 | ZN+072 | D0+285.00 | 2006-05-18 | | 底部~133 | 0.20 | 0.20 | 05:12 | 0.17 | 0.17 | 合格 | |
| | | | | | 133~顶部 | 0.20 | 0.20 | 05:02 | 0.16 | 0.16 | 合格 | |
| TG-079 | ZN+073 | D0+289.50 | 2006-05-18 | 131 修补 1 处 | 通缝 | 0.20 | 0.20 | 05:04 | 0.18 | 0.18 | 合格 | |
| TG-080 | ZN+074 | D0+292.08 | 2006-05-18 | 底部修补 1 处 | 127~顶部 | 0.20 | 0.20 | 05:08 | 0.17 | 0.17 | 合格 | |
| | | | | | 底部~127 | 0.20 | 0.20 | 05:05 | 0.18 | 0.18 | 合格 | |
| TG-081 | ZN+075 | D0+292.08 | 2006-05-19 | 133 修补 1 次<br>顶部修补 1 处 | 133~顶部 | 0.20 | 0.20 | 05:10 | 0.17 | 0.17 | 合格 | |
| | | | | | 底部~137 | 0.20 | 0.20 | 05:06 | 0.16 | 0.16 | 合格 | |

续表 5-2

| 试验编号 | 焊缝编号 | 桩号 | 试验日期(年-月-日) | 修补记录(高程：m) | 检测区间(高程：m) | 检测压强(MPa) | | 稳压时间(分:秒) | 稳压 5 min 后压强(MPa) | | 结果 | 备注 |
|---|---|---|---|---|---|---|---|---|---|---|---|---|
| | | | | | | 1 | 2 | | 1 | 2 | | |
| TG-082 | ZN+076 | D0+296.08 | 2006-05-19 | | 134~顶部 | 0.20 | 0.20 | 05:03 | 0.17 | 0.17 | 合格 | |
| | | | | | 128~134 | 0.20 | 0.20 | 05:02 | 0.17 | 0.17 | 合格 | |
| | | | | | 126~128 | 0.20 | 0.20 | 05:10 | 0.17 | 0.17 | 合格 | |
| | | | | | 底部~126 | 0.20 | 0.20 | 05:05 | 0.18 | 0.18 | 合格 | |
| TG-083 | ZN+077 | D0+300.08 | 2006-05-19 | | 通缝 | 0.20 | 0.20 | 05:03 | 0.18 | 0.18 | 合格 | |
| TG-084 | ZN+078 | D0+304.08 | 2006-05-19 | | 134.5~顶部 | 0.20 | 0.20 | 05:10 | 0.17 | 0.17 | 合格 | |
| | | | | | 130~134.5 | 0.20 | 0.20 | 05:03 | 0.18 | 0.18 | 合格 | |
| | | | | | 126~130 | 0.20 | 0.20 | 05:09 | 0.16 | 0.16 | 合格 | |
| | | | | | 底部~126 | 0.20 | 0.20 | 05:01 | 0.16 | 0.16 | 合格 | |
| TG-085 | ZN+079 | D0+308.08 | 2006-05-19 | 129 修补 1 处 | 底部~128 | 0.20 | 0.20 | 05:03 | 0.16 | 0.16 | 合格 | |
| | | | | | 128~顶部 | 0.20 | 0.20 | 05:08 | 0.16 | 0.16 | 合格 | |
| TG-086 | ZN+080 | D0+312.08 | 2006-05-20 | 顶部修补 1 处 | 130~134 | 0.20 | 0.20 | 05:03 | 0.17 | 0.17 | 合格 | |
| | | | | | 130~底部 | 0.20 | 0.20 | 05:08 | 0.16 | 0.16 | 合格 | |
| | | | | | 134~顶部 | 0.20 | 0.20 | 05:03 | 0.17 | 0.17 | 合格 | |
| TG-087 | ZN+081 | D0+316.08 | 2006-05-20 | 129 修补 1 处 | 128~顶部 | 0.20 | 0.20 | 05:14 | 0.16 | 0.16 | 合格 | |
| | | | | 136 修补 1 处<br>127 修补 1 处 | 底部~128 | 0.20 | 0.20 | 05:10 | 0.16 | 0.16 | 合格 | |
| TG-088 | ZN+082 | D0+320.08 | 2006-05-20 | | 通缝 | 0.20 | 0.20 | 05:06 | 0.17 | 0.17 | 合格 | |
| TG-089 | ZN+083 | D0+324.08 | 2006-05-20 | 127 修补 1 处 | 通缝 | 0.20 | 0.20 | 05:06 | 0.16 | 0.16 | 合格 | |
| TG-090 | ZN+084 | D0+328.08 | 2006-05-20 | | 通缝 | 0.20 | 0.20 | 05:05 | 0.16 | 0.16 | 合格 | |
| TG-091 | ZN+085 | D0+332.08 | 2006-05-20 | | 通缝 | 0.20 | 0.20 | 05:04 | 0.17 | 0.17 | 合格 | |

**续表 5-2**

| 试验编号 | 焊缝编号 | 桩号 | 试验日期(年-月-日) | 修补记录(高程：m) | 检测区间(高程：m) | 检测压强(MPa) |  | 稳压时间(分:秒) | 稳压 5 min 后压强(MPa) |  | 结果 | 备注 |
|---|---|---|---|---|---|---|---|---|---|---|---|---|
|  |  |  |  |  |  | 1 | 2 |  | 1 | 2 |  |  |
| TG-092 | ZN+086 | D0+336.10 | 2006-05-22 | 126 修补 1 处<br>底部修补 1 处 | 136~顶部 | 0.20 | 0.20 | 05:04 | 0.19 | 0.19 | 合格 |  |
|  |  |  |  |  | 底部~136 | 0.20 | 0.20 | 05:08 | 0.17 | 0.17 | 合格 |  |
| TG-093 | ZN+087 | D0+340.15 | 2006-05-22 |  | 通缝 | 0.20 | 0.20 | 05:03 | 0.17 | 0.17 | 合格 |  |
| TG-094 | ZN+088 | D0+344.29 | 2006-05-22 | 顶部修补 1 处 | 通缝 | 0.20 | 0.20 | 05:06 | 0.18 | 0.18 | 合格 |  |
| TG-095 | ZN+089 | D0+348.30 | 2006-05-23 | 130 修补 1 处<br>132 修补 1 处<br>136 修补 1 处 | 通缝 | 0.20 | 0.20 | 05:01 | 0.16 | 0.16 | 合格 |  |
| TG-096 | ZN+090 | D0+352.30 | 2006-05-23 |  | 通缝 | 0.20 | 0.20 | 05:18 | 0.17 | 0.17 | 合格 |  |
| TG-097 | ZN+091 | D0+356.30 | 2006-05-23 |  | 通缝 | 0.20 | 0.20 | 05:02 | 0.16 | 0.16 | 合格 |  |
| TG-098 | ZN+092 | D0+360.30 | 2006-05-27 |  | 133.5~顶部 | 0.20 | 0.20 | 05:02 | 0.17 | 0.17 | 合格 |  |
|  |  |  |  |  | 底部~133.5 | 0.20 | 0.20 | 05:05 | 0.17 | 0.17 | 合格 |  |
| TG-099 | ZN+093 | D0+364.30 | 2006-06-27 |  | 通缝 | 0.20 | 0.20 | 05:02 | 0.19 | 0.19 | 合格 |  |
| TG-100 | ZN+094 | D0+368.42 | 2006-07-24 | 127 修补 1 处<br>126 修补 1 处<br>132 修补 1 处<br>底部修补 1 处<br>顶部修补 1 处 | 底部~131 | 0.20 | 0.20 | 05:03 | 0.15 | 0.15 | 合格 |  |
|  |  |  |  |  | 131~顶部 | 0.20 | 0.20 | 05:05 | 0.16 | 0.16 | 合格 |  |
| TG-101 | ZN+095 | D0+372.55 | 2006-07-24 |  | 底部~126 | 0.20 | 0.20 | 05:04 | 0.18 | 0.18 | 合格 |  |
|  |  |  |  |  | 126~顶部 | 0.20 | 0.20 | 05:20 | 0.18 | 0.19 | 合格 |  |
| TG-102 | ZN+096 | D0+376.68 | 2006-07-24 |  | 通缝 | 0.20 | 0.20 | 05:10 | 0.17 | 0.18 | 合格 |  |

续表 5-2

| 试验编号 | 焊缝编号 | 桩号 | 试验日期(年-月-日) | 修补记录(高程：m) | 检测区间(高程：m) | 检测压强(MPa) | | 稳压时间(分:秒) | 稳压 5 min 后压强(MPa) | | 结果 | 备注 |
|---|---|---|---|---|---|---|---|---|---|---|---|---|
| | | | | | | 1 | 2 | | 1 | 2 | | |
| TG-103 | ZN+097 | D0+380.80 | 2006-07-24 | | 底部~134 | 0.20 | 0.20 | 05:07 | 0.19 | 0.18 | 合格 | |
| | | | | | 134~顶部 | 0.20 | 0.20 | 05:04 | 0.18 | 0.18 | 合格 | |
| TG-104 | ZN+098 | D0+384.95 | 2006-07-24 | | 底部~126 | 0.20 | 0.20 | 05:28 | 0.18 | 0.19 | 合格 | |
| | | | | | 126~顶部 | 0.20 | 0.20 | 05:10 | 0.18 | 0.18 | 合格 | |
| TG-105 | ZN+099 | D0+389.017 | 2006-07-24 | | 底部~135 | 0.20 | 0.20 | 05:30 | 0.17 | 0.18 | 合格 | |
| | | | | | 135~顶部 | 0.20 | 0.20 | 05:04 | 0.18 | 0.18 | 合格 | |
| TG-106 | ZN+100 | D0+393.20 | 2006-07-24 | | 通缝 | 0.20 | 0.20 | 05:30 | 0.18 | 0.18 | 合格 | |
| TG-107 | ZN+101 | D0+397.28 | 2006-07-25 | | 通缝 | 0.20 | 0.20 | 05:10 | 0.17 | 0.18 | 合格 | |
| TG-108 | ZN+102 | D0+401.37 | 2006-07-25 | | 通缝 | 0.20 | 0.20 | 05:11 | 0.18 | 0.19 | 合格 | |
| TG-109 | ZN+103 | D0+405.45 | 2006-07-25 | | 通缝 | 0.20 | 0.20 | 05:29 | 0.15 | 0.16 | 合格 | |
| TG-110 | ZN+104 | D0+409.52 | 2006-07-25 | | 通缝 | 0.20 | 0.20 | 05:10 | 0.17 | 0.18 | 合格 | |
| TG-111 | ZN+105 | D0+413.60 | 2006-07-25 | | 通缝 | 0.20 | 0.20 | 05:07 | 0.18 | 0.19 | 合格 | |
| TG-112 | ZN+106 | D0+417.67 | 2006-07-25 | | 通缝 | 0.20 | 0.20 | 05:26 | 0.18 | 0.19 | 合格 | |
| TG-113 | ZN+107 | D0+421.74 | 2006-07-25 | 126.5 修补 1 处 | 通缝 | 0.20 | 0.20 | 05:19 | 0.18 | 0.19 | 合格 | |
| TG-114 | ZN+108 | D0+425.92 | 2006-07-25 | | 通缝 | 0.20 | 0.20 | 05:06 | 0.18 | 0.19 | 合格 | |
| TG-115 | ZN+109 | D0+430.10 | 2006-07-26 | | 通缝 | 0.20 | 0.20 | 05:12 | 0.18 | 0.19 | 合格 | |
| TG-116 | ZN+110 | D0+434.28 | 2006-07-26 | | 底部~134 | 0.20 | 0.20 | 05:13 | 0.18 | 0.19 | 合格 | |
| | | | | | 134 ~ 136 | 0.20 | 0.20 | 05:12 | 0.18 | 0.18 | 合格 | |
| | | | | | 136~顶部 | 0.20 | 0.20 | 05:36 | 0.18 | 0.19 | 合格 | |
| TG-117 | ZN+111 | D0+438.31 | 2006-07-26 | | 135~顶部 | 0.20 | 0.20 | 05:02 | 0.17 | 0.18 | 合格 | |
| | | | | | 底部~135 | 0.20 | 0.20 | 05:04 | 0.18 | 0.18 | 合格 | |
| TG-118 | ZN+112 | D0+442.34 | 2006-07-26 | | 通缝 | 0.20 | 0.20 | 05:10 | 0.19 | 0.19 | 合格 | |

续表 5-2

| 试验编号 | 焊缝编号 | 桩号 | 试验日期(年-月-日) | 修补记录(高程：m) | 检测区间(高程：m) | 检测压强(MPa) | | 稳压时间(分:秒) | 稳压 5 min 后压强(MPa) | | 结果 | 备注 |
|---|---|---|---|---|---|---|---|---|---|---|---|---|
| | | | | | | 1 | 2 | | 1 | 2 | | |
| TG-119 | ZN+113 | D0+446.37 | 2006-07-26 | | 通缝 | 0.20 | 0.20 | 05:06 | 0.18 | 0.19 | 合格 | |
| TG-120 | ZN+114 | D0+450.40 | 2006-07-26 | | 底部~126 | 0.20 | 0.20 | 05:24 | 0.15 | 0.15 | 合格 | |
| | | | | | 126~顶部 | 0.20 | 0.20 | 05:09 | 0.17 | 0.19 | 合格 | |
| TG-121 | ZN+115 | D0+454.43 | 2006-07-27 | | 通缝 | 0.20 | 0.20 | 05:18 | 0.19 | 0.18 | 合格 | |
| TG-122 | ZN+116 | D0+458.56 | 2006-07-27 | | 通缝 | 0.20 | 0.20 | 05:30 | 0.17 | 0.18 | 合格 | |
| TG-123 | ZN+117 | D0+462.65 | 2006-07-27 | | 通缝 | 0.20 | 0.20 | 05:05 | 0.17 | 0.18 | 合格 | |
| TG-124 | ZN+118 | D0+466.75 | 2006-07-27 | 135 修补 1 处<br>底部修补 1 处 | 通缝 | 0.20 | 0.20 | 05:07 | 0.15 | 0.16 | 合格 | |
| TG-125 | ZN+119 | D0+470.84 | 2006-07-27 | | 通缝 | 0.20 | 0.20 | 05:15 | 0.18 | 0.19 | 合格 | |
| TG-126 | ZN+120 | D0+474.94 | 2006-07-27 | | 底部~135 | 0.20 | 0.20 | 05:13 | 0.19 | 0.18 | 合格 | |
| | | | | | 135~顶部 | 0.20 | 0.20 | 05:03 | 0.16 | 0.15 | 合格 | |
| TG-127 | ZN+121 | D0+479.03 | 2006-07-27 | 底部修补 1 处 | 通缝 | 0.20 | 0.20 | 05:16 | 0.16 | 0.17 | 合格 | |
| TG-128 | ZN+122 | D0+483.15 | 2006-07-27 | | 通缝 | 0.20 | 0.20 | 05:10 | 0.18 | 0.19 | 合格 | |
| TG-129 | ZN+123 | D0+487.25 | 2006-07-27 | | 通缝 | 0.20 | 0.20 | 05:15 | 0.17 | 0.18 | 合格 | |
| TG-193 | ZN+124 | D0+491.34 | 2006-09-17 | | 底部~126 | 0.20 | 0.20 | 05:35 | 0.16 | 0.16 | 合格 | |
| | | | | | 126~顶部 | 0.20 | 0.20 | 05:27 | 0.17 | 0.17 | 合格 | |
| TG-194 | ZN+125 | D0+495.38 | 2006-09-17 | | 底部~顶部 | 0.20 | 0.20 | 05:11 | 0.17 | 0.17 | 合格 | |
| TG-195 | ZN+126 | D0+499.43 | 2006-09-17 | | 通缝 | 0.20 | 0.20 | 05:10 | 0.17 | 0.17 | 合格 | |
| TG-196 | ZN+127 | D0+503.47 | 2006-09-17 | | 通缝 | 0.20 | 0.20 | 05:06 | 0.17 | 0.17 | 合格 | |
| TG-197 | ZN+128 | D0+507.52 | 2006-09-18 | | 通缝 | 0.20 | 0.20 | 05:17 | 0.16 | 0.16 | 合格 | |
| TG-198 | ZN+129 | D0+511.56 | 2006-09-18 | 137 修补 4 处 | 通缝 | 0.20 | 0.20 | 05:09 | 0.17 | 0.17 | 合格 | |

续表 5-2

| 试验编号 | 焊缝编号 | 桩号 | 试验日期(年-月-日) | 修补记录(高程：m) | 检测区间(高程：m) | 检测压强(MPa) | | 稳压时间(分:秒) | 稳压 5 min 后压强(MPa) | | 结果 | 备注 |
|---|---|---|---|---|---|---|---|---|---|---|---|---|
| | | | | | | 1 | 2 | | 1 | 2 | | |
| TG-199 | ZN+130 | D0+515.61 | 2006-09-18 | | 底部~128 | 0.20 | 0.20 | 05:06 | 0.18 | 0.18 | 合格 | |
| | | | | | 128~顶部 | 0.20 | 0.20 | 05:03 | 0.16 | 0.16 | 合格 | |
| TG-200 | ZN+131 | D0+519.67 | 2006-09-18 | 138 修补 1 处 | 通缝 | 0.20 | 0.20 | 05:07 | 0.18 | 0.18 | 合格 | |
| TG-201 | ZN+132 | D0+523.95 | 2006-09-19 | | 通缝 | 0.20 | 0.20 | 05:08 | 0.17 | 0.17 | 合格 | |
| TG-202 | ZN+133 | D0+527.95 | 2006-09-19 | | 底部~128 | 0.20 | 0.20 | 05:04 | 0.17 | 0.17 | 合格 | |
| | | | | | 128~顶部 | 0.20 | 0.20 | 05:08 | 0.17 | 0.17 | 合格 | |
| TG-203 | ZN+134 | D0+532.03 | 2006-09-19 | | 通缝 | 0.20 | 0.20 | 05:13 | 0.18 | 0.18 | 合格 | |
| TG-204 | ZN+135 | D0+536.15 | 2006-09-23 | 底部修补 5 处<br>131 修补 1 处 | 底部~132 | 0.20 | 0.20 | 05:12 | 0.16 | 0.16 | 合格 | |
| | | | | | 132~顶部 | 0.20 | 0.20 | 05:11 | 0.17 | 0.17 | 合格 | |
| TG-205 | ZN+136 | D0+540.31 | 2006-09-23 | | 通缝 | 0.20 | 0.20 | 05:05 | 0.18 | 0.18 | 合格 | |
| TG-206 | ZN+137 | D0+544.46 | 2006-09-23 | | 通缝 | 0.20 | 0.20 | 05:10 | 0.18 | 0.18 | 合格 | |
| TG-207 | ZN+138 | D0+548.62 | 2006-09-23 | | 通缝 | 0.20 | 0.20 | 05:15 | 0.18 | 0.18 | 合格 | |
| TG-208 | ZN+139 | D0+552.74 | 2006-09-23 | | 通缝 | 0.20 | 0.20 | 05:03 | 0.18 | 0.18 | 合格 | |
| TG-209 | ZN+140 | D0+556.85 | 2006-09-23 | | 通缝 | 0.20 | 0.20 | 05:12 | 0.18 | 0.18 | 合格 | |
| TG-210 | ZN+141 | D0+560.95 | 2006-09-23 | | 通缝 | 0.20 | 0.20 | 05:13 | 0.18 | 0.18 | 合格 | |
| TG-211 | ZN+142 | D0+565.05 | 2006-09-24 | | 通缝 | 0.20 | 0.20 | 05:30 | 0.16 | 0.16 | 合格 | |
| TG-212 | ZN+143 | D0+569.19 | 2006-09-24 | | 通缝 | 0.20 | 0.20 | 05:25 | 0.17 | 0.17 | 合格 | |
| TG-213 | ZN+144 | D0+573.32 | 2006-09-24 | | 通缝 | 0.20 | 0.20 | 05:36 | 0.17 | 0.17 | 合格 | |
| TG-214 | ZN+145 | D0+577.45 | 2006-09-24 | | 通缝 | 0.20 | 0.20 | 05:12 | 0.17 | 0.17 | 合格 | |
| TG-215 | ZN+146 | D0+581.58 | 2006-09-24 | | 通缝 | 0.20 | 0.20 | 05:07 | 0.17 | 0.17 | 合格 | |
| TG-216 | ZN+147 | D0+585.71 | 2006-09-24 | | 通缝 | 0.20 | 0.20 | 05:08 | 0.17 | 0.17 | 合格 | |

续表 5-2

| 试验编号 | 焊缝编号 | 桩号 | 试验日期(年-月-日) | 修补记录(高程：m) | 检测区间(高程：m) | 检测压强(MPa) | | 稳压时间(分:秒) | 稳压 5 min 后压强(MPa) | | 结果 | 备注 |
|---|---|---|---|---|---|---|---|---|---|---|---|---|
| | | | | | | 1 | 2 | | 1 | 2 | | |
| TG-217 | ZN+148 | D0+589.84 | 2006-09-25 | 底部 2 m 处修补 1 处 | 底部~134 | 0.20 | 0.20 | 05:05 | 0.16 | 0.16 | 合格 | |
| | | | | | 134~顶部 | 0.20 | 0.20 | 05:08 | 0.17 | 0.17 | 合格 | |
| TG-218 | ZN+149 | D0+593.96 | 2006-09-25 | 136 ~ 137 共 3 处 | 底部~135 | 0.20 | 0.20 | 05:12 | 0.17 | 0.17 | 合格 | |
| | | | | | 135~顶部 | 0.20 | 0.20 | 05:07 | 0.16 | 0.16 | 合格 | |
| TG-219 | ZN+150 | D0+598.06 | 2006-09-25 | 底部 1~1.5 m 修补 2 处 | 底部~底边 1 m | 0.20 | 0.20 | 05:07 | 0.19 | 0.19 | 合格 | |
| | | | | | 底边 1 m~顶部 | 0.20 | 0.20 | 05:24 | 0.18 | 0.18 | 合格 | |
| TG-220 | ZN+151 | D0+602.20 | 2006-09-26 | | 通缝 | 0.20 | 0.20 | 05:08 | 0.18 | 0.18 | 合格 | |
| TG-221 | ZN+152 | D0+606.32 | 2006-09-26 | | 通缝 | 0.20 | 0.20 | 05:07 | 0.18 | 0.18 | 合格 | |
| TG-222 | ZN+153 | D0+610.42 | 2006-09-26 | | 通缝 | 0.20 | 0.20 | 05:05 | 0.17 | 0.17 | 合格 | |
| TG-223 | ZN+154 | D0+614.53 | 2006-09-26 | | 通缝 | 0.20 | 0.20 | 05:06 | 0.17 | 0.17 | 合格 | |
| TG-224 | ZN+155 | D0+618.61 | 2006-09-28 | | 通缝 | 0.20 | 0.20 | 05:14 | 0.17 | 0.17 | 合格 | |
| TG-225 | ZN+156 | D0+622.685 | 2006-09-28 | | 通缝 | 0.20 | 0.20 | 05:30 | 0.17 | 0.17 | 合格 | |
| TG-226 | ZN+157 | D0+626.82 | 2006-09-28 | | 通缝 | 0.20 | 0.20 | 05:13 | 0.18 | 0.18 | 合格 | |
| TG-227 | ZN+158 | D0+630.97 | 2006-09-28 | | 底部~131 | 0.20 | 0.20 | 05:14 | 0.16 | 0.16 | 合格 | |
| | | | | | 131 ~ 顶部 | 0.20 | 0.20 | 05:07 | 0.18 | 0.18 | 合格 | |
| TG-228 | ZN+159 | D0+635.15 | 2006-09-29 | 134 修补 1 处 | 通缝 | 0.20 | 0.20 | 05:09 | 0.18 | 0.18 | 合格 | |
| TG-229 | ZN+160 | D0+639.32 | 2006-09-29 | | 通缝 | 0.20 | 0.20 | 05:10 | 0.18 | 0.18 | 合格 | |
| TG-230 | ZN+161 | D0+643.47 | 2006-09-29 | | 通缝 | 0.20 | 0.20 | 05:10 | 0.17 | 0.17 | 合格 | |

续表 5-2

| 试验编号 | 焊缝编号 | 桩号 | 试验日期(年-月-日) | 修补记录(高程：m) | 检测区间(高程：m) | 检测压强(MPa) | | 稳压时间(分:秒) | 稳压 5 min 后压强(MPa) | | 结果 | 备注 |
|---|---|---|---|---|---|---|---|---|---|---|---|---|
| | | | | | | 1 | 2 | | 1 | 2 | | |
| TG-231 | ZN+162 | D0+647.62 | 2006-09-29 | | 通缝 | 0.20 | 0.20 | 05:11 | 0.18 | 0.18 | 合格 | |
| TG-232 | ZN+163 | D0+651.72 | 2006-09-29 | | 通缝 | 0.20 | 0.20 | 05:10 | 0.18 | 0.18 | 合格 | |
| TG-321 | ZN+164 | D0+655.80 | 2006-10-25 | 126 修补 1 处 | 底部~126 | 0.20 | 0.20 | 05:13 | 0.17 | 0.17 | 合格 | |
| | | | | | 126~顶部 | 0.20 | 0.20 | 05:20 | 0.15 | 0.15 | 合格 | |
| TG-322 | ZN+165 | D0+659.87 | 2006-10-25 | | 底边~底部 2 m | 0.20 | 0.20 | 05:25 | 0.18 | 0.18 | 合格 | |
| | | | | | 底部 2 m~顶部 | 0.20 | 0.20 | 05:10 | 0.17 | 0.17 | 合格 | |
| TG-323 | ZN+166 | D0+663.93 | 2006-10-25 | | 通缝 | 0.20 | 0.20 | 05:16 | 0.17 | 0.17 | 合格 | |
| TG-324 | ZN+167 | D0+667.91 | 2006-10-25 | | 通缝 | 0.20 | 0.20 | 05:07 | 0.17 | 0.17 | 合格 | |
| TG-325 | ZN+168 | D0+671.88 | 2006-10-25 | | 通缝 | 0.20 | 0.20 | 05:13 | 0.17 | 0.17 | 合格 | |
| TG-326 | ZN+169 | D0+675.90 | 2006-10-26 | | 通缝 | 0.20 | 0.20 | 05:18 | 0.18 | 0.18 | 合格 | |
| TG-327 | ZN+170 | D0+679.91 | 2006-10-26 | | 底部~129 | 0.20 | 0.20 | 05:08 | 0.16 | 0.16 | 合格 | |
| | | | | | 129~顶部 | 0.20 | 0.20 | 05:06 | 0.16 | 0.16 | 合格 | |
| TG-328 | ZN+171 | D0+683.92 | 2006-10-26 | 底部 1 m 修补一处 | 通缝 | 0.20 | 0.20 | 05:24 | 0.18 | 0.18 | 合格 | |
| TG-329 | ZN+172 | D0+687.92 | 2006-10-26 | | 通缝 | 0.20 | 0.20 | 05:04 | 0.17 | 0.17 | 合格 | |
| TG-330 | ZN+173 | D0+691.93 | 2006-10-27 | | 通缝 | 0.20 | 0.20 | 05:09 | 0.18 | 0.18 | 合格 | |
| TG-331 | ZN+174 | D0+695.83 | 2006-10-27 | | 通缝 | 0.20 | 0.20 | 05:11 | 0.16 | 0.16 | 合格 | |
| TG-332 | ZN+175 | D0+699.83 | 2006-10-27 | | 通缝 | 0.20 | 0.20 | 05:05 | 0.17 | 0.17 | 合格 | |
| TG-333 | ZN+176 | D0+703.93 | 2006-10-27 | | 通缝 | 0.20 | 0.20 | 05:13 | 0.18 | 0.18 | 合格 | |
| TG-334 | ZN+177 | D0+707.93 | 2006-10-27 | | 通缝 | 0.20 | 0.20 | 05:18 | 0.17 | 0.17 | 合格 | |

**表 5-3　右岸坝段土工膜焊缝充气法检测数据统计(部分)**

(复合土工膜规格：400 g/m²/0.6 mm/400 g/m²)

| 试验编号 | 焊缝编号 | 桩号 | 试验日期(年-月-日) | 修补记录(高程：m) | 检测区间(高程：m) | 检测压强(MPa) | | 稳压时间(分:秒) | 稳压 5 min 后压强(MPa) | | 结果 | 备注 |
|---|---|---|---|---|---|---|---|---|---|---|---|---|
| | | | | | | 1 | 2 | | 1 | 2 | | |
| TG-143 | YN+014 | D2+875.60 | 2006-08-04 | 底部修补 1 处 | 通缝 | 0.16 | 0.16 | 05:05 | 0.15 | 0.15 | 合格 | 设计最高压 0.16 MPa 稳压 5 min 后最低压 0.13 MPa |
| TG-144 | YN+015 | D2+871.54 | 2006-08-04 | | 底部~底边 1.5 m | 0.16 | 0.16 | 05:14 | 0.15 | 0.15 | 合格 | |
| | | | | | 底边 1.5 m~顶部 | 0.16 | 0.16 | 05:07 | 0.16 | 0.16 | 合格 | |
| TG-145 | YN+016 | D2+867.49 | 2006-08-04 | | 通缝 | 0.16 | 0.16 | 05:10 | 0.15 | 0.15 | 合格 | |
| TG-146 | YN+017 | D2+863.42 | 2006-08-04 | | 通缝 | 0.16 | 0.16 | 05:10 | 0.15 | 0.15 | 合格 | |
| TG-147 | YN+018 | D2+859.34 | 2006-08-04 | | 底部~126.5 | 0.16 | 0.16 | 05:02 | 0.14 | 0.14 | 合格 | |
| | | | | | 126.5~顶部 | 0.16 | 0.16 | 05:10 | 0.15 | 0.15 | 合格 | |
| TG-148 | YN+019 | D2+855.19 | 2006-08-06 | | 通缝 | 0.16 | 0.16 | 05:28 | 0.15 | 0.15 | 合格 | |
| TG-149 | YN+020 | D2+851.06 | 2006-08-06 | 底部修补 1 处 | 通缝 | 0.16 | 0.16 | 05:10 | 0.15 | 0.15 | 合格 | |
| TG-150 | YN+021 | D2+847.00 | 2006-08-06 | | 通缝 | 0.16 | 0.16 | 05:40 | 0.15 | 0.15 | 合格 | |
| TG-151 | YN+022 | D2+842.90 | 2006-08-06 | 126 修补 1 处 | 通缝 | 0.16 | 0.16 | 05:19 | 0.15 | 0.15 | 合格 | |
| TG-152 | YN+023 | D2+838.06 | 2006-08-06 | 137 修补 1 处 | 底部~134.5 | 0.16 | 0.16 | 05:10 | 0.16 | 0.16 | 合格 | |
| | | | | | 134.5~顶部 | 0.16 | 0.16 | 05:06 | 0.15 | 0.15 | 合格 | |
| TG-153 | YN+024 | D2+834.70 | 2006-08-06 | | 通缝 | 0.16 | 0.16 | 05:05 | 0.15 | 0.15 | 合格 | |
| TG-154 | YN+025 | D2+830.60 | 2006-08-06 | 顶部修补 1 处 | 通缝 | 0.16 | 0.16 | 05:04 | 0.14 | 0.14 | 合格 | |
| TG-155 | YN+026 | D2+826.44 | 2006-08-07 | | 通缝 | 0.16 | 0.16 | 05:03 | 0.14 | 0.14 | 合格 | |
| TG-156 | YN+027 | D2+822.30 | 2006-08-07 | | 通缝 | 0.16 | 0.16 | 05:07 | 0.15 | 0.15 | 合格 | |

续表 5-3

| 试验编号 | 焊缝编号 | 桩号 | 试验日期(年-月-日) | 修补记录(高程：m) | 检测区间(高程：m) | 检测压强(MPa) | | 稳压时间(分:秒) | 稳压 5 min 后压强(MPa) | | 结果 | 备注 |
|---|---|---|---|---|---|---|---|---|---|---|---|---|
| | | | | | | 1 | 2 | | 1 | 2 | | |
| TG-157 | YN+028 | D2+818.20 | 2006-08-07 | | 通缝 | 0.16 | 0.16 | 05:10 | 0.16 | 0.16 | 合格 | |
| TG-158 | YN+029 | D2+814.50 | 2006-08-07 | | 通缝 | 0.16 | 0.16 | 05:05 | 0.15 | 0.15 | 合格 | |
| TG-159 | YN+030 | D2+810.05 | 2006-08-07 | | 通缝 | 0.16 | 0.16 | 05:05 | 0.15 | 0.15 | 合格 | |
| TG-160 | YN+031 | D2+805.95 | 2006-08-07 | | 通缝 | 0.16 | 0.16 | 05:30 | 0.15 | 0.15 | 合格 | |
| TG-161 | YN+032 | D2+801.86 | 2006-08-07 | | 通缝 | 0.16 | 0.16 | 05:20 | 0.15 | 0.15 | 合格 | |
| TG-162 | YN+033 | D2+797.76 | 2006-08-08 | 130 修补 2 处<br>129.5 修补 2 处 | 通缝 | 0.16 | 0.16 | 05:15 | 0.15 | 0.15 | 合格 | |
| TG-163 | YN+034 | D2+793.67 | 2006-08-08 | 128 修补 1 处 | 底部~128 | 0.16 | 0.16 | 05:03 | 0.13 | 0.13 | 合格 | |
| | | | | | 128~顶部 | 0.16 | 0.16 | 05:11 | 0.15 | 0.15 | 合格 | |
| TG-164 | YN+035 | D2+789.58 | 2006-08-08 | | 通缝 | 0.16 | 0.16 | 05:07 | 0.15 | 0.15 | 合格 | |
| TG-165 | YN+036 | D2+785.45 | 2006-08-08 | | 通缝 | 0.16 | 0.16 | 05:05 | 0.15 | 0.15 | 合格 | |
| TG-166 | YN+037 | D2+781.32 | 2006-08-08 | | 通缝 | 0.16 | 0.16 | 05:12 | 0.15 | 0.15 | 合格 | |
| TG-167 | YN+038 | D2+777.19 | 2006-08-08 | | 底部~130 | 0.16 | 0.16 | 05:08 | 0.15 | 0.15 | 合格 | |
| | | | | | 130~顶部 | 0.16 | 0.16 | 05:15 | 0.15 | 0.15 | 合格 | |
| TG-168 | YN+039 | D2+773.10 | 2006-08-08 | | 通缝 | 0.16 | 0.16 | 05:10 | 0.15 | 0.15 | 合格 | |
| TG-169 | YN+040 | D2+769.00 | 2006-08-09 | 126 修补 1 处 | 通缝 | 0.16 | 0.16 | 05:17 | 0.14 | 0.14 | 合格 | |
| TG-170 | YN+041 | D2+764.91 | 2006-08-09 | 底部修补 1 处 | 通缝 | 0.16 | 0.16 | 05:05 | 0.15 | 0.15 | 合格 | |
| TG-171 | YN+042 | D2+760.85 | 2006-08-09 | | 通缝 | 0.16 | 0.16 | 05:05 | 0.15 | 0.15 | 合格 | |
| TG-172 | YN+043 | D2+756.79 | 2006-08-09 | | 通缝 | 0.16 | 0.16 | 05:10 | 0.15 | 0.15 | 合格 | |
| TG-173 | YN+044 | D2+752.68 | 2006-08-10 | | 底部~126.5 | 0.16 | 0.16 | 05:08 | 0.14 | 0.14 | 合格 | |
| | | | | | 126.5~顶部 | 0.16 | 0.16 | 05:03 | 0.13 | 0.13 | 合格 | |
| TG-174 | YN+045 | D2+748.59 | 2006-08-10 | | 通缝 | 0.16 | 0.16 | 05:20 | 0.15 | 0.15 | 合格 | |
| TG-175 | YN+046 | D2+744.49 | 2006-08-10 | | 通缝 | 0.16 | 0.16 | 05:11 | 0.15 | 0.15 | 合格 | |

续表 5-3

| 试验编号 | 焊缝编号 | 桩号 | 试验日期(年-月-日) | 修补记录(高程：m) | 检测区间(高程：m) | 检测压强(MPa) | | 稳压时间(分:秒) | 稳压 5 min 后压强(MPa) | | 结果 | 备注 |
|---|---|---|---|---|---|---|---|---|---|---|---|---|
| | | | | | | 1 | 2 | | 1 | 2 | | |
| TG-176 | YN+047 | D2+740.40 | 2006-08-10 | 136 修补 1 处<br>底部修补 1 处 | 通缝 | 0.16 | 0.16 | 05:15 | 0.15 | 0.15 | 合格 | |
| TG-177 | YN+048 | D2+736.30 | 2006-08-10 | | 通缝 | 0.16 | 0.16 | 05:05 | 0.15 | 0.15 | 合格 | |
| TG-178 | YN+049 | D2+732.21 | 2006-08-10 | | 通缝 | 0.16 | 0.16 | 05:03 | 0.15 | 0.15 | 合格 | |
| TG-179 | YN+050 | D2+728.16 | 2006-08-10 | | 通缝 | 0.16 | 0.16 | 05:40 | 0.15 | 0.15 | 合格 | |
| TG-180 | YN+051 | D2+724.07 | 2006-08-10 | | 通缝 | 0.16 | 0.16 | 05:15 | 0.16 | 0.16 | 合格 | |
| TG-181 | YN+052 | D2+719.99 | 2006-08-11 | | 通缝 | 0.16 | 0.16 | 05:23 | 0.16 | 0.16 | 合格 | |
| TG-182 | YN+053 | D2+715.91 | 2006-08-11 | | 通缝 | 0.16 | 0.16 | 05:10 | 0.16 | 0.16 | 合格 | |
| TG-183 | YN+054 | D2+711.72 | 2006-08-11 | | 底部~126 | 0.16 | 0.16 | 05:08 | 0.16 | 0.16 | 合格 | |
| | | | | | 126~顶部 | 0.16 | 0.16 | 05:08 | 0.15 | 0.15 | 合格 | |
| TG-184 | YN+055 | D2+707.64 | 2006-08-11 | | 通缝 | 0.16 | 0.16 | 05:09 | 0.15 | 0.15 | 合格 | |
| TG-185 | YN+056 | D2+703.56 | 2006-08-11 | | 通缝 | 0.16 | 0.16 | 05:21 | 0.15 | 0.15 | 合格 | |
| TG-186 | YN+057 | D2+699.47 | 2006-08-11 | | 通缝 | 0.16 | 0.16 | 05:15 | 0.15 | 0.15 | 合格 | |
| TG-187 | YN+058 | D2+695.37 | 2006-08-11 | | 通缝 | 0.16 | 0.16 | 05:30 | 0.15 | 0.15 | 合格 | |
| TG-188 | YN+059 | D2+691.27 | 2006-08-11 | 136 修补 1 处 | 底部~136 | 0.16 | 0.16 | 05:17 | 0.16 | 0.16 | 合格 | |
| | | | | | 136~顶部 | 0.16 | 0.16 | 05:05 | 0.15 | 0.15 | 合格 | |
| TG-189 | YN+060 | D2+687.18 | 2006-08-12 | 136.5 修补 1 处<br>129 修补 1 处 | 通缝 | 0.16 | 0.16 | 05:10 | 0.13 | 0.13 | 合格 | |
| TG-190 | YN+061 | D2+683.08 | 2006-08-12 | | 通缝 | 0.16 | 0.16 | 05:46 | 0.15 | 0.15 | 合格 | |
| TG-191 | YN+062 | D2+679.00 | 2006-08-12 | 127 修补 1 处 | 底部~127 | 0.16 | 0.16 | 05:10 | 0.15 | 0.15 | 合格 | |
| | | | | | 127~顶部 | 0.16 | 0.16 | 05:09 | 0.15 | 0.15 | 合格 | |
| TG-192 | YN+063 | D2+674.91 | 2006-08-12 | | 底部~133 | 0.16 | 0.16 | 05:10 | 0.13 | 0.13 | 合格 | |
| | | | | | 133~顶部 | 0.16 | 0.16 | 05:15 | 0.15 | 0.15 | 合格 | |

续表 5-3

| 试验编号 | 焊缝编号 | 桩号 | 试验日期(年-月-日) | 修补记录(高程：m) | 检测区间(高程：m) | 检测压强(MPa) | | 稳压时间(分:秒) | 稳压 5 min 后压强(MPa) | | 结果 | 备注 |
|---|---|---|---|---|---|---|---|---|---|---|---|---|
| | | | | | | 1 | 2 | | 1 | 2 | | |
| TG-233 | YN+064 | D2+670.82 | 2006-09-30 | | 通缝 | 0.16 | 0.16 | 05:03 | 0.14 | 0.14 | 合格 | |
| TG-234 | YN+065 | D2+666.70 | 2006-09-30 | | 通缝 | 0.16 | 0.16 | 05:23 | 0.15 | 0.15 | 合格 | |
| TG-235 | YN+066 | D2+662.59 | 2006-09-30 | | 通缝 | 0.16 | 0.16 | 05:30 | 0.14 | 0.14 | 合格 | |
| TG-236 | YN+067 | D2+658.50 | 2006-09-30 | | 底部~底边 4 m | 0.16 | 0.16 | 05:15 | 0.14 | 0.14 | 合格 | |
| | | | | | 底边 4 m~顶部 | 0.16 | 0.16 | 05:22 | 0.14 | 0.14 | 合格 | |
| TG-237 | YN+068 | D2+654.40 | 2006-09-30 | | 通缝 | 0.16 | 0.16 | 05:28 | 0.14 | 0.14 | 合格 | |
| TG-238 | YN+069 | D2+650.26 | 2006-09-30 | | 通缝 | 0.16 | 0.16 | 05:11 | 0.15 | 0.15 | 合格 | |
| TG-239 | YN+070 | D2+646.11 | 2006-10-01 | 底边 2.5 m 修补 1 处 | 通缝 | 0.16 | 0.16 | 05:08 | 0.15 | 0.15 | 合格 | |
| TG-240 | YN+071 | D2+641.97 | 2006-10-01 | | 通缝 | 0.16 | 0.16 | 05:13 | 0.14 | 0.14 | 合格 | |
| TG-241 | YN+072 | D2+637.82 | 2006-10-01 | | 通缝 | 0.16 | 0.16 | 05:15 | 0.14 | 0.14 | 合格 | |
| TG-242 | YN+073 | D2+634.81 | 2006-10-01 | | 通缝 | 0.16 | 0.16 | 05:11 | 0.15 | 0.15 | 合格 | |
| TG-243 | YN+074 | D2+630.90 | 2006-10-01 | | 通缝 | 0.16 | 0.16 | 05:17 | 0.15 | 0.15 | 合格 | |
| TG-244 | YN+075 | D2+626.50 | 2006-10-01 | | 通缝 | 0.16 | 0.16 | 05:07 | 0.15 | 0.15 | 合格 | |
| TG-245 | YN+076 | D2+622.10 | 2006-10-01 | | 通缝 | 0.16 | 0.16 | 05:08 | 0.15 | 0.15 | 合格 | |
| TG-246 | | D2+618.10~D2+619.70 | 2006-10-09 | 在▽136~顶面被剪去 3.7 m×1.6 m 一块，经现场监理同意，修补后，打压试验改为注水试验，经试验后合格 | | | | | | | | |
| TG-247 | YN+077 | D2+618.10 | 2006-10-09 | | 130~顶部 | 0.16 | 0.16 | 05:09 | 0.15 | 0.15 | 合格 | |
| | | | | | 底部~130 | 0.16 | 0.16 | 05:25 | 0.15 | 0.15 | 合格 | |
| TG-248 | YN+078 | D2+614.07 | 2006-10-09 | | 通缝 | 0.16 | 0.16 | 05:30 | 0.15 | 0.15 | 合格 | |
| TG-249 | YN+079 | D2+609.24 | 2006-10-09 | | 底部~129 | 0.16 | 0.16 | 05:06 | 0.14 | 0.14 | 合格 | |
| | | | | | 129~顶部 | 0.16 | 0.16 | 05:10 | 0.15 | 0.15 | 合格 | |
| TG-250 | YN+080 | D2+604.96 | 2006-10-10 | 126.5 修补 1 处 | 通缝 | 0.16 | 0.16 | 05:03 | 0.13 | 0.13 | 合格 | |

续表 5-3

| 试验编号 | 焊缝编号 | 桩号 | 试验日期(年-月-日) | 修补记录(高程：m) | 检测区间(高程：m) | 检测压强(MPa) | | 稳压时间(分:秒) | 稳压 5 min 后压强(MPa) | | 结果 | 备注 |
|---|---|---|---|---|---|---|---|---|---|---|---|---|
| | | | | | | 1 | 2 | | 1 | 2 | | |
| TG-251 | YN+081 | D2+600.67 | 2006-10-10 | | 底部~127 | 0.16 | 0.16 | 05:12 | 0.15 | 0.15 | 合格 | |
| | | | | | 127~顶部 | 0.16 | 0.16 | 05:07 | 0.14 | 0.14 | 合格 | |
| TG-252 | YN+082 | D2+596.382 | 2006-10-10 | | 通缝 | 0.16 | 0.16 | 05:28 | 0.14 | 0.14 | 合格 | |
| TG-253 | YN+083 | D2+592.23 | 2006-10-10 | 131 修补 1 处 | 通缝 | 0.16 | 0.16 | 05:35 | 0.13 | 0.13 | 合格 | |
| TG-254 | YN+084 | D2+588.082 | 2006-10-10 | | 通缝 | 0.16 | 0.16 | 05:03 | 0.13 | 0.13 | 合格 | |
| TG-255 | YN+085 | D2+583.90 | 2006-10-10 | | 通缝 | 0.16 | 0.16 | 05:36 | 0.15 | 0.15 | 合格 | |
| TG-256 | YN+086 | D2+579.764 | 2006-10-10 | | 通缝 | 0.16 | 0.16 | 05:18 | 0.14 | 0.14 | 合格 | |
| TG-257 | YN+087 | D2+575.64 | 2006-10-11 | | 通缝 | 0.16 | 0.16 | 05:07 | 0.15 | 0.15 | 合格 | |
| TG-258 | YN+088 | D2+571.512 | 2006-10-11 | | 通缝 | 0.16 | 0.16 | 05:25 | 0.15 | 0.15 | 合格 | |
| TG-259 | YN+089 | D2+567.33 | 2006-10-11 | | 通缝 | 0.16 | 0.16 | 05:12 | 0.14 | 0.14 | 合格 | |
| TG-260 | YN+090 | D2+563.15 | 2006-10-11 | | 通缝 | 0.16 | 0.16 | 05:11 | 0.13 | 0.13 | 合格 | |
| TG-261 | YN+091 | D2+558.97 | 2006-10-11 | | 底部~133.5 | 0.16 | 0.16 | 05:07 | 0.15 | 0.15 | 合格 | |
| | | | | | 133.5~顶部 | 0.16 | 0.16 | 05:13 | 0.15 | 0.15 | 合格 | |
| TG-262 | YN+092 | D2+554.79 | 2006-10-11 | | 通缝 | 0.16 | 0.16 | 05:12 | 0.14 | 0.14 | 合格 | |
| TG-263 | YN+093 | D2+550.655 | 2006-10-11 | | 通缝 | 0.16 | 0.16 | 05:22 | 0.14 | 0.14 | 合格 | |
| TG-264 | YN+094 | D2+546.52 | 2006-10-13 | | 通缝 | 0.16 | 0.16 | 05:23 | 0.14 | 0.14 | 合格 | |
| TG-265 | YN+095 | D2+542.37 | 2006-10-13 | | 通缝 | 0.16 | 0.16 | 05:05 | 0.14 | 0.14 | 合格 | |
| TG-266 | YN+096 | D2+538.21 | 2006-10-13 | | 通缝 | 0.16 | 0.16 | 05:07 | 0.13 | 0.13 | 合格 | |
| TG-267 | YN+097 | D2+534.07 | 2006-10-13 | | 通缝 | 0.16 | 0.16 | 05:15 | 0.14 | 0.14 | 合格 | |
| TG-268 | YN+098 | D2+529.92 | 2006-10-13 | | 通缝 | 0.16 | 0.16 | 05:25 | 0.14 | 0.14 | 合格 | |
| TG-269 | YN+099 | D2+525.77 | 2006-10-13 | | 通缝 | 0.16 | 0.16 | 05:17 | 0.14 | 0.14 | 合格 | |
| TG-270 | YN+100 | D2+521.63 | 2006-10-13 | | 通缝 | 0.16 | 0.16 | 05:09 | 0.14 | 0.14 | 合格 | |

续表 5-3

| 试验编号 | 焊缝编号 | 桩号 | 试验日期(年-月-日) | 修补记录(高程：m) | 检测区间(高程：m) | 检测压强(MPa) | | 稳压时间(分:秒) | 稳压 5 min 后压强(MPa) | | 结果 | 备注 |
|---|---|---|---|---|---|---|---|---|---|---|---|---|
| | | | | | | 1 | 2 | | 1 | 2 | | |
| TG-271 | YN+101 | D2+517.49 | 2006-10-17 | | 通缝 | 0.16 | 0.16 | 05:10 | 0.15 | 0.15 | 合格 | |
| TG-272 | YN+102 | D2+513.34 | 2006-10-17 | | 通缝 | 0.16 | 0.16 | 05:03 | 0.15 | 0.15 | 合格 | |
| TG-273 | YN+103 | D2+509.19 | 2006-10-17 | | 通缝 | 0.16 | 0.16 | 05:09 | 0.14 | 0.14 | 合格 | |
| TG-274 | YN+104 | D2+505.04 | 2006-10-17 | | 通缝 | 0.16 | 0.16 | 05:25 | 0.14 | 0.14 | 合格 | |
| TG-275 | YN+105 | D2+500.74 | 2006-10-17 | | 通缝 | 0.16 | 0.16 | 05:20 | 0.15 | 0.15 | 合格 | |
| TG-276 | YN+106 | D2+496.34 | 2006-10-17 | | 通缝 | 0.16 | 0.16 | 05:16 | 0.14 | 0.14 | 合格 | |
| TG-277 | YN+107 | D2+492.01 | 2006-10-17 | | 通缝 | 0.16 | 0.16 | 05:16 | 0.14 | 0.14 | 合格 | |
| TG-278 | YN+108 | D2+488.02 | 2006-10-18 | | 通缝 | 0.16 | 0.16 | 05:07 | 0.14 | 0.14 | 合格 | |
| TG-279 | YN+109 | D2+484.10 | 2006-10-18 | | 通缝 | 0.16 | 0.16 | 05:10 | 0.14 | 0.14 | 合格 | |
| TG-280 | YN+110 | D2+480.16 | 2006-10-18 | | 通缝 | 0.16 | 0.16 | 05:18 | 0.14 | 0.14 | 合格 | |
| TG-281 | YN+111 | D2+476.01 | 2006-10-18 | | 通缝 | 0.16 | 0.16 | 05:16 | 0.14 | 0.14 | 合格 | |
| TG-282 | YN+112 | D2+471.87 | 2006-10-18 | | 通缝 | 0.16 | 0.16 | 05:03 | 0.14 | 0.14 | 合格 | |
| TG-283 | YN+113 | D2+467.72 | 2006-10-18 | | 通缝 | 0.16 | 0.16 | 05:09 | 0.14 | 0.14 | 合格 | |
| TG-284 | YN+114 | D2+463.58 | 2006-10-18 | | 通缝 | 0.16 | 0.16 | 05:07 | 0.14 | 0.14 | 合格 | |
| TG-285 | YN+115 | D2+459.42 | 2006-10-18 | | 通缝 | 0.16 | 0.16 | 05:17 | 0.14 | 0.14 | 合格 | |
| TG-286 | YN+116 | D2+455.28 | 2006-10-18 | | 通缝 | 0.16 | 0.16 | 05:05 | 0.14 | 0.14 | 合格 | |
| TG-287 | YN+117 | D2+451.13 | 2006-10-19 | | 通缝 | 0.16 | 0.16 | 05:25 | 0.15 | 0.15 | 合格 | |
| TG-288 | YN+118 | D2+446.99 | 2006-10-19 | | 底部~129 | 0.16 | 0.16 | 05:03 | 0.15 | 0.15 | 合格 | |
| | | | | | 129~顶部 | 0.16 | 0.16 | 05:12 | 0.14 | 0.14 | 合格 | |
| TG-289 | YN+119 | D2+442.84 | 2006-10-19 | | 通缝 | 0.16 | 0.16 | 05:04 | 0.15 | 0.15 | 合格 | |
| TG-290 | YN+120 | D2+438.69 | 2006-10-19 | | 通缝 | 0.16 | 0.16 | 05:06 | 0.15 | 0.15 | 合格 | |

续表 5-3

| 试验编号 | 焊缝编号 | 桩号 | 试验日期(年-月-日) | 修补记录(高程：m) | 检测区间(高程：m) | 检测压强(MPa) | | 稳压时间(分:秒) | 稳压 5 min 后压强(MPa) | | 结果 | 备注 |
|---|---|---|---|---|---|---|---|---|---|---|---|---|
| | | | | | | 1 | 2 | | 1 | 2 | | |
| TG-291 | YN+121 | D2+434.53 | 2006-10-19 | | 通缝 | 0.16 | 0.16 | 05:23 | 0.15 | 0.15 | 合格 | |
| TG-292 | YN+122 | D2+430.38 | 2006-10-20 | | 通缝 | 0.16 | 0.16 | 05:04 | 0.15 | 0.15 | 合格 | |
| TG-293 | YN+123 | D2+426.18 | 2006-10-20 | | 通缝 | 0.16 | 0.16 | 05:09 | 0.13 | 0.13 | 合格 | |
| TG-294 | YN+124 | D2+422.03 | 2006-10-20 | | 通缝 | 0.16 | 0.16 | 05:13 | 0.14 | 0.14 | 合格 | |
| TG-295 | YN+125 | D2+417.89 | 2006-10-20 | | 通缝 | 0.16 | 0.16 | 05:06 | 0.14 | 0.14 | 合格 | |
| TG-296 | YN+126 | D2+413.75 | 2006-10-20 | 127 修补 1 处 | 底部~127 | 0.16 | 0.16 | 05:03 | 0.13 | 0.13 | 合格 | |
| | | | | | 127~顶部 | 0.16 | 0.16 | 05:07 | 0.15 | 0.15 | 合格 | |
| TG-297 | YN+127 | D2+409.75 | 2006-10-20 | | 通缝 | 0.16 | 0.16 | 05:08 | 0.15 | 0.15 | 合格 | |
| TG-298 | YN+128 | D2+405.45 | 2006-10-20 | | 通缝 | 0.16 | 0.16 | 05:12 | 0.14 | 0.14 | 合格 | |
| TG-299 | YN+129 | D2+401.33 | 2006-10-20 | | 通缝 | 0.16 | 0.16 | 05:10 | 0.14 | 0.14 | 合格 | |
| TG-300 | YN+130 | D2+397.20 | 2006-10-20 | | 通缝 | 0.16 | 0.16 | 05:07 | 0.13 | 0.13 | 合格 | |
| TG-301 | YN+131 | D2+393.08 | 2006-10-20 | | 通缝 | 0.16 | 0.16 | 05:10 | 0.14 | 0.14 | 合格 | |
| TG-302 | YN+132 | D2+388.95 | 2006-10-21 | | 通缝 | 0.16 | 0.16 | 05:04 | 0.15 | 0.15 | 合格 | |
| TG-303 | YN+133 | D2+384.80 | 2006-10-21 | | 通缝 | 0.16 | 0.16 | 05:08 | 0.14 | 0.14 | 合格 | |
| TG-304 | YN+134 | D2+380.64 | 2006-10-21 | | 通缝 | 0.16 | 0.16 | 05:03 | 0.14 | 0.14 | 合格 | |
| TG-305 | YN+135 | D2+376.50 | 2006-10-21 | | 通缝 | 0.16 | 0.16 | 05:05 | 0.14 | 0.14 | 合格 | |
| TG-306 | YN+136 | D2+372.35 | 2006-10-21 | 127 修补 1 处<br>128 修补 1 处 | 通缝 | 0.16 | 0.16 | 05:14 | 0.15 | 0.15 | 合格 | |
| TG-307 | YN+137 | D2+368.21 | 2006-10-21 | | 通缝 | 0.16 | 0.16 | 05:07 | 0.14 | 0.14 | 合格 | |
| TG-308 | YN+138 | D2+364.06 | 2006-10-21 | | 通缝 | 0.16 | 0.16 | 05:15 | 0.14 | 0.14 | 合格 | |
| TG-309 | YN+139 | D2+359.90 | 2006-10-21 | | 通缝 | 0.16 | 0.16 | 05:07 | 0.14 | 0.14 | 合格 | |
| TG-310 | YN+140 | D2+355.75 | 2006-10-21 | | 底部~135 | 0.16 | 0.16 | 05:09 | 0.14 | 0.14 | 合格 | |
| | | | | | 135~顶部 | 0.16 | 0.16 | 05:03 | 0.14 | 0.14 | 合格 | |

续表 5-3

| 试验编号 | 焊缝编号 | 桩号 | 试验日期(年-月-日) | 修补记录(高程：m) | 检测区间(高程：m) | 检测压强(MPa) | | 稳压时间(分:秒) | 稳压 5 min 后压强(MPa) | | 结果 | 备注 |
|---|---|---|---|---|---|---|---|---|---|---|---|---|
| | | | | | | 1 | 2 | | 1 | 2 | | |
| TG-311 | YN+141 | D2+351.61 | 2006-10-22 | | 通缝 | 0.16 | 0.16 | 05:12 | 0.15 | 0.15 | 合格 | |
| TG-312 | YN+142 | D2+347.46 | 2006-10-22 | | 通缝 | 0.16 | 0.16 | 05:25 | 0.14 | 0.14 | 合格 | |
| TG-313 | YN+143 | D2+343.30 | 2006-10-22 | | 通缝 | 0.16 | 0.16 | 05:08 | 0.14 | 0.14 | 合格 | |
| TG-314 | YN+144 | D2+339.15 | 2006-10-23 | | 通缝 | 0.16 | 0.16 | 05:11 | 0.14 | 0.14 | 合格 | |
| TG-315 | YN+145 | D2+335.00 | 2006-10-23 | | 通缝 | 0.16 | 0.16 | 05:13 | 0.14 | 0.14 | 合格 | |
| TG-316 | YN+146 | D2+330.85 | 2006-10-23 | | 底部~126 | 0.16 | 0.16 | 05:07 | 0.14 | 0.14 | 合格 | |
| | | | | | 126~顶部 | 0.16 | 0.16 | 05:23 | 0.14 | 0.14 | 合格 | |
| TG-317 | YN+147 | D2+326.71 | 2006-10-24 | | 通缝 | 0.16 | 0.16 | 05:23 | 0.14 | 0.14 | 合格 | |
| TG-318 | YN+148 | D2+322.56 | 2006-10-24 | | 通缝 | 0.16 | 0.16 | 05:15 | 0.14 | 0.14 | 合格 | |
| TG-319 | YN+149 | D2+318.41 | 2006-10-24 | | 通缝 | 0.16 | 0.16 | 05:06 | 0.14 | 0.14 | 合格 | |
| TG-320 | YN+150 | D2+314.50 | 2006-10-24 | | 通缝 | 0.16 | 0.16 | 05:05 | 0.15 | 0.15 | 合格 | |
| TG-335 | YN+151 | D2+310.658 | 2007-03-06 | | 底部~127.5 | 0.16 | 0.16 | 05:10 | 0.14 | 0.14 | 合格 | |
| | | | | | 127.5~129 | 0.16 | 0.16 | 05:15 | 0.15 | 0.15 | 合格 | |
| | | | | | 129~131 | 0.16 | 0.16 | 05:07 | 0.14 | 0.14 | 合格 | |
| | | | | | 131~136 | 0.16 | 0.16 | 05:10 | 0.15 | 0.15 | 合格 | |
| | | | | | 136~顶部 | 0.16 | 0.16 | 05:16 | 0.14 | 0.14 | 合格 | |
| TG-336 | YN+152 | D2+306.55 | 2007-03-06 | | 通缝 | 0.16 | 0.16 | 05:11 | 0.14 | 0.14 | 合格 | |
| TG-337 | YN+153 | D2+302.449 | 2007-03-06 | | 通缝 | 0.16 | 0.16 | 05:07 | 0.14 | 0.14 | 合格 | |
| TG-338 | YN+154 | D2+298.34 | 2007-03-06 | | 通缝 | 0.16 | 0.16 | 05:03 | 0.14 | 0.14 | 合格 | |
| TG-339 | YN+155 | D2+294.183 | 2007-03-06 | | 通缝 | 0.16 | 0.16 | 05:04 | 0.13 | 0.13 | 合格 | |
| TG-340 | YN+156 | D2+290.08 | 2007-03-09 | | 133~顶部 | 0.16 | 0.16 | 05:07 | 0.14 | 0.13 | 合格 | |
| | | | | | 底部~133 | 0.16 | 0.16 | 05:05 | 0.14 | 0.13 | 合格 | |

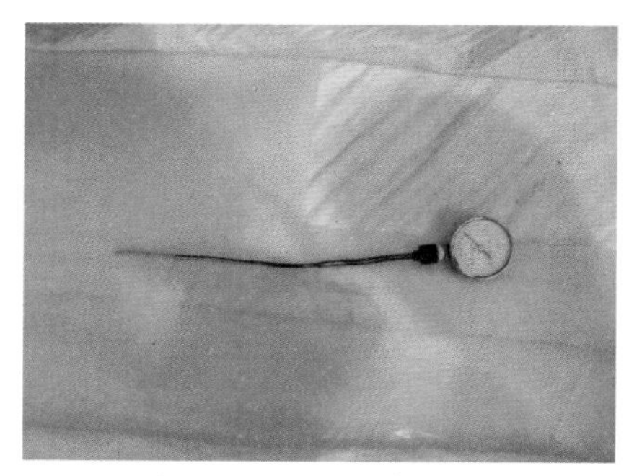
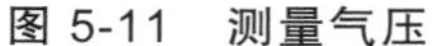
图 5-11　测量气压

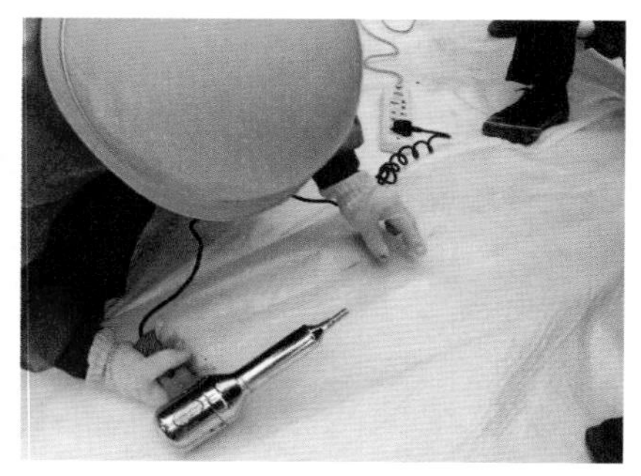
图 5-12　热风焊枪修补焊缝缺陷

4)焊缝抗拉强度检验

根据规范规定和本工程实际，每 2 000 $m^2$ 对焊缝抗拉强度抽检 1 次，进行抗拉强度试验。

其方法是在焊缝接头部位随机抽取 3 个复合土工膜试样，试样宽 20 cm，长 60 cm，送专业检验机构进行抗拉强度试验。焊缝抗拉强度不小于母材的 85%为合格；否则应重新进行焊接工艺试验，直至满足要求。

#### 5.1.4.7　焊缝焊接质量复检

存在焊接质量缺陷的焊缝修补完成后，要重新按照上述土工膜检测方法进行复检。

#### 5.1.4.8　上层土工布缝合

土工膜焊接检测合格后，即可进行上层土工布缝合。上层土工布缝合方法及质量控制标准与底层土工布缝合方法相同，如图 5-13 所示。

### 5.1.5　保护层料覆盖

#### 5.1.5.1　保护层料施工参数确定

保护层厚为 20 cm，分为上下两层，每层厚 10 cm。经过现场反复试验，最终确定的控制参数为：下层料粒径级配为人工砂(1~5 mm)占 35%，小石(5~20 mm)占 65%，上层料粒径级配为人工砂(1~5 mm)占 10%，小石(5~20 mm)占 90%，采用装载机拌和 3 遍，含水量控制在 3%左右，用 1.2 t 自制斜坡振动碾碾压 4 遍，相对密度不小于 0.65。限篇幅所限，现摘录土石坝段土工膜保护层检测部分数据，见表 5-4。

### 5.1.5.2　保护层料铺筑施工

1)第一层保护层料摊铺施工

上层土工布缝合完成并经监理工程师验收后，立即进行第一层 10 cm 厚保护层料摊铺，一般应在 24 h 内覆盖完成，但最长不超过规范规定的 48 h。铺设时暂时不能覆盖的采用黑色防晒网覆盖保护，避免太阳光照射，边角处可暂时采用 15 cm 厚砂子进行保护，保证土工膜表面温度不超过 60 ℃，防止土工膜老化。护层料采用自卸汽车运输，人工摊铺并整平，见图 5-14。

图 5-13　上层土工布缝合

图 5-14　保护层料摊铺施工

2)第二层保护层料覆盖

第一层保护层料覆盖经监理工程师验收后，随后即可进行第二层保护层料覆盖，施工方法同前。

### 5.1.5.3　保护层料铺筑施工注意事项

1)粒径

与土工膜接触的保护层，除级配满足设计要求外，应无粒径、形状特殊的颗粒，如带尖锐棱角的碎石及其他杂物，发现此现象在 100 $m^2$ 内有 1 处为不合格；保护层与护坡的粒径关系应满足反滤要求，本工程要求保护层颗粒不能从预制混凝土联锁块的空隙中流失。

2)厚度与密实度

保护层的厚度与密实度应满足设计要求。

表 5-4 复合土工膜保护层密度检测试验数据统计(部分)

| 试验编号 | 试验日期(年-月-日) | 取样部位 | | | | 密度试验 | | | 相对密度试验 | | | | |
|---|---|---|---|---|---|---|---|---|---|---|---|---|---|
| | | 取样部位 | 桩号 | 区域 | 高程(m) | 湿密度($g/cm^3$) | 含水率(%) | 干密度($g/cm^3$) | 最小干密度($g/cm^3$) | 最大干密度($g/cm^3$) | 现场干密度($g/cm^3$) | 相对密度 | 设计相对密度 |
| B-001 | 2006-04-09 | 保护层碾压试验 | 6# | | | 1.92 | 5.2 | 1.83 | 1.46 | 1.99 | 1.83 | 0.76 | ≥0.65 |
| B-002 | 2006-04-09 | 保护层碾压试验 | 5# | | | 1.83 | 3.1 | 1.77 | 1.46 | 1.99 | 1.77 | 0.66 | ≥0.65 |
| B-003 | 2006-04-09 | 保护层碾压试验 | 3# | | | 1.89 | 5.7 | 1.79 | 1.46 | 1.99 | 1.79 | 0.69 | ≥0.65 |
| B-004 | 2006-04-09 | 保护层碾压试验 | 4# | | | 1.78 | 3.3 | 1.72 | 1.46 | 1.99 | 1.72 | 0.57 | ≥0.65 |
| B-005 | 2006-04-11 | 保护层碾压试验 | 2# | | | 1.70 | 3.2 | 1.65 | 1.44 | 1.85 | 1.65 | 0.57 | ≥0.65 |
| B-006 | 2006-04-11 | 保护层碾压试验 | 1# | | | 1.66 | 2.7 | 1.62 | 1.47 | 1.84 | 1.62 | 0.46 | ≥0.65 |
| B-008 | 2006-05-03 | 防渗墙~上游坡脚线保护层 | D0+045 | 轴上 34 m | 128.2 | 2.00 | 1.6 | 1.97 | 1.56 | 2.01 | 1.97 | 0.93 | ≥0.65 |
| B-011 | 2006-05-14 | 上游坝坡保护层 D0-16~0+50 | D0+025 | 上游坝坡 | 130.0 | 1.91 | 1.4 | 1.88 | 1.69 | 1.92 | 1.88 | 0.84 | ≥0.65 |
| B-012 | 2006-05-19 | 上游边坡保护层 D0+50~0+100 | D0+080 | 上游坝坡 | 134.0 | 2.03 | 1.5 | 2.00 | 1.55 | 2.07 | 2.00 | 0.90 | ≥0.65 |
| B-015 | 2006-06-04 | 坝体 D0+100~0+150 保护层料 | D0+134 | 上游坝坡 | 131.0 | 1.92 | 1.3 | 1.90 | 1.57 | 2.08 | 1.90 | 0.71 | ≥0.65 |
| B-016 | 2006-06-12 | 坝体 D0+150~0+200 保护层料 | D0+160 | 上游坝坡 | 133.8 | 1.93 | 0.5 | 1.92 | 1.61 | 2.08 | 1.92 | 0.71 | ≥0.65 |
| B-017 | 2006-06-12 | 坝体 D0+200~0+250 保护层料 | D0+210 | 上游坝坡 | 134.3 | 1.84 | 2.0 | 1.80 | 1.52 | 1.98 | 1.80 | 0.67 | ≥0.65 |

续表 5-4

| 试验编号 | 试验日期(年-月-日) | 取样部位 | | | | 密度试验 | | | 相对密度试验 | | | | |
|---|---|---|---|---|---|---|---|---|---|---|---|---|---|
| | | 取样部位 | 桩号 | 区域 | 高程(m) | 湿密度($g/cm^3$) | 含水率(%) | 干密度($g/cm^3$) | 最小干密度($g/cm^3$) | 最大干密度($g/cm^3$) | 现场干密度($g/cm^3$) | 相对密度 | 设计相对密度 |
| B-018 | 2006-06-19 | 坝体 D0+250~0+300 保护层料 | D0+270 | 上游坝坡 | 131.0 | 1.93 | 1.3 | 1.91 | 1.55 | 2.03 | 1.91 | 0.80 | ≥0.65 |
| B-019 | 2006-06-26 | 坝体 D0+300~0+350 保护层料 | D0+310 | 上游坝坡 | 129.0 | 2.00 | 3.6 | 1.93 | 1.47 | 2.03 | 1.93 | 0.86 | ≥0.65 |
| B-020 | 2006-08-08 | 复合土工膜上层保护层料填筑 | | 上游坝坡 | | | | | | | | | |
| B-021 | 2006-08-08 | 复合土工膜下层保护层料填筑 | | 上游坝坡 | | | | | | | | | |
| B-022 | 2006-09-01 | 坝体 D0+350~0+400 保护层料 | D0+387 | 上游坝坡 | 131.5 | 1.93 | 3.4 | 1.87 | 1.50 | 2.06 | 1.87 | 0.73 | ≥0.65 |
| B-023 | 2006-09-01 | 坝体 D0+400~0+450 保护层料 | D0+435 | 上游坝坡 | 132.0 | 2.00 | 3.1 | 1.94 | 1.50 | 2.04 | 1.94 | 0.86 | ≥0.65 |
| B-024 | 2006-09-05 | 坝体 D0+450~0+500 保护层料 | D0+483 | 上游坝坡 | 128.0 | 2.01 | 2.8 | 1.96 | 1.50 | 2.04 | 1.96 | 0.89 | ≥0.65 |
| B-025 | 2006-11-01 | 坝体 D0+500~0+550 保护层料 | D0+541 | 上游坝坡 | 129.0 | 1.74 | 0.2 | 1.74 | 1.57 | 1.80 | 1.74 | 0.76 | ≥0.65 |

**续表 5-4**

| 试验编号 | 试验日期(年-月-日) | 取样部位 | | | | 密度试验 | | | 相对密度试验 | | | | |
|---|---|---|---|---|---|---|---|---|---|---|---|---|---|
| | | 取样部位 | 桩号 | 区域 | 高程(m) | 湿密度($g/cm^3$) | 含水率(%) | 干密度($g/cm^3$) | 最小干密度($g/cm^3$) | 最大干密度($g/cm^3$) | 现场干密度($g/cm^3$) | 相对密度 | 设计相对密度 |
| B-026 | 2006-11-01 | 坝体 D0+550~0+600 保护层料 | D0+567 | 上游坝坡 | 130.0 | 1.71 | 0.2 | 1.71 | 1.51 | 1.74 | 1.71 | 0.88 | ≥0.65 |
| B-027 | 2006-11-01 | 坝体 D0+600~0+650 保护层料 | D0+633 | 上游坝坡 | 131.0 | 1.83 | 0.2 | 1.83 | 1.63 | 1.89 | 1.83 | 0.79 | ≥0.65 |
| B-028 | 2006-11-04 | 坝体 D2+920~2+870 保护层料 | D2+903 | 上游坝坡 | 127.0 | 1.56 | 0.3 | 1.56 | 1.43 | 1.62 | 1.56 | 0.71 | ≥0.65 |
| B-029 | 2006-11-04 | 坝体 D2+870~2+820 保护层料 | D2+864 | 上游坝坡 | 129.0 | 1.72 | 0.6 | 1.71 | 1.50 | 1.73 | 1.71 | 0.92 | ≥0.65 |
| B-030 | 2006-11-04 | 坝体 D2+820~2+770 保护层料 | D2+788 | 上游坝坡 | 131.0 | 1.75 | 0.3 | 1.74 | 1.57 | 1.78 | 1.74 | 0.83 | ≥0.65 |
| B-031 | 2006-11-07 | 坝体 D2+770~2+720 保护层料 | D2+741 | 上游坝坡 | 133.0 | 1.71 | 0.6 | 1.70 | 1.56 | 1.78 | 1.70 | 0.67 | ≥0.65 |
| B-032 | 2006-11-07 | 坝体 D2+720~2+670 保护层料 | D2+687 | 上游坝坡 | 131.0 | 1.68 | 0.4 | 1.67 | 1.53 | 1.75 | 1.67 | 0.67 | ≥0.65 |

续表 5-4

| 试验编号 | 试验日期(年-月-日) | 取样部位 | | | | 密度试验 | | | 相对密度试验 | | | | |
|---|---|---|---|---|---|---|---|---|---|---|---|---|---|
| | | 取样部位 | 桩号 | 区域 | 高程(m) | 湿密度($g/cm^3$) | 含水率(%) | 干密度($g/cm^3$) | 最小干密度($g/cm^3$) | 最大干密度($g/cm^3$) | 现场干密度($g/cm^3$) | 相对密度 | 设计相对密度 |
| B-033 | 2006-11-07 | 坝体 D2+670~2+620 保护层料 | D2+643 | 上游坝坡 | 130 | 1.85 | 0.3 | 1.84 | 1.64 | 1.88 | 1.84 | 0.85 | ≥0.65 |
| B-034 | 2006-11-07 | 坝体 D2+620~2+570 保护层料 | D2+598 | 上游坝坡 | 129 | 1.71 | 0.4 | 1.70 | 1.57 | 1.76 | 1.70 | 0.71 | ≥0.65 |
| B-035 | 2006-11-07 | 坝体 D2+570~2+520 保护层料 | D2+577 | 上游坝坡 | 130 | 1.67 | 0.3 | 1.67 | 1.53 | 1.73 | 1.67 | 0.73 | ≥0.65 |
| B-036 | 2006-11-07 | 坝体 D2+520~2+470 保护层料 | D2+478 | 上游坝坡 | 131 | 1.74 | 0.4 | 1.73 | 1.58 | 1.79 | 1.73 | 0.74 | ≥0.65 |
| B-037 | 2006-11-07 | 坝体 D2+470~2+420 保护层料 | D2+455 | 上游坝坡 | 132 | 1.66 | 0.3 | 1.66 | 1.54 | 1.69 | 1.66 | 0.81 | ≥0.65 |
| B-038 | 2006-11-14 | 坝体 D0+650~0+700 保护层料 | D0+694 | 上游坝坡 | 131 | 1.76 | 0.2 | 1.76 | 1.59 | 1.82 | 1.76 | 0.76 | ≥0.65 |
| B-039 | 2006-11-20 | 坝体 D2+420~2+370 保护层料 | D0+393 | 上游坝坡 | 133 | 1.81 | 0.8 | 1.80 | 1.62 | 1.88 | 1.80 | 0.72 | ≥0.65 |
| B-040 | 2006-11-20 | 坝体 D2+370~2+320 保护层料 | D0+354 | 上游坝坡 | 131 | 1.81 | 0.5 | 1.80 | 1.61 | 1.86 | 1.80 | 0.79 | ≥0.65 |

### 5.1.6　伸缩节施工

靠近坝顶处复合土工膜设计了伸缩节。伸缩节施工时，先在坡顶下 85 cm 处铺设木板，并使之成一直线，之后将复合土工膜翻叠过来，然后将$\phi$30 氯丁橡胶棒固定(采用针线每 0.5 m 缝合在上层土工布上)在木板下 0.5 m 部位；完成后再用木板支撑氯丁橡胶棒使之成一直线，之后将复合土工膜反向折叠并抽去木板，并在氯丁橡胶棒下 50 cm 处用同样方法再固定一根$\phi$30 氯丁橡胶棒；再反向将两层复合土工膜折回，之后抽去木板，覆盖伸缩节部位的保护层料。

### 5.1.7　土工膜锚固

复合土工膜的锚固分为与坝顶防浪墙底部的锚固、与大坝混凝土防渗墙顶部的锚固、与左右岸土石坝坝肩的锚固和左右导墙的锚固。

#### 5.1.7.1　与坝顶防浪墙底部的锚固

为避免在安装钢筋时对复合土工膜造成不必要的损伤，确保土工膜施工质量，先对坝顶部的复合土工膜浇筑 12 cm 厚的碎石混凝土进行覆盖；之后待联锁板安装完成一段后进行防浪墙钢筋和模板安装、仓号检查验收和混凝土浇筑；待防浪墙混凝土施工完成和防浪墙混凝土强度满足施工图纸要求后，按 E—E 剖面图进行膨胀螺栓孔钻孔，并将防浪墙伸缩缝凿成“V”形槽，之后回填聚硫密封胶；最后，安装氯丁橡胶垫片、土工膜，再安装氯丁橡胶垫片，并用钢板压平，用膨胀螺栓固定在混凝土上，如图 5-15(a)所示。

#### 5.1.7.2　土工膜与大坝混凝土防渗墙顶部的连接

复合土工膜在上游坝脚处锚固在混凝土防渗墙顶部。经专家咨询和模拟试验，优化后的锚固方法是：第一步对防渗墙伸缩缝进行防漏水处理，即把铜止水两侧伸缩缝处凿成“V”形槽，回填聚硫密缝胶，以增加密缝性，防止漏水。第二步在防渗墙墙顶钻锚栓孔，孔距 0.5 m，孔深 0.6 m，为了确保端头处锚固可靠，在槽钢端头 3 cm 处增加一个钻孔。第三步处理锚固端头，即将复合土工膜的锚固部分的下层土工布去除，使土工膜与下层氯丁橡胶垫片紧密贴合，防止此处漏水。第四步安装，即依次安装下层氯丁橡胶垫片、复合土工膜(一布一膜)、上层氯丁橡胶垫片。第五步用镀锌膨胀螺栓把槽钢固定在混凝土防渗墙顶部，把垫片和土工膜压紧，然后向槽钢内灌注水泥浆(水泥：砂=1：1.5)，最后浇筑二期 C20 混凝土盖帽封闭。参见图 5-15(b) ~ (f )。

#### 5.1.7.3　与左岸土石坝坝肩的锚固

复合土工膜与左岸土石坝坝肩的锚固方法是：首先在 137.40 m 高程将复合土工膜锚固在混凝土防渗墙和混凝土挡墙上；其次将土工膜埋设在预先开挖完成的梯形槽内，之后进行黄土回填；最后进行浆砌石挡墙和浆砌石步梯施工。

#### 5.1.7.4　与右岸土石坝坝肩的锚固

参照复合土工膜与左岸土石坝坝肩的锚固。

#### 5.1.7.5　与左导墙的锚固

复合土工膜与左导墙的锚固参见图 5-15(g)。

(a)土工膜与防浪墙连接

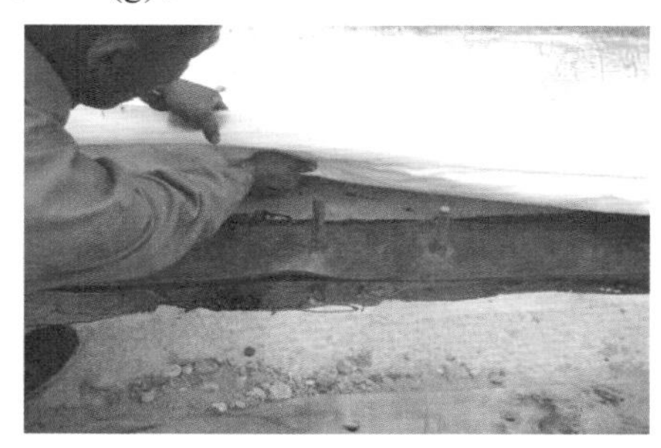

(b)复合膜安装在橡胶带上

(c)橡胶带安装在复合膜上

(d)槽钢安装

(e)锚固处立模

(f)锚固处浇筑混凝土

图 5-15　土工膜锚固

(g)土工膜与导墙连接

**续图 5-15**

第一步,将与左导墙相连的大坝砂砾石坡面开挖一个深度为50 cm的“U”形槽，然后回填15 cm厚的垫层料。

第二步，先在“U”形槽底部铺垫两层1.0 m宽的土工织物，之后沿左导墙混凝土面涂刷KS胶，将土工膜粘贴在左导墙上，左导墙伸缩缝位置要回填聚硫密封胶。

第三步，将土工膜锚固在左导墙上，锚固方法为：进行膨胀螺栓钻孔→插入膨胀螺栓→安装一层氯丁橡胶垫片→安装复合土工膜2→再安装一层氯丁橡胶垫片→安装钢板→安装螺帽→在“U”形槽底部回填保护层料,约30 cm厚→用砂浆覆盖螺帽，尺寸为40 cm宽×20 cm高→回填保护层料，约40 cm厚→在砂浆盖帽上涂刷10 cm厚、25 cm宽的聚硫密封胶，并将复合土工膜1埋入聚硫密封胶内10 cm→将复合土工膜1和复合土工膜2与下一幅复合土工膜进行焊接→进入下一个复合土工膜施工循环。

第四步，与左门库部位的连接。先将复合土工膜2和复合土工膜3在133.63 m高程进行焊接，焊接长度为10 cm，之后将复合土工膜2锚固在左门库的混凝土墙面上。锚固方法为：进行膨胀螺栓钻孔→插入膨胀螺栓→安装一层氯丁橡胶垫片→安装复合土工膜2→再安装一层氯丁橡胶垫片→安装钢板→安装螺帽→用砂浆覆盖螺帽,尺寸为15 cm宽×20 cm高→在砂浆盖帽上涂刷10 cm厚、20 cm宽的聚硫密封胶,并将复合土工膜3埋入聚硫密封胶内约10 cm→回填保护层料。

#### 5.1.7.6 与右导墙的锚固

方法同与左导墙的锚固。

## 5.1.8　土工膜冬雨季施工措施

### 5.1.8.1　土工膜雨季施工保护措施

土工膜雨季应停止施工，雨停止之后重新施工时应将焊缝位置的雨水擦干净，并经监理工程师确认后方可进行焊接施工。

### 5.1.8.2　土工膜冬季施工保护措施

土工膜室外施工宜在气温 5 ℃以上、风力 4 级以下并无雨、无雪天气进行。因此，土工膜在冬季施工时，为确保土工膜的焊接质量，在气温低于 5 ℃时，应停止焊接施工；若继续施工应进行焊接试验，并取得监理工程师同意，但当气温低于 0 ℃时，必须停止焊接施工。同时，加强天气预报跟踪工作，对已经完成焊接的土工膜及时进行保护层覆盖施工，并在下雪前完成保护层覆盖，对下雪前不能完成覆盖的土工膜可采取以下防护措施：

(1)采用彩条布进行防护。

(2)雪停止后及时清除彩条布上的积雪，之后进行保护层覆盖。

## 5.1.9　防渗墙二期混凝土施工

复合土工膜与防渗墙锚固完成后，将防渗墙轴线上游部位进行凿毛，之后立模，进行二期混凝土浇筑。该部位二期混凝土采用跳仓浇筑，每仓分段长度按照 10 m 控制，养护 14 d 后即可进行下道工序施工。

## 5.1.10　基座混凝土施工

复合土工膜保护层覆盖完成一段后(见图 5-16)，即可穿插进行坡脚处基座混凝土施工。混凝土基座按照大样图进行施工。其施工程序为：施工准备→基础面验收→测量放线→钢筋安装→模板安装→仓号验收→混凝土浇筑→养护→下一循环。

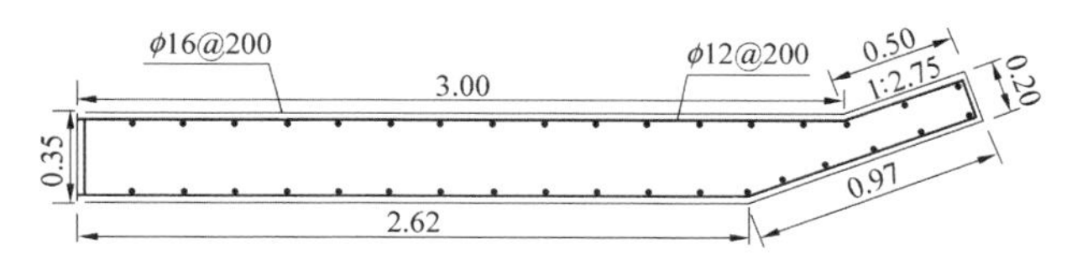


**图 5-16　混凝土基座标准大样图** (单位：m)

混凝土基座每 10 m 设一伸缩缝，缝内填高压闭孔聚氯乙烯板。浇筑采用跳仓法进行。

### 5.1.11 预制混凝土联锁板安装

混凝土基座浇筑完成 7 d 后，即可进行混凝土联锁板安装。

混凝土联锁板为预制件，正方形，长 × 宽为 0.5 m × 0.5 m，厚 0.17 m，分为 A、B、C 三种型号。铺设时从上游坝脚处的基座混凝土开始，沿上游坝坡自下而上由人工进行铺设安装。安装时，将 A、B、C 三种型号的混凝土联锁板，通过挂钩和槽孔按照先后顺序拼装在一起，如图 5-17 所示。坝体 130 m 高程以下混凝土联锁板从下部采用人工搬运，坝体 130 m 高程以上通过先铺设的联锁板上部轨道滑放到铺设部位。

为避免联锁板下的砾石保护层被波浪淘刷，对联锁板挂钩连接处的缝隙，在死水位以下 2 m，即 128.0 m 高程以下部分，在缝内填满上层砾石保护层料，在 128.0 m 高程以上部分，缝内先填塞上层砾石保护层料，上部 10 cm 范围内填塞无砂混凝土，当缝隙≥5 mm 时，填塞较稠的水泥砂浆，如图 5-18 所示。

图 5-17 安装混凝土联锁板

图 5-18 填塞联锁板缝隙

### 5.1.12 现浇混凝土带施工

现浇混凝土带施工待两侧的联锁板施工完成后即可进行。首先进行仓号验收，之后进行要料申请，最后进行混凝土浇筑，其工序工艺参照基座混凝土施工。

现浇混凝土每 10 m 设置一条伸缩缝，缝宽 1 cm，中间填塞高压闭孔聚氯乙烯板。

### 5.1.13 上部现浇混凝土施工

联锁板与防浪墙之间的上部现浇混凝土参照上述进行施工。施工时待防浪墙施工完成 2 ~ 3 个单元工程后即可穿插进行。

## 5.2　施工质量控制

在施工前，邀请专家和厂家技术人员对业主、设计、监理和施工等相关人员进行知识讲座和技术培训，合格后方可上岗。复合土工膜在铺设前要进行抽检，抽检合格后方可进行铺设施工。施工时，严禁穿带钉的鞋、使用尖锐工具等，防止刺破损伤土工膜，土工膜展开后，要立即用黑色遮阳布进行覆盖，然后按顺序进行焊接。施焊前要在现场进行焊接试验，调整相关施工参数，满足要求后才允许进行正式焊接施工。焊缝要全部进行检测，即对每一条焊缝，都必须用目测法、充气法进行检测，发现异常必须进行充水法检测，补焊验收合格后方可进行下一道工序施工。另外，对焊缝编号、施焊人员、监理人员、施工参数、检测结果等进行详细记录，以便溯源追责。遇下雨时停止土工膜施工，雨停后恢复施工时，应将焊缝位置的雨水擦干净，经监理工程师验收后方可进行焊接施工。冬季，土工膜施工宜在 5 ℃以上、4 级风以下，无雨无雪的天气下进行。当气温低于 5 ℃时，应停止焊接施工；若继续施工应进行焊接试验，并经监理工程师批准。当气温低于 0 ℃时，必须停止焊接施工。

另外，为了确保土工膜一次应用成功，在复合土工膜工艺试验和正式铺设期间，项目管理单位对复合土工膜的铺设和施工工艺进行专题咨询、研究试验，最后确定并制定了适用于西霞院工程的施工技术标准。为了确保焊接效果，施工单位专门将复合土工膜焊接工序委托厂家技术人员进行焊接，以确保关键工序施工质量。

土工膜从采购到铺设施工整个过程业主严格控制，设计、厂家和专家给予技术指导，监理跟班旁站，施工单位严格按照施工工艺、施工参数和施工措施进行控制，并严格按照“三检制”进行质量检查、监督和管理，精心施工，质量监督单位定期不定期抽查，形成了严密的质量保证监控体系，确保了工程质量。

# 第6章 工程运用初期复合土工膜监测成果与分析

## 6.1 监测断面布设和监测仪器布置

土石坝共设置有9个监测断面，桩号分别为D0+295.58(左岸)、D0+648.37(左岸)、D1+0.00(河槽)、D1+250.00(河槽)、D1+500.00(河槽)、D1+689.00(左结合部)、D2+272.00(右结合部)、D2+550.00(右岸)、D2+850.00(右岸)。

### 6.1.1 土石坝基础和坝体监测布置

坝基础和坝体监测的重点是基础面的渗水压力、坝体孔隙水压力消散情况和稳定渗流后的坝体浸润线分布情况，同时兼顾两岸坝肩的绕坝渗流监测以及混凝土坝与土石坝段结合部位的渗流和接缝监测。共布置有渗压计51支、界面变位计6支。具体布置如下：

(1)在土石坝河槽段选取3个监测断面，其桩号分别为：D1+0.00、D1+250.00和D1+500.00。在每个监测断面上，坝基混凝土防渗墙上游侧的坝基处布置1支渗压计，混凝土防渗墙下游侧坝基的不同高程布置2支渗压计，用来监测防渗墙的防渗效果。

(2)在防渗墙和土工膜的结合处布置1支渗压计，用来监测防渗墙和土工膜的结合情况。

(3)在大坝126.50 m和131.00 m高程土工膜下面分别布设1支渗压计，用来监测土工膜的防渗效果和工作情况。

(4)在距上游防渗墙轴线25.00 m、坝轴线以下及下游坝坡压坡处的坝基分别布设1支渗压计，用来监测坝体和坝基渗流情况。

(5)在坝轴线125.00 m高程布置1支渗压计，用来监测坝体孔隙水压力消散情况和稳定渗流后的坝体浸润线分布情况，每个断面共布设渗压计10支。

(6)在土石坝的左、右滩地段共选取 4 个监测断面，其桩号分别是：D0+295.58、D0+648.37、D2+550.00、D2+850.00。其中 D0+295.58 和 D0+648.37 位于左岸土石坝段坝体拐弯处，D2+550.00 和 D2+850.00 位于右岸土石坝段。

(7)在每个监测断面上，混凝土防渗墙上游侧的坝基处布置 1 支渗压计，混凝土防渗墙下游侧的坝基处的不同高程布置 2 支渗压计，用来监测防渗墙的防渗效果。

(8)在大坝 126.50 m 和 131.00 m 高程土工膜下面分别布设 1 支渗压计，用来监测土工膜的防渗效果和工作情况。

(9)在距上游防渗墙轴线 21.60 m、坝轴线以及下游坝坡压坡处的坝基分别布设 1 支渗压计，用来监测坝体和坝基渗流情况。

(10)在坝轴线 128.00 m 高程布置 1 支渗压计，用来监测坝体孔隙水压力消散情况和稳定渗流后的坝体浸润线分布情况，每个断面共布设渗压计 9 支。

(11)为监测坝体土工膜的防渗效果，除在上述 7 个观测剖面设置渗流监测仪器外，沿混凝土防渗墙轴线方向，在坝轴线折弯处和基础有突变的部位增设一些渗压计以监测防渗墙和土工膜的结合情况。

(12)在坝体左右两岸坝肩及下游岸坡分别布设 8 支和 9 支渗压计，用来监测左右岸坝肩处的渗流场分布情况。

(13)为监测混凝土坝段和土石坝段结合部的处理效果以及渗流状况，在其左、右两端的结合部分别布设 4 支渗压计。

(14)为监测混凝土坝段和土石坝段结合部接缝的变形情况，在其左、右两侧的结合部分别埋设 3 支界面变位计。

典型断面仪器布置如图 6-1 所示。

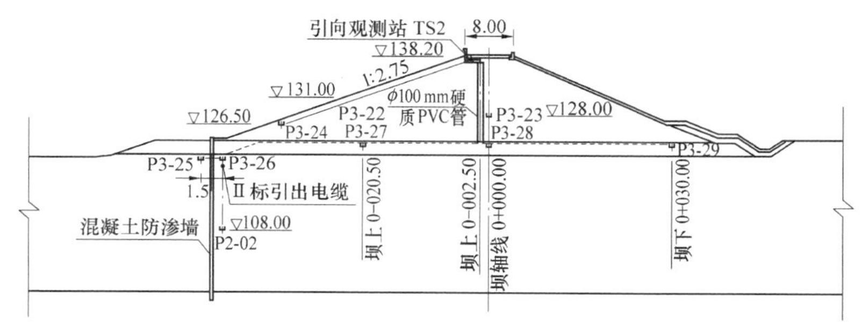


图 6-1　土石坝典型断面仪器布置 (单位：m)

## 6.1.2 上游土工膜监测布置

西霞院工程复合土工膜铺设面积约 12 万 m$^2$。采用聚乙烯(PE)膜、涤纶(聚酯)土工布，两布一膜，规格为 400 g/m$^2$/0.6 mm/400 g/m$^2$ 和 400 g/m$^2$/0.8 mm/400 g/m$^2$ 两种，在坝体垫层料验收合格后铺设。土工膜的接缝采用现场焊接。根据土工膜焊接工艺试验，焊接温度一般不超过 350 ℃，焊接速度一般控制在 1.5 m/min。每天施工前先进行试焊，以确定当天的焊接温度和焊接速度。土工膜焊缝采用充气法检查验收，充气压力 0.2 MPa，稳压时间 5 min，控制稳压后的气压强度不低于 0.15 MPa 方为合格，否则需进行修补，直至合格。此外，对焊缝的抗拉强度每 2 000 m$^2$ 进行一次抽样检测，其抗拉强度以不低于母材强度的 85%为合格。

专家组成员在现场考察时看到复合土工膜铺设规范，接头焊缝检测标准较高，要求较严，结合检测资料进行分析，认为复合土工膜的铺设满足设计要求。

上游土工膜监测的重点是土工膜的应力应变、防渗效果、土工膜后气压以及防渗墙和土工膜的结合情况等。布置的仪器有渗压计 38 支、土工膜应变计 60 支、气压计 10 支。

### 6.1.2.1 复合土工膜应变监测

在桩号 D0+295.58(断面 A—A)、D1+250.00(断面 D—D)、D2+550.00(断面 F—F)，以及混凝土坝与土石坝两侧结合部 D1+689.00(断面 I—I)、D2+272.00(断面 H—H)各布置 1 个复合土工膜监测断面，每个断面布设 8 支横向和 4 支纵向复合土工膜应变计，共计 60 支，用于监测复合土工膜受力后的应变情况。复合土工膜应变计布置见图 6-2。

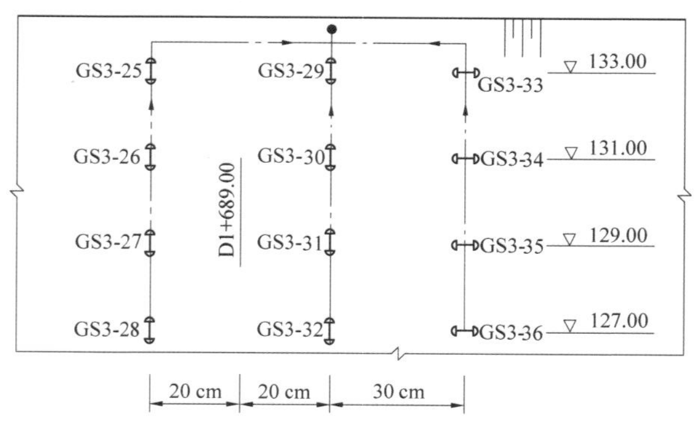


图 6-2 复合土工膜应变计布置

#### 6.1.2.2　复合土工膜后气压监测

为了解复合土工膜与土体结合部位在初次蓄水过程中是否有气压顶托情况，在上述 5 个复合土工膜监测断面的 126.50 m、131.00 m 高程复合土工膜后各布设 1 支气压计，共计 10 支气压计。

#### 6.1.2.3　复合土工膜的防渗效果监测

为了监测坝体复合土工膜的防渗效果和工作情况，在桩号 D0+295.58(断面 A—A)、D0+648.37(断面 B—B)、D1+0.00(断面 C—C)、D1+250.00(断面 D—D)、D1+500.00(断面 E—E)、D2+550.00(断面 F—F)、D2+850.00(断面 G—G)共 7 个监测断面的 126.50 m、131.00 m 高程复合土工膜后分别布设 1 支渗压计，共计 14 支，除此之外，沿混凝土防渗墙轴线方向，在防渗墙下游侧、复合土工膜下面布设 18 支渗压计。

## 6.2　复合土工膜相关监测仪器安装埋设

西霞院工程的监理单位小浪底工程咨询有限公司根据监理合同和监理工作大纲要求，组建了原观监理室，专门负责各类监测仪器现场安装埋设的监理工作，并积极参与工程建成后的长期运行监测工作。

### 6.2.1　监测仪器基本情况和安装概况

西霞院反调节水库的绝大部分监测仪器采用美国基康公司和北京基康公司生产的振弦式仪器，复合土工膜应变计采用长沙金码高科技公司生产的电感调频式位移传感器。所有仪器设备及其附件出厂均有产品制造厂家提供的率定表、检验证书、报告及制造厂家的长期售后服务保证。

生产厂家在仪器设备出厂前，检验全部仪器设备，并提供检验合格证书和厂家的率定资料。在仪器设备到货现场，由监理、业主、卖方共同清点验收,同时业主 2004 年 3 月通过招标委托中国水利水电第三工程局施工研究所对西霞院工程所有观测仪器进行入库前的率定(对到货设备质量进行检测)、在设备安装出库前进行率定检测(以检测安装前的设备质量)，率定单位定期向业主提交率定检测报告。通过现场检测率定及时发现仪器设备存在的问题，并及时与供货厂家协调更换，保证只有率定合格的仪器才能进行埋设。

仪器监理所控制的主要工作环节有以下几个方面。

#### 6.2.1.1　开箱检查验收、厂家资料、仪器出厂卡片的存档

在工程合同范围内的观测仪器和电缆等设备由发包人统一采购与仓储，

设备到达发包人仓库后，由发包人、供货商、监理人、承包人四方共同进行验收，验收完成后在发包人的仓库保管。

仪器到场开箱检查验收主要进行以下工作：

(1)核对到货清单。

(2)清点所到仪器的种类和数量。按照工程师审核的定单和每批到货仪器的装箱单，逐项清点仪器数量，核对其型号、量程、电缆长度等是否与颁布的仪器详情相一致。所有清点项目均登记造册，做到准确无误。

(3)清点每类仪器是否附有使用说明书和(或)操作说明书，每支仪器是否具备出厂率定资料，并核对与所到仪器是否相对应，核对情况并做好记录。

(4)清点每批仪器到货清单注明的或厂家提供的与仪器相关的其他物品和资料，对有关情况做好记录。

#### 6.2.1.2 仪器检查

1)外观检查

在清点每支仪器的同时，对每支仪器及其附件和电缆作外观检查，主要检查仪器是否受到碰撞引起变形、开裂，附件是否可顺利装配，仪器电缆是否开裂或破损等，且对检查情况做好记录。

2)读数测试

仪器的读数测试按规范和厂家的建议进行，主要是零读数及阻抗值的测量，而仪器电缆则主要作通电性测试，所有测试结果和存在的问题均要做好记录。

3)标记

仪器开箱检查后，在工程师在场的情况下按设计图纸的要求做好仪器的编号。对每支仪器所做标记应与仪器厂家对应的编号一一对应，并做好记录。

#### 6.2.1.3 观测仪器标定的监理与标定报告的审核

发包人组织专业率定单位，会同承包人、供货商、监理人四方共同对仪器进行率定并共同确认，率定通过后即视为合格。工程师对仪器标定进行全过程的监理，并审核标定报告。

#### 6.2.1.4 仪器的搬运与现场保管

仪器的搬运应小心谨慎，搬运时应轻拿轻放，切忌撞击，更不允许以电缆承受荷载。仪器不得受日光直射或雨水浸泡，也不能受到外界的撞击震动。仪器和电缆的堆放高度应满足厂家的要求，每支仪器都应做出清晰的标记，随时都易辨认，所有电缆也都应标上电缆延米数标记，存放应防止受到啮咬、扭折、切割、磨损和破裂。仪器最好分类存放，存放超过 3 个月时，应进行一次特性参数的测定检查。

仪器的存放应采用专用库房，库房内应无腐蚀性气体且环境符合正常工作条件，室内保持通风干燥，存放的仪器避免日光直射、雨水浸泡和外界的撞击震动，具备必要的设施，以保持较长仪器平顺摆放，有足够的安全度以防偷盗，避免电缆受到啮咬和破坏。

#### 6.2.1.5　遗失和损坏的处理

仪器在现场搬运、存放中受到损坏或遗失，承包人应将详细情况报告工程师，并请工程师现场验证。对于遗失和损坏的仪器承包人应及时进行补充和更换，费用按合同规定办理。所有补充和更换的新仪器应详细报告工程师。

#### 6.2.1.6　审批承包人提交的文件

(1)承包人应在监测仪器设备安装前 84 d，提交一份监测仪器设备安装和埋设措施计划报送监理人审批,其内容应包括埋设监测仪器设备的安装项目、仪器设备清单、安装方法、安装时间与建筑物施工进度的协调、施工期监测安排和设备维护措施等。

(2)在钻孔和回填作业及混凝土工程开工前 21 d，承包人应根据施工图纸和技术条款的规定或监理人的指示，分别提交一份钻孔和回填施工措施计划报送监理人审批。

#### 6.2.1.7　仪器的安装和埋设监理

(1)承包人应在仪器设备安装埋设前 56 d，将其安装埋设仪器设备的数量、类型通知监理人，并在仪器设备埋设安装前 7 d，通过监理人向发包人领取发包人和承包人共同检验率定的监测仪器设备。

(2)承包人应在仪器设备埋设安装前 48 h 将其埋设安装仪器设备的意向通知监理人。监理人现场验收安装仪器设备的仓面、钻孔及待装仪器设备和材料，经验收合格后，方能进行仪器的安装埋设工作。

(3)仪器在埋设安装过程中要严格按照监理人批准的设计图纸、通知及要求进行，监理人现场监督每支监测仪器设备安装埋设工作，在每支监测仪器设备安装埋设完毕后，承包人应会同监理人立即对仪器设备的安装埋设质量进行检查和检验，经监理人检查确认其质量合格后，方能继续进行土建工程的施工。

(4)在仪器安装、埋设、混凝土回填作业中，应使仪器保持正确的位置和方向，如发现有异常变化或损坏现象，应及时采取补救措施。在仪器和电缆埋设完毕后，承包人应及时检测，确认符合要求后，应做好标记，以防人为或机械损坏仪器，同时编写施工日志，绘制竣工图。

(5)仪器安装的验收签认。仪器安装合格后，承包人应申请仪器埋设后的验收，工程师在验收合格后应给予签认。

(6)仪器安装记录审核与签认。承包人提交的仪器安装记录应满足招标文件技术规范的要求。工程师按此进行审核，合格后进行签认。

(7)仪器安装记录移交。现场监理工程师及时将已签认的仪器安装记录原件移交给仪器资料管理员存档，并履行资料移交手续。

#### 6.2.1.8 仪器保护、异常仪器的鉴定和处理

在工程验收前，承包人应对已埋设或安装的监测仪器设备、设施进行可靠的保护，并确保施工操作不干扰和不破坏任何已埋设和安装的监测仪器设备、设施。如果任何已埋设和安装的监测仪器设备、设施被损坏，承包人必须在监理人规定的期限内恢复其功能或在其附近安装替代仪器，发包人不另外支付费用。

观测仪器出现异常时，监理工程师应立即召见承包人的仪器主管和有关现场人员，对异常仪器部位及其附近进行踏勘，详细调查仪器附近的施工活动情况，查明仪器出现异常的原因。损坏仪器的责任者应书面提交事故报告。工程师在查明真实原因后依据观测仪器保护有关条款提出事故处理意见。

### 6.2.2 监测仪器安装过程控制

#### 6.2.2.1 安装进度控制

1)目标进度计划审查

由于观测仪器安装埋设紧随建筑物施工进行，因此施工进度要以西霞院主体工程施工进度作为控制目标。在工程开工前，要求承包商结合西霞院主体工程施工进度制订观测仪器安装和埋设施工进度计划报送监理部，监理工程师负责审核施工单位报送的施工进度计划是否与整个工程进度相协调，观测仪器设备的安装项目、仪器设备清单是否符合合同要求，投入的劳动力、施工机具和施工辅助材料是否满足施工需要。

2)目标进度控制

观测仪器埋设施工往往受到建筑物施工的制约，必须紧随建筑物施工进度进行。在观测仪器安装埋设过程中，监理工程师对承包商每周、每月的施工计划进行检查督促，根据现场监理全过程获得工程进度的相关信息，并与目标进度进行分析对比，发现有偏差后要求承包商根据现场实际情况及时调整施工计划。如果是由于施工单位自身原因造成施工进度滞后，通过口头通知或下发监理通知单的形式要求施工单位增加施工人员和施工机具、增加工

作时间，确保不因观测仪器埋设迟缓而延误建筑物施工进度。

#### 6.2.2.2　安装质量控制

观测仪器埋设属于隐蔽工程，施工质量控制非常关键，仪器埋设一旦失败很难补救，西霞院工程中一些新型仪器的使用对施工质量提出了更高的要求。对此，监理工程师始终坚持质量第一的原则，在监理过程中采取了一系列有效措施，加强对施工中各环节的质量检查，避免因施工质量问题导致仪器无法正常工作，保证了观测仪器设备安装和埋设工作的顺利进行。

1)设计图纸审查

原观监理室在收到合同及设计图纸之后进行审查，如果发现错漏及时通过监理部反馈业主、设计，在设计文件图纸修改完善之后，再通过发文的形式通知承包商完善施工方案和施工措施，避免给施工带来不利影响。

2)施工方案和技术措施审查

观测仪器设备安装和埋设前，监理工程师按照合同技术条款和设计图纸的要求，对承包商提交的观测仪器埋设施工方案和技术措施进行严格审查。重点是审查仪器埋设工艺，质量控制措施，施工期监测安排、仪器设备维护措施以及安全文明生产及其保障措施等。若施工方案不能满足要求，则指令施工单位进行补充、修改、完善，并重新报批。

3)加强观测仪器安装、调试试验工作

西霞院工程中所有观测仪器设备均由业主集中采购和率定，承包商只负责现场安装、调试。监理工程师要求承包商在每种类型仪器安装前先进行试验性的安装、调试，特别是做好新型观测仪器的安装、调试试验工作，准确掌握每类仪器安装、埋设过程中的关键环节和质量控制措施，为现场施工积累经验。

4)现场巡查及旁站监理

监理通过现场巡查和旁站监理，及时了解承包商的施工准备工作是否满足要求，对仪器设备安装、调试中的关键工序、质量控制要点部位进行质量检测，发现问题及时纠正处理。每支观测仪器安装埋设后，施工人员必须填写安装埋设记录，绘制竣工草图。整个安装埋设过程中都要用数码相机拍照，存档备查。

5)召开安全监测例会

每月定期召开安全监测例会，听取各承包商关于前一个月工作情况的汇报，同时就观测仪器设备安装和埋设过程中存在的问题提出整改意见，要求承包商在下一步工作中加紧落实；就一些重点问题和共性问题达成一致的意见，最后形成会议纪要，供会后遵照执行。

6)执行监测与维护制度

按合同文件、有关技术规范的规定，要求承包商按规定频次对已安装埋设的观测仪器进行观测，保证监测成果的连续性。按时提交观测原始资料、计算成果与阶段分析报告。在观测期间，若发现异常情况，要求承包商 24 h 内报监理工程师，由监理工程师会同业主单位、设计单位进行检查处理。

在建筑物施工中，为保护已安装埋设的观测仪器和设施免遭损坏，要求承包商制定切实可行的观测仪器、设施保护措施，在观测仪器、设施附近设置警示标识，对观测仪器电缆外加铁皮箱进行保护，并派专人进行全天巡查守护，定期对观测仪器连通性进行测试并做好相应检查记录，每月向监理部提交巡视检查报告。若发现观测仪器、设施遭受破坏，承包商应立即报监理工程师进行检查，并提交书面报告，分析事故原因、经过，查找责任人，提出补救措施，报监理工程师审批。

#### 6.2.2.3　工程量计量

监理工程师依据施工图、设计修改通知和监理工程师发布的变更指示，按照合同技术条款规定的计量方法对承包商报送的工程量签认单进行审核，确认无误后进行签认，汇总以后报送监理部进行复核。

#### 6.2.2.4　文件信息管理

1)资料的收集与整理

工程施工过程中，对来自业主、监理部、施工单位、设计单位和有关部门的文件通知及时整理归类，按先后日期登记并汇总，分别保管。

现场信息收集是信息管理的重要内容，主要通过巡视、跟踪、旁站及会议记录等渠道获取。监理人员除现场进行记录外，还要填写监理日志。记录内容包括现场仪器安装情况、周围施工情况、监理工作情况、各类事件情况、天气情况、会议、电话及口头通知等。

2)信息的传递与运用

原观监理室按时编写监理周报、监理月报、监测简报并上报有关部门。如遇重大技术问题、重大事项随时向业主报告，并将业主和监理部的工作部署和具体要求及时传达到各监理人员和各施工单位，加以落实和检查。

### 6.2.3　土工膜主要监测仪器性能指标

#### 6.2.3.1　土工膜应变计

西霞院反调节水库土工膜应变计采用长沙金码高科技公司生产的智能数

码柔性位移计。JML-6105TR/JMDL-2405AT 智能数码柔性位移计是一种埋入式电感调频类位移传感器。由于其测杆具有一定的柔性且有蛇形管保护，可随土工材料变形，因此特别适用于各种土工格栅、土工布等土工材料的应变测量，适用于长期监测和自动化测量。安装时应将其两端夹具沿测量方向紧固于土工材料上，使传感器随土工材料产生拉伸或压缩变形，主要技术参数见表 6-1。

**表 6-1　智能数码柔性位移计技术指标**

<table>
<tr><th rowspan="2">品名</th><th rowspan="2">型号</th><th rowspan="2">安装部位</th><th rowspan="2">量程(mm)</th><th rowspan="2">灵敏度(mm)</th><th rowspan="2">两固定端距离(mm)</th><th rowspan="2">标距(mm)</th><th colspan="2">外形尺寸(mm)</th></tr>
<tr><th>直径</th><th>长</th></tr>
<tr><td rowspan="2">智能数码柔性位移计</td><td>JML-6105TR</td><td>A—A、F—F 断面</td><td>50</td><td>0.01</td><td>206</td><td>≥150</td><td>21.5</td><td>170</td></tr>
<tr><td>JMDL-2405AT</td><td>D—D、H—H、I—I 断面</td><td>50</td><td>0.01</td><td>206</td><td>≥150</td><td>21.5</td><td>170</td></tr>
</table>

### 6.2.3.2　渗压计

渗压计采用北京基康公司生产的 BGK-4500S 型振弦式传感器，该传感器适合埋设在水工建筑物和基岩内，或安装在测压管、钻孔、堤坝管道或压力容器中，以测量孔隙水压力或液体液位。主要部件均采用特殊钢材制造，适合在各种恶劣环境中使用。标准的透水石选用带 50 μm 小孔的烧结不锈钢制成，具有良好的透水性。特殊的稳定补偿技术使传感器具有极小的温度补偿系数。其主要技术指标见表 6-2。

**表 6-2　BGK-4500S 型振弦式传感器技术指标**

| 型号 | BGK-4500S |
|---|---|
| 标准量程 | 0.35 MPa、0.7 MPa |
| 非线性度 | 直线：≤0.5%*FS*；多项式：≤0.1%*FS* |
| 灵敏率 | 0.025%*FS* |
| 过载能力 | 50% |
| 标距 | 133 mm |
| 外径 | 19.05 mm |

#### 6.2.3.3 气压计

气压计采用美国基康公司生产的 GK4580-1 型振弦式传感器，该仪器设计用于测量很小的压力变化，主要技术指标见表 6-3。

表 6-3 GK4580-1 型振弦式传感器技术指标

| 型号 | GK4580-1 |
| --- | --- |
| 标准量程 | 17 kPa |
| 线性度 | ±0.5%*FS* |
| 分辨率 | 0.02%*FS* |
| 精度 | 0.1%*FS* |
| 超量程 | 2×*FS* |
| 温度系数 | ＜0.02%*FS*/℃ |
| 温度范围 | –30 ~ +80 ℃ |
| 直径 | 38 mm |
| 长度 | 172 mm |
| 重量 | 1.5 kg |

### 6.2.4 土工膜仪器安装

#### 6.2.4.1 土工膜应变计安装

(1)安装前检查。首先，需要仔细阅读柔性位移计和测试仪说明书，了解柔性位移计具体参数，熟悉测试议使用操作；再将柔性位移计与测试仪连接，按测试仪开关键进行测量，检测柔性位移计是否工作正常。检查柔性位移计安装附件(夹具、紧固螺钉)是否齐全。确定柔性位移计及测试导线在运输过程中是否被损坏或丢失。

(2)安装时间确定。待木工格栅、土工布铺设好后，选择无雨、雪天气进行安装。

(3)布点。根据试验设计方案，用卷尺进行测量，确定测试点。

(4)装前辅助工作。准备好安装所需要使用的工具(十字起、裁纸刀、电钻、尼龙绳)、PVC 钢丝软管、测试仪和适量无粗颗粒细砂或中砂。

(5)安装。安装时，需要将柔性位移计与测试仪连接好。对安装过程进行控制，柔性位移计应顺向采用配套安装夹具、螺杆牢固固定在土工格栅网肋处或土工布上，将土工格栅网肋或土工布夹于柔性位移计安装座与夹片之间。首先用十字起拧松两安装座紧固螺杆，取下夹片，用电钻在待安装柔性位移计的土工格栅或土工布上打好安装孔，孔径与螺杆同径。将一端安装座牢固固定好。观察测试仪读数，将柔性位移计大致拉伸至满量程 1/2 左右(保证能够测量拉伸或压缩方向的变形)，再用电钻打好另一端安装孔，仪器安装后的初始量程状态为：拉 40 mm，压 10 mm。将另一端安装座固定好，并用细砂将柔性位移计底部垫平，注意土工膜两侧的不锈钢垫片与土工膜接触部位应涂防水密封胶，两端的固定螺杆应拧紧，然后涂胶固定。在其周围覆盖 20 cm 的细砂或中砂压实。做好柔性位移计安装记录(试验断面、测点位置、试验编号、柔性位移计编号、埋设安装日期、天气状况及安装人员)，并存档。关闭测试仪，断开柔性位移计与测试仪的连接。安装下一个柔性位移计。

(6)保护。待该断面柔性位移计安装完备，其测试导线应套上 PVC 钢丝软管进行保护，并集中从观测箱一侧引出路基。将所准备好的尼龙绳穿过 PVC 钢丝软管，把 PVC 钢丝软管布置于柔性位移计一侧。

(7)柔性位移计校零、取初值。将柔性位移计连接好测试仪。按测试仪开关键开机进行测量。调零键，并做好人工记录，存档。

(8)制作相应标示牌插在柔性位移计安装位置及导线布置位置，以作标示。在柔性位移计上方填筑层较薄的情况下，柔性位移计附近 1 m 范围内土方或碎石应用人工摊平并用小型机具碾压，不得采用大型机械推土碾压。派专人负责看管，以防柔性位移计及导线因施工或自然因素而破坏。土工膜应变计安装详见图 6-3 ~ 图 6-5，土工膜应变计力学率定见图 6-6，安装后的土工膜应变计照片见图 6-7。

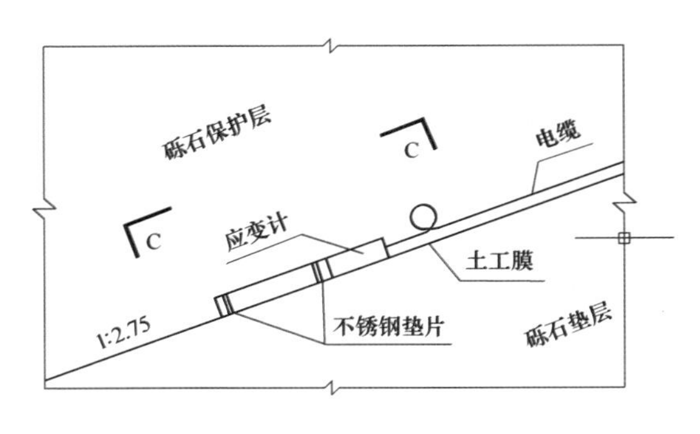


图 6-3　土工膜应变计安装(1)

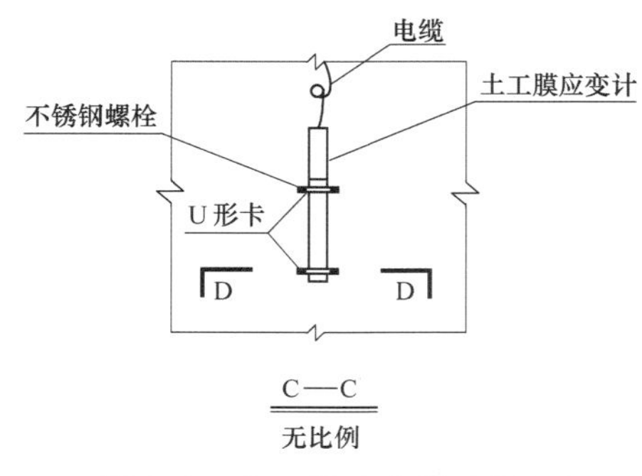


图 6-4　土工膜应变计安装(2)

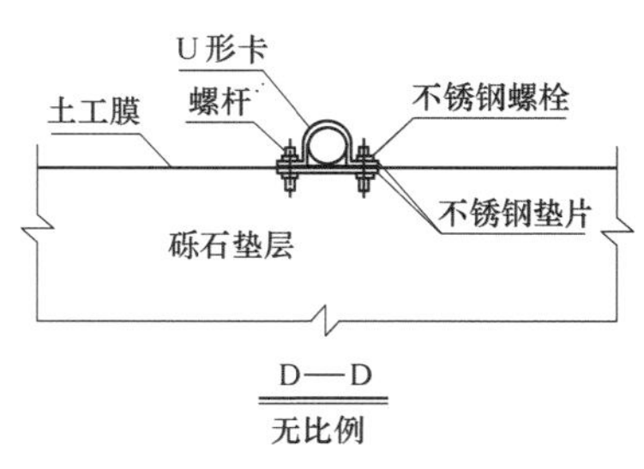


图 6-5　土工膜应变计安装(3)

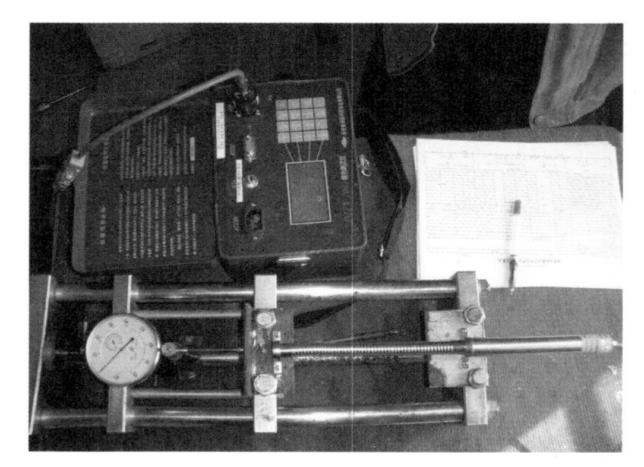

图 6-6　土工膜应变计力学率定

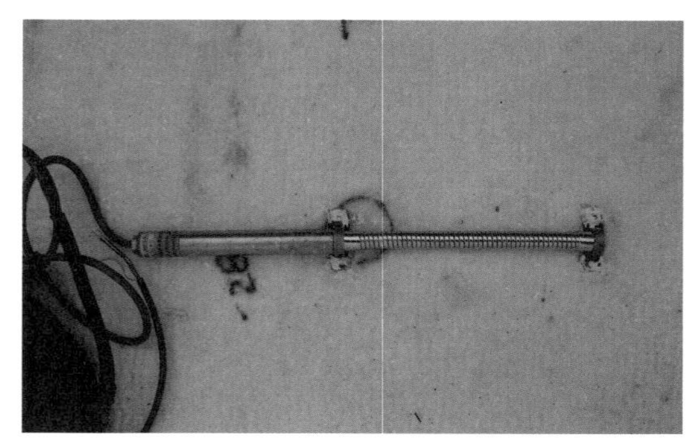

图 6-7　土工膜应变计安装照片

#### 6.2.4.2　渗压计安装

1)基础渗压计安装

现场安装前将率定合格的渗压计浸泡在净水中以排出感应端的空气，然后用纱布、细砂将渗压计感应端包裹，并浸入水中达到饱和状态，以备安装。安装时，先将孔底充填约 100mm 深的干净中粗砂至仪器高程，放入渗压计至设计高程后充填约 500mm 干净中粗砂至孔口，人工夯实并读取初始值。基础渗压计安装见图 6-8。

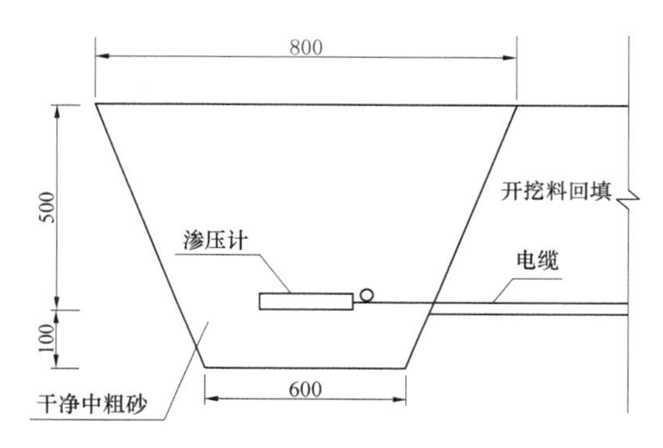


图 6-8　基础渗压计安装　(单位：mm)

2)坝体渗压计安装

测量放点，开挖仪器坑(宽×高=80cm×90cm)，在坑底回填一层 30cm 过滤料，再回填 10cm 干净饱和中粗砂，仪器安装就位后，回填 20cm 干净饱和中粗砂，填 30cm 反滤料并剔除大粒径到坑口，人工夯实，读取初始值。坝体内渗压计安装详见图 6-9，坝体斜坡段渗压计安装详见图 6-10。

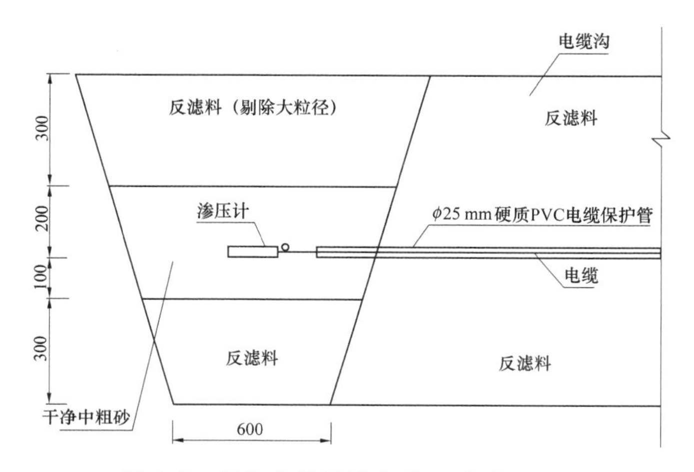


图 6-9　坝体内渗压计安装　(单位：mm)

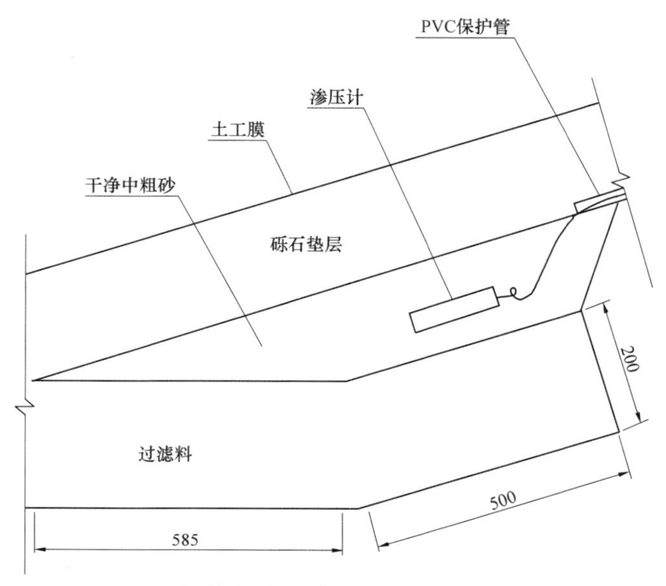


图 6-10　坝体斜坡段渗压计安装　(单位：mm)

#### 6.2.4.3　气压计安装

测量放点，气压计布置在土工膜的下部；加工配件：气压计通气盒，见图 6-11(长×宽×高=30 mm×20 mm×20 mm)；开挖仪器坑：长×宽×高=40 cm×40 cm×40 cm；安装时，先将气压计固定在通气盒内，放入仪器坑，周围回填干净反滤料(剔除大粒径)，调整使气压计垂直，并多次读取数值，选取基准值。气压计安装详见图 6-12，气压计安装的照片见图 6-13。

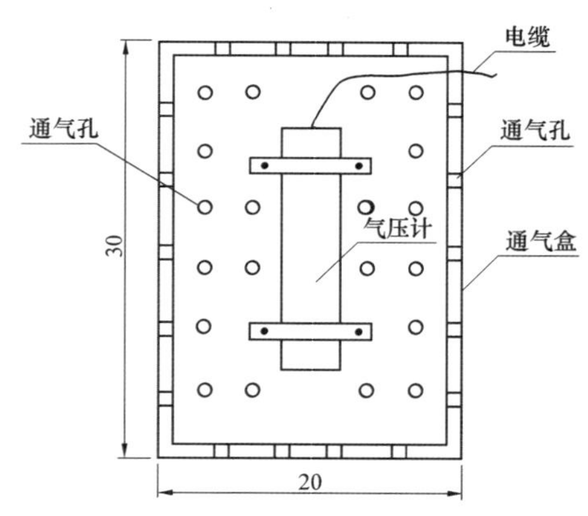


图 6-11　通气盒安装　(单位：mm)

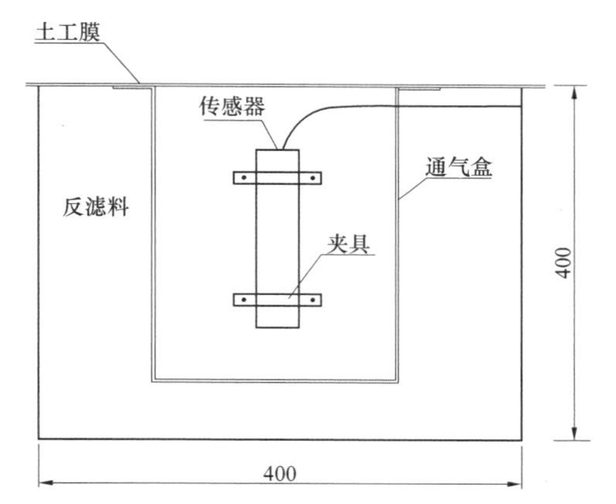


图 6-12　气压计安装　(单位：mm)

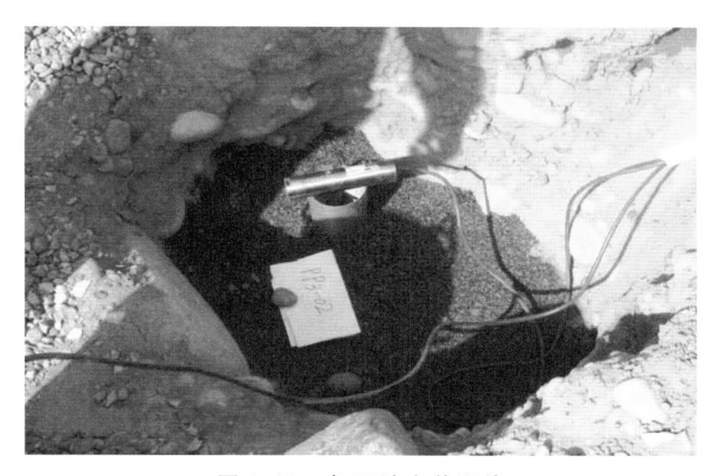

图 6-13　气压计安装照片

#### 6.2.4.4　土工膜仪器验收标准

为加强小浪底水利枢纽配套工程——西霞院反调节水库安全监测系统工程建设质量管理，保证工程施工质量，统一质量检验和评定方法，使施工质量验收和评定工作标准化、规范化，监理单位根据《水利水电建设规程验收规程》(SL 223—1999)、《水利水电工程施工质量评定规程》(SL 176—1996)等相关标准规程编制了小浪底水利枢纽配套工程西霞院反调节水库安全监测系统单元工程施工质量验收和评定标准。

其中，质量评定标准按单支土工膜仪器划分一个单元工程，包含观测电缆敷设及相关的土建工作。其基本工序包括仪器埋设、读数检查、观测电缆敷设，施工单位和监理单位对所有基本工序的检查数量均为100%，对仪器埋设和电缆敷设两道关键工序应进行过程签认。单元工程及工序质量评定要求为主要检测检查项目100%符合本标准，其他检查项目80%符合本标准即评为合格；主要检测检查项目和其他检查项目100%符合本标准即评为优良。

#### 6.2.4.5 仪器埋设检查

仪器埋设主要检查项目的质量检查内容、检查方法和质量标准见表6-4。

**表6-4 仪器埋设检查项目**

| 项类 | 项次 | 检查项目 | 质量标准 | 检查方法 |
| --- | --- | --- | --- | --- |
| 主控项目 | 1 | 埋设位置、方向和角度 | 符合设计和规范要求 | 检查测量资料 |
| | 2 | 安装埋设方法 | 符合设计和规范要求 | 按照规范要求进行 |
| | 3 | 调试 | 符合设计和规范要求 | 检查观测数据 |
| 一般项目 | 4 | 相关土建工作 | 符合规范和设计要求 | 按照相关规范要求检查 |
| | 5 | 仪器保护 | 符合设计要求 | 现场检查 |
| | 6 | 仪器埋设资料 | 仪器埋设质量验收表、竣工图、考证表、测量资料、施工记录、安装照片和相关土建工作验收资料 | 位置准确，资料齐全，规格统一，记录真实可靠 |

其他检查项目：

(1)安装和埋设完毕，应及时进行质量验收，绘制竣工图，填写施工记录和考证表，存档备查。

(2)与仪器埋设相关的钻孔、开挖和填筑等土建工作应按照相关规范的要求进行质量检查。

工序质量验收：工序质量验收合格，准许进行下道工序。

#### 6.2.4.6 读数检查

读数检查主要检查项目的质量检查内容、检查方法和质量标准，见表6-5。

其他检查项目：

(1)对仪器埋设前、埋设过程中、埋设后的观测数据质量进行检查。

(2)对施工期观测频次和监测资料整编情况进行检查。

工序质量验收：工序质量验收合格，准许进行下道工序。

**表 6-5　读数检查项目**

<table>
<tr><th>项类</th><th>项次</th><th colspan="2">检查项目</th><th>质量标准</th><th>检查方法</th></tr>
<tr><td rowspan="4">主控项目</td><td>1</td><td colspan="2">埋设前读数检查频次</td><td>至少观测 3 次</td><td rowspan="4">监测连续，数据可靠，记录真实，注记齐全，整理及时，发现异常及时复测</td></tr>
<tr><td>2</td><td colspan="2">埋设过程中读数检查</td><td>跟踪观测，读数变化趋势应符合各类仪器变化规律，否则要及时分析原因，进行补救</td></tr>
<tr><td>3</td><td colspan="2">埋设后读数检查</td><td>各监测仪器的埋设调试后读数应符合规范和设计要求；读数稳定，埋入初始符合各类观测项目的变化规律</td></tr>
<tr><td>4</td><td colspan="2">观测数据原始记录</td><td>记录格式符合规范要求，原始记录必须在现场用铅笔或钢笔填写，填写时发生错记不得涂改，应将错处用直线划掉，在右上角填写正确记录，对有疑问的记录应在左上角标识问号，并在备注栏内说明原因</td></tr>
<tr><td rowspan="3">一般项目</td><td>5</td><td colspan="2">观测频次</td><td>符合规范和设计要求</td><td rowspan="3">项目齐全，考证清楚，数据可靠，图表完整，规格统一，说明完备</td></tr>
<tr><td rowspan="2">6</td><td rowspan="2">监测资料整编</td><td>平时资料整理</td><td>每次仪器监测后应随即对原始记录加以检查和整理，计算、查证原始观测数据的可靠性和准确性，作出初步分析，如有异常和疑点应及时复测确认，做出判断，如影响工程安全运行，应及时上报主管部门</td></tr>
<tr><td>定期整编刊印</td><td>在平时资料整理的基础上，按规定时段对观测资料进行全面整理、汇编和分析，并附以简要安全分析意见和编印说明后刊印成册，在施工期视工程进度而定，最长不超过 1 年</td></tr>
</table>

### 6.2.4.7　观测电缆敷设检查

观测电缆敷设主要检查项目：对仪器编号，电缆接头连接、水平敷设和垂直牵引的质量进行检查。

其他检查项目：对电缆敷设路线、跨缝处理、止水处理进行质量检查；定期对电缆连通性和绝缘性能检查并填写检查记录和说明；在电缆回填或埋入混凝土的前后必须立即检查。

电缆敷设质量检查内容、检查方法和评定标准见表 6-6。

**表 6-6　电缆敷设质量检查项目**

| 项类 | 项次 | 检查项目 | 质量标准 | 检查方法 | 备注 |
|---|---|---|---|---|---|
| 主控项目 | 1 | 仪器编号 | 观测端应有 3 个编号，仪器端应有 1 个编号，每隔 20 m 应有 1 个编号，编号材料应能防水、防污、防锈蚀 | 与设计编号一致 | 电缆敷设施工时间跨度较长，可按时段或敷设方式进行质量检查 |
| | 2 | 电缆接头连接 | 符合规范的要求，1.0 MPa 压力水中接头绝缘电阻＞50 MΩ | 按照规范和设计要求现场检查，必要时拍摄照片或录像 | |
| | 3 | 水平敷设 | 符合规范和设计要求 | | |
| | 4 | 垂直牵引 | 符合规范和设计要求 | | |
| 一般项目 | 5 | 敷设路线 | 符合规范和设计要求 | 现场检查，必要时拍摄照片或录像 | |
| | 6 | 跨缝处理 | 符合规范和设计要求 | | |
| | 7 | 止水处理 | 符合规范和设计要求 | | |
| | 8 | 电缆连通性和绝缘性能 | 按规定时段对电缆连通性和仪器状态及绝缘情况进行检查并填写检查记录和说明；在回填或埋入混凝土前后，应立即检查 | 使用测读仪表现场检查记录 | |

渗压计、土工膜应变计和气压计埋设主要质量检查内容、检查方法和质量标准见表 6-7 ~ 表 6-9。

**表 6-7　渗压计施工质量检查项目**

| 项类 | 项次 | 检查项目 | | 质量标准 | 检查方法 |
|---|---|---|---|---|---|
| 主控项目 | 1 | 埋设前渗压计在无气水中浸泡时间 | | ＞2 h | 现场检查 |
| | 2 | 渗压计周边回填砂 | 砂包直径 | 80 mm 左右 | 用钢尺检查 |
| | | | 粒径 | 0.63 ~ 2 mm 级配均匀、清洁、含水饱和的细砂 | 取样检查 |
| 一般项目 | 3 | 钻孔 | 孔位偏差 | 符合设计要求 | 用全站仪或经纬仪检查 |
| | 4 | | 孔径 | 符合规范或设计要求 | 检查钻头直径 |
| | 5 | | 孔深 | | 用测绳或测杆检查 |
| | 6 | | 孔斜 | | 用测斜工具测定 |
| | 7 | 集水段回填过滤料 | 集水段回填深度 | ＞1 m | 用测杆检查 |
| | 8 | | 回填过滤料粒径 | 小于 10 mm、清洁、含水饱和的砂砾石 | 取样检查 |

表 6-8　土工膜应变计施工质量检查项目

| 项类 | 项次 | 检查项目 | 质量标准 | 检查方法 |
| --- | --- | --- | --- | --- |
| 主控项目 | 1 | 应变计角度误差 | ±1° | 用罗盘或量角仪器检查 |
| 一般项目 | 2 | 位置误差 | ＜2 cm | 用全站仪或经纬仪检查 |

表 6-9　气压计施工质量检查项目

| 项类 | 项次 | 检查项目 | 质量标准 | 检查方法 |
| --- | --- | --- | --- | --- |
| 主控项目 | 1 | 气压计周边回填砂 | 0.63 ~ 2 mm 级配均匀、清洁、含水饱和的细砂 | 取样检查 |
|  | 2 | 气压计保护筒 | 气压计用不锈钢密封套筒保护 | 取样检查 |
| 一般项目 | 3 | 气压计与渗压计相对位置 | 气压计和旁边渗压计相互平行放置，间距 20 cm | 用测杆检查 |
|  | 4 | 位置偏差 | ＜5 cm | 用全站仪或经纬仪检查 |

#### 6.2.4.8　土工膜仪器观测记录、整编计算方式以及自动化系统接入

土工膜仪器的测读参照水利部《混凝土大坝安全监测技术规范》(DL/T 5178 —2003)和《土石坝安全监测技术规范》(SL 60—94)对监测项目的频次要求，结合西霞院工程的实际情况，制定了《西霞院工程原型观测仪器测读频次规定》。根据该规定，测读人员在每月底按照工程现场的施工进度和实际情况制订下月的月监测计划，按部位分组严格依据上述月监测计划对已安装仪器进行数据采集。

#### 6.2.4.9　人工观测记录和整编计算

土工膜应变计由长沙金码高科技公司生产，为 JML-6105TR 型振弦式仪器，该仪器的监测采用长沙金码高科技公司生产的 JMZX-200X 综合测试仪，现场人工测读方法和操作步骤如下：

(1)将传感器上不同颜色的线对应连接到读数仪上。

(2)打开读数仪，按下“F1”键，仪器开始测量。

(3)读取显示屏上的数据并记录。

(4)记录完毕后关闭读数仪电源。

渗压计有美国基康公司生产的 4500S-700 kPa 型渗压计和北京基康公司生产的 4500S-350 kPa 型渗压计，两者均为振弦式仪器。气压计由美国基康

公司生产，为4580型振弦式仪器，以上两种仪器的监测采用美国基康公司生产的GK-403读数仪和北京基康公司生产的BGK-408读数仪，人工测读方法和步骤如下：

(1)用连接导线连接读数仪与传感器。

(2)打开读数仪，将选择旋钮调到“B”挡位置。

(3)读取显示屏上的数据，温度直接以摄氏度(℃)显示。

(4)记录完毕后关闭读数仪电源。

物理量转化成目标量的计算方法：本工程使用的监测仪器大部分为振弦式传感器，所有传感器均有厂家给定的计算方法和参数，直接应用即可。监测资料的整理分析工作一般由原型监测监理人来完成，一般情况下，每月出一份观测简报，监测简报的整理分析工作按照有关规程、规范的要求进行。监测简报的内容主要介绍各部位仪器的安装埋设情况，监测数据的整编情况，通过监测资料发现各部位需要注意的问题、各部位主要监测仪器的测值过程线和特征值等。

#### 6.2.4.10 自动化系统接入

西霞院安全监测的自动化系统用美国基康公司生产的GK440分布式网络测量系统。

1)自动化系统的主要性能指标

(1)通过选配相应的数据采集模块，能采集本工程各种类型数据，安全监测仪器有：钢弦式传感器(为美国基康和北京基康产品)、电阻式传感器、电感调频式传感器(为长沙金玛的柔性位移计)、光电式传感器(为北京基康产品)等，输出为4～20 mA等。

(2)具备巡测和选测功能，可任意设置采样方式：定时、单检、巡检、选测或设测点群。

(3)每台MCU采用模块化结构，由机箱、母板、电源板、CPU板、各类仪器的测量通道板、变压器、备用蓄电池、防雷保护器等组成。

(4)具有电源管理、掉电保护和电池供电功能，外部电源中断时，保证数据和参数不丢失，并能自动上电，并维持7 d以上正常运行。

(5)具有掉电保护和时钟功能，能按任意设定的时间自动启动测量和暂存数据，数据存储容量不小于1 MB。

(6)具有数据通信功能，MCU与管理主机之间可双向数据传输。具有数码校验、剔除乱码的功能。通信接口采用RS485。长距离通信方式可采用Modem、无线或光纤。

(7)可接收数据采集计算机的命令，设定、修改时钟和控制参数。

(8)具有数据管理功能，完成原始数据测值的转换、计算、存储等；可进行各类仪器的测值浏览。

(9)可使用便携计算机或读数仪实施现场测量，并能从测量控制单元(MCU)中获取其暂存的数据。

(10)系统自检，MCU应能对遥测单元、电源、通信线路及相联的测量仪器进行自检，当MCU设备发生故障时，应能向管理主机发送故障信息，以便及时维护。

(11)防雷，MCU应具有防雷、抗干扰措施，保证在雷电感应和电源波动等情况下能正常工作。防雷电感应＞1 000 W；能防尘、防腐蚀，适应恶劣温湿度环境，工作温度–20 ~ +60 ℃，相对湿度≤98%，具有防潮密封及加热干燥措施。

(12)每通道测量时间：＜3 s。

(13)电源系统：供电方式为6 ~ 18直流，220 V交流任选。

(14)具有人工比测接口。

(15)重要部件具有冗余备份。

(16)外形、重量：箱体尺寸为330 mm(宽) × 460 mm(高) × 160 mm(深)，重量约为12 kg。

(17)测量精度应能满足DL/T 5178—2003和SL 60—94的要求。

2)自动化系统满足的要求

(1)传输距离：0 ~ 6 000 m。

(2)现地监测单元的数量：≤128个MCU。

(3)采样对象：能接入本工程所有类型的传感器。

(4)测量方式：定时、单检、巡检、选测或设测点群。

(5)定时间隔：1 min ~ 30 d，可调。

(6)采样时间：5 ~ 10 s/点；巡检时间应能设置，巡检一遍时间不大于0.5 h。

(7)工作湿度：＜95%。

(8)工作电源：220 V(1 ± 10%)，50 Hz。

(9)现地监测单元平均无故障时间(MTBF)：≥8 000 h。

(10)监测系统设备传输的误码率：≤$10^{-4}$。

(11)系统防雷电感应：≥1 000 W。

(12)重要部件具有冗余备份。

(13)具备高抗干扰能力，每周测量一次，年数据采集缺失率应小于2%。

GK440 系统可以很容易接入渗压计等常见仪器，在自动化系统实施的过程中，重点和难点是土工膜应变计的接入。土工膜应变计为长沙金码高科技公司生产的电感调频式传感器，无法直接接入 GK440 型现地监测单元(MCU)，为此北京基康公司根据工程实际情况专门开发生产了一套电感调频转换模块，分别安装在 TS2、TS3、TS4 测站内，土工膜应变计通过该转换模块连接到 MCU，从而实现数据的自动化采集。

通过现场安装调试和试运行，自动化系统满足相关规范技术要求，具体如下。

A．系统功能

(1)数据采集功能：系统可用中央控制方式或自动控制方式实现自动巡测、定时巡测或选测，测量方式为每 1 min ~ 每月采集一次，可调。

(2)监测系统运行状态自检和报警功能。

B．系统运行的稳定性

(1)每小时测量一次、连续监测 72 h 的实测数据连续性和周期性好，无系统性偏移，试运行期监测数据能反映工程监测对象的变化规律。

(2)自动测量数据与对应时间的人工实测数据比较无明显偏离。

(3)在被监测物理量基本不变的条件下，系统数据采集装置连续 15 次采集数据的精度应接近一次测量的准确度要求。

(4)自动采集的数据的准确度满足《混凝土坝安全监测技术规范》(DL/T 5178—2003)、《土石坝安全监测技术规范》(SL 60—94)和《大坝安全监测自动化技术规范》(DL/T 5211－2005)等要求。

C．系统可靠性

(1)系统设备的平均无故障工作时间应满足：数据采集装置 MTBF≥8 000 h。

(2)监测系统自动采集数据的缺失率应不大于 2 %。

D．比测指标

系统实测数据与同时同条件人工比测数据偏差 $\delta$ 保持基本稳定，无趋势性漂移。与人工比测数据对比结果：$\delta \leq 2\sigma$。

E．采集时间

系统单点采样时间：≤30 s。

系统完成一次巡测时间：≤30 min。

从已实施的观测项目的仪器运行情况看，由于在观测仪器安装、埋设中严格执行行业技术规范和西霞院工程有关的技术标准，除个别失效或测值不稳的监测仪器外，97%的观测仪器工作正常，各项监测数据基本满足有关技术要求，达到了监测项目的设计目的，西霞院工程已安装的监测仪器总体运行情况良好。西霞院工程安全监测项目已获取了万组以上的监测资料，除报告中已有阐述认为属异常测值外，所有其他监测资料均能及时反映监测部位观测物理量的变化情况，测值可靠，可信度高，为工程的安全施工与正常运行发挥了应有的作用。

### 6.2.5　土工膜仪器稳定性评价以及安装体会

2007 年 5 月底，西霞院水库下闸蓄水，土工膜仪器在蓄水之前均已取得初始测值，经过 3 年的运行，绝大部分仪器工作正常，测值稳定、连续、可靠，监测成果能够满足设计要求。

西霞院工程由土石坝和混凝土坝两种坝型组成，这两种坝型的观测仪器安装方法以及技术要求差别较大，需根据实际情况分别制定安装技术措施。土工膜应变监测中大量使用柔性位移传感器，这种新型仪器的安装方法尚没有现成经验可供借鉴，为了保证仪器安装和埋设质量，监理工程师要求仪器安装单位在现场施工前进行试验，模拟仪器安装、调试的全过程，从而找出仪器安装、调试的关键环节和质量控制措施，完善施工措施和方案，对安装过程中可能出现的技术难点进行分析处理。

西霞院工程所涉及的观测仪器种类、数量多，并且都属于隐蔽工程，观测仪器设备相关资料的收集和整理显得尤为重要，如果对施工资料收集不及时、不全面，或者是资料错误将会造成资料缺失，直接影响到观测仪器设备以后的运行和维护，为观测数据分析评判带来不利影响。为此，监测人员在施工期应加强收集和整理监测仪器设备基本资料、测读的数据和整编计算成果，编制简报、各类阶段报告、专题报告和监测成果分析报告等相关资料。此外，还要求承建单位做好监测仪器设备技术资料及施工安装记录的收集和保管工作。

## 6.3　复合土工膜监测资料整理与初步分析

### 6.3.1　西霞院蓄水运用情况

2007 年 5 月底，西霞院水库开始首次蓄水，水位首次抬升至 130 ~ 131 m 运行 4 个月，之后又抬升至 133 m 左右运行 2 个月，随后又降至 130.5 m 左右运行。

2008 年 1 月 1 日西霞院库水位抬升至 133.62 m，4 月 26 日降至最低水位 122.38 m，5 月 15 日升至 130.2 m，随后一直保持在 130 m 左右运行。2008 年在小浪底调水调沙期，库水位曾降至 127.4 m，调水调沙结束后，库水位又回升至 130 m 左右。

2009 年 4 月 13 日西霞院开始进行库水位抬升试运行，库水位升至 131.9 m。运行 1 个多月后，在 6 月 6 日又进行了第二阶段的库水位抬升试运行，库水位升至 132.8 m。期间因小浪底水库调水调沙运行，西霞院库水位在 6 月 22 日开始下降，6 月 30 日降至 128.44 m；调水调沙结束后 7 月 5 日库水位又快速升至 132.4 m，随后在 132.4 ~ 133.4 m 范围内变化；8 月 29 日出现年内最高库水位 133.44 m，9 月 3 日库水位降至 130.4 m；随后库水位在 130 ~ 131 m 稳定运行。

2010 年 2 月 2 日库水位开始阶段性抬升，最高升至 133.86 m(4 月 23 日)，随后在 4 月 28 日库水位又降至 132 m 运行。

蓄水以来西霞院坝下水位绝大部分时间都保持在 120 ~ 121.5 m 窄幅变化，西霞院库水位和坝下水位变化过程线见图 6-14。

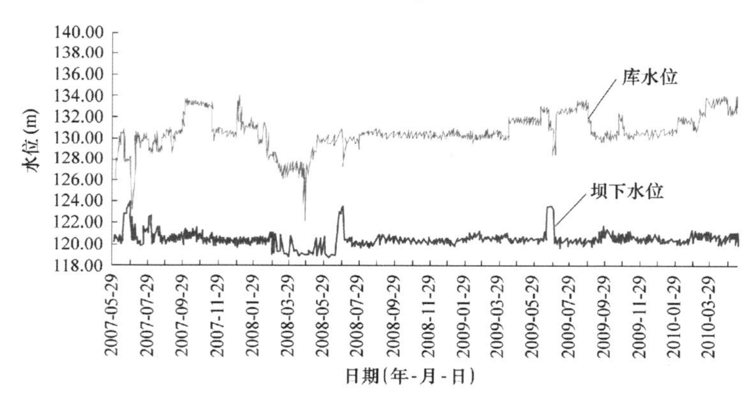


**图 6-14　西霞院库水位和坝下水位变化过程线**

## 6.3.2　土工膜应变分析

### 6.3.2.1　设计控制指标

根据设计单位的分析计算、试验成果及国内外工程应用的一般规律，并考虑本工程的重要性，选定的复合土工膜的规格为：土工膜采用 PE 膜，最大抗拉强度≥10 kN/m，极限延伸率≥300%；土工织物采用聚酯(涤纶)、长丝。左岸滩地及河槽坝段复合土工膜规格为 400 g/m$^2$/0.8 mm/400 g/m$^2$，幅宽＞4 m。右岸滩地坝段复合土工膜规格为 400 g/m$^2$/0.6 mm/400 g/m$^2$，幅宽＞4 m。主要设计控制指标见表 6-10。

表 6-10　复合土工膜主要设计控制指标

| 项目 | | 单位 | 400 g/m²/0.6 mm/400 g/m²<br>400 g/m²/0.8 mm/400 g/m² |
|---|---|---|---|
| 极限抗拉强度 | 纵向 | kN/m | ≥55.0 |
| | 横向 | | ≥45.0 |
| 极限延伸率 | 纵向 | % | ≥50.0 |
| | 横向 | | ≥50.0 |
| 撕裂强度 | 纵向 | kN | ≥1.5 |
| | 横向 | | ≥1.3 |
| CBR 顶破强度 | | kN | ≥10.0 |
| 刺破强度 | | kN | ≥1.4 |
| 渗透系数 | | m/s | $\leqslant 10^{-11}$ |

### 6.3.2.2　强度和变形复核

土工合成材料受拉力时，高应力水平老化快，低应力水平老化慢，应力水平超过 20%，则聚合物结构缺陷区扩张老化加快，应力水平限制在 20%以下，使用寿命可达 100 年以上。根据《水利水电工程土工合成材料应用技术规范》，结合本工程实际情况，不同工况下允许安全系数见表 6-11。

表 6-11　复合土工膜应力水平安全系数

| 序号 | 工况 | 安全系数 |
|---|---|---|
| 1 | 正常工况 | 5 |
| 2 | 设计工况 | 5 |
| 3 | 校核工况 | 4.5 |

设计单位与河海大学联合进行了专项试验，对坝体左岸转弯段连同左岸部分山体进行三维应力应变计算(计算范围为桩号 D0–150.00 ~ D1+50.00)。计算成果见表 6-12。

表 6-12　各分区复合土工膜拉应变最大值　(%)

| 工况 | Ⅰ区 | Ⅱ区 | Ⅲ区 |
|---|---|---|---|
| 正常水位+远期泥沙淤积 | <– 3.49 | – 5.24 | – 5.82 |
| 设计水位+远期泥沙淤积 | <– 4.01 | – 4.53 | – 6.22 |
| 校核水位+远期泥沙淤积 | – 4.01 | – 5.50 | – 6.86 |

注：Ⅰ区为 130.30 m 高程以上坝面。Ⅱ区为 130.30 m 高程以下坝面，桩号 D0+0.00 ~ D0+530.00 之间。Ⅲ区为 130.30 m 高程以下坝面，桩号 D0+530.00 ~ D1+50.00 之间。

由表 6-10 可知，复合土工膜的极限延伸率 $\varepsilon_{\min}$=50%。

由表 6-12 可知，复合土工膜的最大工作拉应变 $\varepsilon$=6.86%。

安全系数 $K=\dfrac{\varepsilon_{\max}}{\varepsilon}=\dfrac{50\%}{6.86\%}=7.3$，大于允许安全系数 5，满足设计要求。

#### 6.3.2.3 土工膜的稳定分析

由于复合土工膜以上保护层(包括砾石上保护层和混凝土膜联锁板护坡)为等厚，且透水性良好，所以水位降落时，校核上保护层与复合土工膜之间的抗滑稳定性公式采用：

$$F_s=\frac{\tan\delta}{\tan\alpha}=\frac{f}{\tan\alpha}$$

式中 $F_s$——安全系数；

$\delta$、$f$——复合土工膜与保护层之间的内摩擦角、摩擦系数；

$\alpha$——复合土工膜铺放坡角。

根据现场实际采用的材料，进行了复合土工膜和保护层间的抗剪试验，摩擦系数为 0.55。

根据公式计算，保护层与复合土工膜之间的抗滑稳定安全系数为 1.51，满足规范要求的 1.35。

#### 6.3.2.4 土石坝变形监测结果

为监测土石坝段位移变化情况，在土石坝段布设表面位移监测点，表面位移监测点在坝顶下游侧布设一排(共 35 个点)，桩号 D0+3.8；其中 7 个测点与布设在坝坡、坝下马道上的点(共 14 个)组成 7 个观测断面，共 49 个监测点，为进行此项目观测在大坝下游布设了 7 个工作基点和 8 个水准基点。观测时用工作基点和水准基点作为基准，观测各点水平位移、垂直位移。工作基点测定期进行校测。现将 2008 年监测成果叙述如下：

1)垂直位移监测

西霞院土石坝段垂直位移变化采用几何水准测量方法测定。目前以西霞院工程水准基点 N1 和 G1 两点为起始点，形成Ⅲ等附合水准路线。现采用 Leica DNA03 电子水准仪(S05 级)配 3 m 铟合瓦条码尺进行水准测量，外业作业按Ⅲ等水准测量要求控制；由于采用了高精度仪器，实际水准测量作业精度均优于Ⅱ等水准精度要求(附合水准线路闭合差不超过 $\pm 4\sqrt{L}$ )。本项目大部分测点从 2007 年 5 月 26 日开始观测，部分测点从 2008 年 5 月开始监测，监测频率为一周一次，至 2010 年 5 月 15 日已观测 154 次。至 2010 年 5 月 15 日累计位移变化(即下闸蓄水以来)情况见表 6-13 和表 6-14。

表 6-13　土石坝段垂直位移坝顶下游侧测点监测情况　　(单位：mm)

| 位置 | 左岸 | | | | | | | | | | |
|---|---|---|---|---|---|---|---|---|---|---|---|
| 监测点号 | D3-04 | D3-05 | L3-02 | L3-03 | D3-08 | D3-09 | D3-10 | D3-11 | L3-04 | L3-05 | |
| 累计位移 | +41.1 | +16.8 | +8.7 | +7.7 | +7.8 | +8.2 | +8.3 | +7.1 | +8.7 | +10.0 | |
| 位置 | 左岸 | | | | | | | | | | |
| 监测点号 | D3-14 | D3-15 | D3-16 | D3-19 | D3-20 | D3-21 | D3-24 | D3-25 | D3-26 | D3-29 | D3-30 |
| 累计位移 | +11.2 | +14.9 | +15.9 | +13.0 | +10.3 | +17.2 | +15.9 | +14.2 | +12.8 | +2.6 | +13.9 |
| 位置 | 右岸 | | | | | | | | | | |
| 监测点号 | D3-31 | D3-32 | D3-33 | D3-34 | D3-35 | D3-38 | D3-39 | D3-40 | D3-41 | D3-44 | D3-45 |
| 累计位移 | +61.7 | +11.1 | +11.1 | +11.5 | +11.8 | +11.5 | +12.0 | +10.9 | +11.4 | +12.3 | +9.2 |
| 位置 | 右岸 | | | | | | | | | | |
| 监测点号 | D3-46 | D3-47 | | | | | | | | | |
| 累计位移 | +9.8 | +6.0 | | | | | | | | | |

表 6-14　7 个断面上监测点垂直位移监测结果　　(单位：mm)

| 监测点号 | D0+295 | D0+650 | D1+000 | D1+250 | D1+500 | D2+550 | D2+850 |
|---|---|---|---|---|---|---|---|
| 下游坝坡顶部点 | +7.7 | +8.8 | +15.7 | +17.1 | +12.8 | +11.8 | +11.4 |
| 下游坝坡中部点 | +6.1 | +7.0 | +12.8 | +13.1 | +10.0 | +10.5 | +9.8 |
| 下游坝坡底部点 | +4.5 | +5.8 | +10.0 | +9.9 | +8.4 | +8.7 | +8.2 |

按土石坝段各监测点至 2010 年 5 月 15 日的累计位移变化量测值绘制顺轴线方向位移变化分布图，左岸坝段分布图见图 6-15，右岸坝段分布图见图 6-16。另选 D1+000、D1+250、D1+500 三个主河床区断面的各三个监测点绘制成垂直于坝轴线方向的位移变化分布图，见图 6-17。

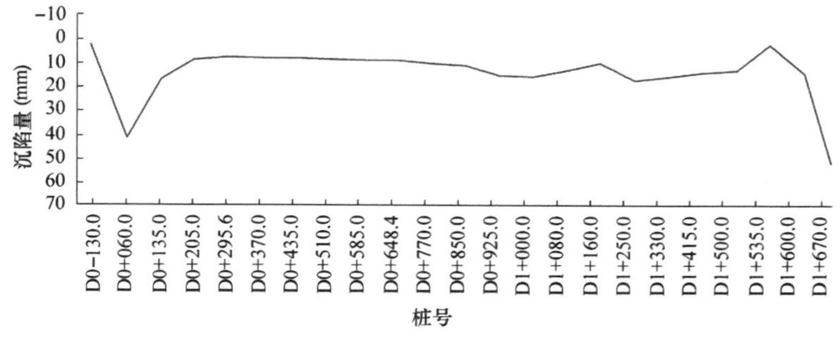


图 6-15　西霞院土石坝左岸顶部垂直位移分布图

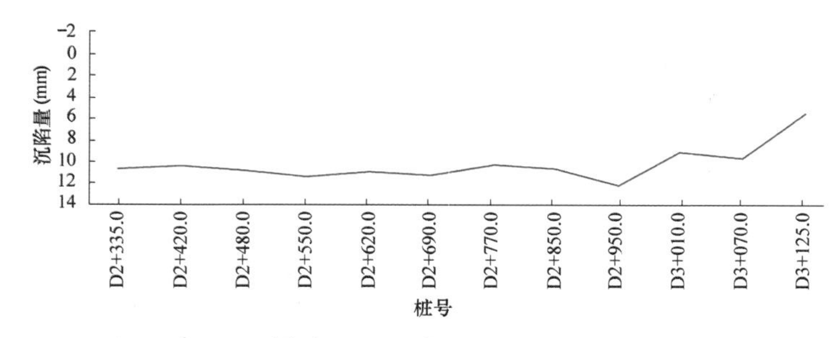


图 6-16　西霞院土石坝右岸顶部垂直位移分布图

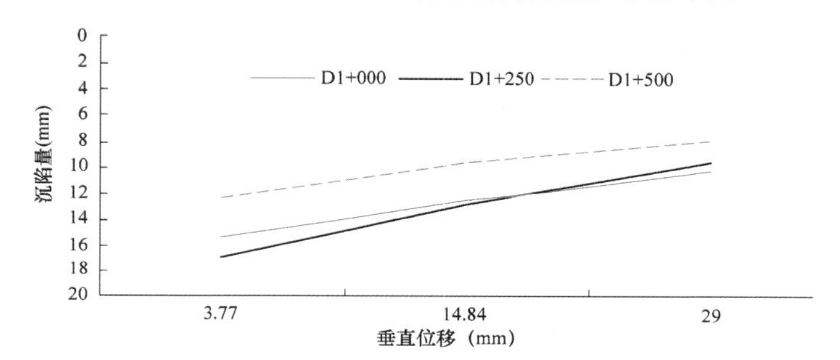


图 6-17　西霞院土石坝主河床断面垂直位移分布图

从表 6-13 和表 6-14 及图 6-15 ~ 图 6-17 可以看出，左右岸土石坝段测点垂直累计位移量均为正值，呈下沉变化。左岸土石坝段沉降变化要大于右岸土石坝段。7 个监测断面上测点均呈下沉变化，并呈由坝顶到坡底累计位移依次减小的特点，符合土石坝正常垂直位移变化规律。选择土石坝段左岸坝段部分监测点绘制至 2010 年 5 月 15 日垂直位移过程线图，见图 6-18。

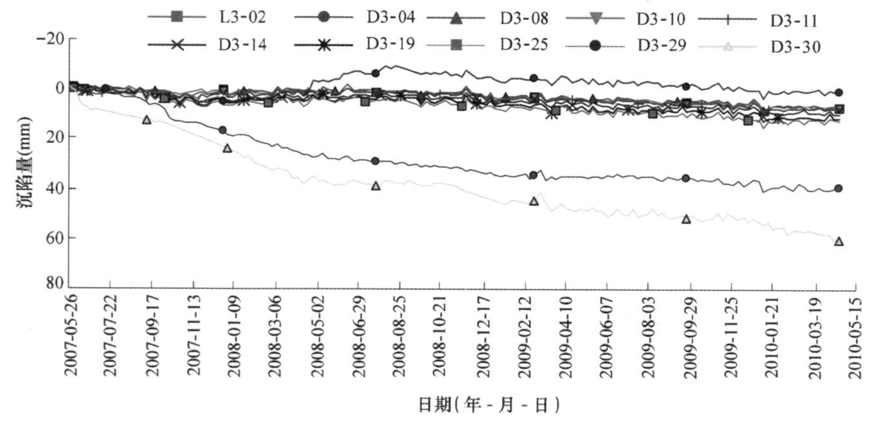


图 6-18　土石坝段左岸坝段监测点垂直位移过程线图

从图 6-18 看，各监测点位移过程线有少许波动，系测量误差引起。

2)水平位移监测

土石坝段水平位移变化测点点号与垂直位移相同并且在同一位置，观测周期也与垂直位移相同。水平位移监测在大坝下游由北向南布设有 7 个工作基点(编号 J1 ~ J7)，采用双站边角测量、总体平差的方法进行水平位移监测。使用仪器为 TCA2003 全自动全站仪(0.5″，1 mm ± 1 × 10 $^{-6}D$)，采用双站边角测量、整体平差的方法计算出各监测点大地坐标，再转换成建筑物的轴线坐标，从而计算各监测点顺水流方向水平位移和顺坝轴线方向水平位移。土石坝段水平位移监测从 2007 年 5 月开始，按一周一次的频率进行监测，至 2010 年 5 月 15 日已进行 154 次监测。

A．顺水流方向水平位移

顺水流方向水平位移是水平位移监测的主位移方向。按规程规定，位移变化符号为：“+”表示测点向下游位移，“–”表示测点向上游位移。至 2010 年 5 月 15 日坝顶下游侧 35 个监测点顺水流方向下闸蓄水以来水平位移变化统计情况见表 6-15，土石坝 7 个监测断面上各点下闸蓄水以来位移变化量见表 6-16。

**表 6-15　土石坝段顺水流方向水平位移坝顶下游侧测点监测情况**　(单位：mm)

| 位置 | 左岸 | | | | | | | | | | |
|---|---|---|---|---|---|---|---|---|---|---|---|
| 监测点号 | D3-04 | D3-05 | L3-02 | L3-03 | D3-08 | D3-09 | D3-10 | D3-11 | L3-04 | L3-05 | |
| 累计位移 | +10.3 | +1.3 | +0.1 | – 2.0 | – 4.5 | – 3.9 | – 1.4 | +1.7 | +2.1 | +4.4 | |
| 位置 | 左岸 | | | | | | | | | | |
| 监测点号 | D3-14 | D3-15 | D3-16 | D3-19 | D3-20 | D3-21 | D3-24 | D3-25 | D3-26 | D3-29 | D3-30 |
| 累计位移 | +2.4 | +2.3 | +0.3 | +0.4 | – 0.3 | – 1.7 | +6.3 | +0.8 | – 0.7 | +3.1 | +2.6 |
| 位置 | 右岸 | | | | | | | | | | |
| 监测点号 | D3-31 | D3-32 | D3-33 | D3-34 | D3-35 | D3-38 | D3-39 | D3-40 | D3-41 | D3-44 | D3-45 |
| 累计位移 | +14.7 | +6.1 | +4.6 | +2.1 | +1.9 | +2.3 | +0.1 | +1.3 | – 0.1 | +2.3 | +1.0 |
| 位置 | 右岸 | | | | | | | | | | |
| 监测点号 | D3-46 | D3-47 | | | | | | | | | |
| 累计位移 | +1.4 | — | | | | | | | | | |

表 6-16　土石坝段 7 个监测断面上监测点累计位移量　(单位：mm)

| 监测点号 | D0+295 | D0+650 | D1+000 | D1+250 | D1+500 | D2+550 | D2+850 |
|---|---|---|---|---|---|---|---|
| 下游坝坡顶部点 | – 2.0 | +2.1 | +0.3 | – 1.7 | – 0.7 | – 1.9 | – 0.1 |
| 下游坝坡中部点 | – 3.5 | – 0.2 | +0.7 | +3.9 | +0.2 | +4.1 | 0 |
| 下游坝坡底部点 | — | +1.9 | +0.8 | +4.7 | +1.1 | — | – 0.3 |

为了解坝顶各监测点顺水流方向水平位移分布特点，现分左、右岸坝段分别绘制分布图，见图 6-19、图 6-20。

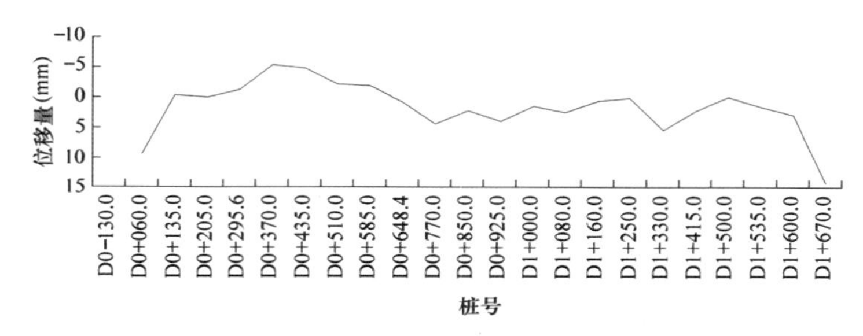


图 6-19　土石坝左岸顺水流方向水平位移分布图

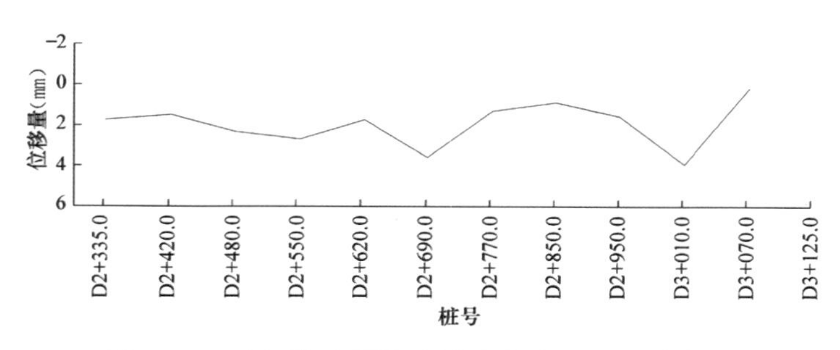


图 6-20　土石坝右岸顺水流方向水平位移分布图

为了解各监测断面上监测点顺水流方向水平位移的分布特点，选 D1+000、D1+250、D1+500 三个主河床区断面监测点绘制垂直于坝轴线方向的分布图，见图 6-21。

从表 6-15、表 6-16 和图 6-19 ~ 图 6-21 可以看出，左右岸土石坝段各监测点顺水流方向水平位移的变化有以下特点：

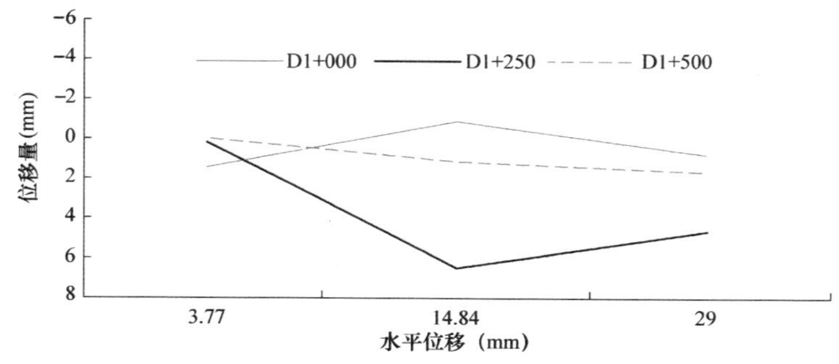


图 6-21　土石坝主河床区断面顺水流方向水平位移变化分布图

(1)左岸土石坝段测点顺水流方向位移变化量较大点为 D3-04 点(+10.3 mm)和 D3-31 点(+14.7 mm)。D3-04 点位于防渗墙试验段位置，D3-31 点位于土石坝段与混凝土坝段结合处。左岸土石坝段其他测点位移变化量都不大于 6.5 mm，并呈 D0+648.37 以右段呈向下游微量位移、D0+585.00 以左段向上游微量位移的特点。

(2)右岸土石坝段测点顺水流方向位移变化量值不超过−0.1~+4.6 mm，未见突异变化点。

(3)左岸坝段各测点相邻两点最大位移量差 8.0 mm，位移坡降率 0.000 09。右岸土石坝段相邻两点间最大位移量差 3.0 mm，位移坡降率 0.000 04。

(4)7 个监测断面上测点顺水流方向位移变化范围−3.5~+4.9 mm，19 个有效累计位移测值中有 13 个不大于 2 mm。各监测点顺水流方向位移变化不明显。

(5)左右岸土石坝段水平位移分布图未见异常变化。

现选取部分测点绘制顺水流方向水平位移过程线图，见图 6-22。

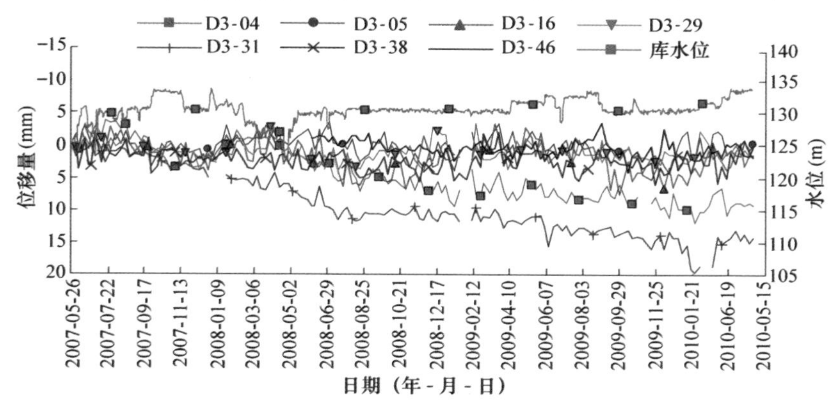


图 6-22　西霞院土石坝段部分测点水平位移过程线图

从图 6-22 看，各监测点位移过程线有少许波动，波动量不大，大多在测量允许误差范围内，库水位变化和温度对水平位移的影响不明显。

上述情况表明，西霞院土石坝段监测点自监测以来，大部分监测点顺水流方向水平位移变化不很明显。点间分布规律正常，变化特点符合土石坝位移变化一般规律，未见突异变化。

B．顺坝轴线方向水平位移

土石坝顶各监测点顺坝轴线方向水平位移与顺水流方向水平位移监测点位相同，观测方向相同，水平位移计算方法相同，观测频次相同。按规程规定，位移变化符号为："+"表示向左岸(向北)位移，"–"表示向右岸(向南)位移。

至 2010 年 5 月 15 日，46 个点累计位移变化范围– 5.7 ~ +5.5 mm，其中左岸坝段为– 5.7 ~ +5.5 mm，右岸坝段为– 2.1 ~ – 0.2 mm；右岸坝段位移变化量值要小于左岸坝段。35 个测点累计位移为负值的有 26 个(占 74%，呈向右岸位移)，为正值的有 9 个(占 26%，呈向左岸位移)；右岸坝段测点均呈向右岸位移，左岸坝段分布规律不明显。至 2010 年 5 月 15 日，土石坝 7 个监测断面上各点下闸蓄水以来位移变化量见表 6-17。

**表 6-17　土石坝段 7 个监测断面上监测点累计位移量**　　(单位：mm)

| 监测点号 | D0+295 | D0+650 | D1+000 | D1+250 | D1+500 | D2+550 | D2+850 |
|---|---|---|---|---|---|---|---|
| 下游坝坡顶部点 | +0.3 | – 1.3 | +3.7 | +3.7 | +1.1 | – 0.3 | – 0.7 |
| 下游坝坡中部点 | +0.4 | – 1.9 | +1.8 | +3.3 | +0.2 | – 1.9 | – 1.6 |
| 下游坝坡底部点 | — | – 1.4 | +3.6 | +2.1 | +0.4 | — | – 0.1 |

从表 6-17 可以看出，各断面上 3 个点位移变化符号相同；各断面上点累计位移变化范围– 1.9 ~ +3.7 mm，变化量值很小；各断面上 3 个点顺坝轴线方向位移变化量值均为同号且点间位移量差值也很小(0.1 ~ 1.9 mm)。

上述情况表明，左右岸土石坝段绝大部分测点顺坝轴线方向水平位移变化不明显；除相邻两点间位移差量值不大，未见异常变化。

现选取左岸部分测点顺坝轴线方向累计水平位移变化绘制过程线图(见图 6-23)。

从图 6-23 看出，各监测点位移过程线有少许波动，波动量值不大，大多在测量允许误差范围内，由于各点位移变化量值较小，位移变化量影响因素不明显。

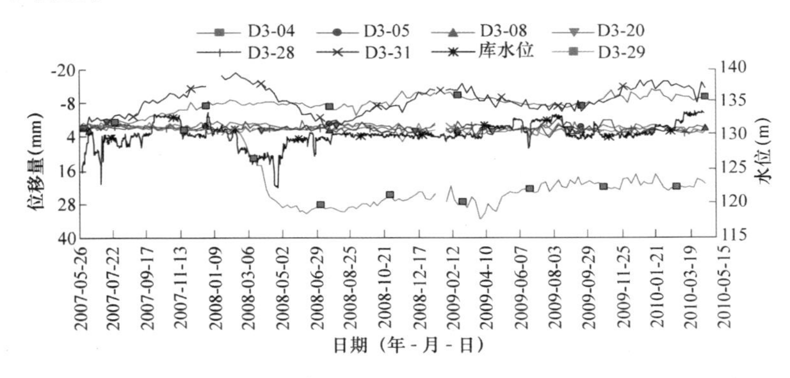


图 6-23　西霞院土石坝段水平位移过程线图

监测结果表明，西霞院土石坝监测点自监测以来，绝大部分测点顺坝轴线方向水平位移变化不明显，未见突异变化。

3)土石坝与混凝土坝结合部接缝监测

为监测混凝土坝段和土坝坝段结合部接缝的变形情况，在左右两侧的结合部分别埋设 3 支界面变位计(编号为 JI3-01~JI3-06)，其中 JI3-01~JI3-03 在左结合部，JI3-04~JI3-06 在右结合部。JI3-01 与 JI3-04 布设在导墙与坝体结合部，另外 4 支布设在门库与坝体结合部(埋设高程为 124.5 m 和 129.5 m)。现统计 2007 年 5 月下闸蓄水后至 2010 年 5 月 15 日期间测值变化情况，见表 6-18。

表 6-18　界面变位计测值情况统计　　(单位：mm)

| 部位 | 连接部位 | 仪器编号 | 期内测值 | | | 期内变幅 | | |
|---|---|---|---|---|---|---|---|---|
| | | | 期初值 | 期末值 | 期内变化 | 最大值 | 最小值 | 变幅 |
| 左结合部 | 导墙与坝体 | JI3-01 | +14.44 | +22.09 | +7.65 | +22.96 | +14.44 | 8.52 |
| | 门库与坝体 | JI3-03 | +16.95 | +62.31 | +45.36 | +62.31 | +16.95 | 45.36 |
| 右结合部 | 导墙与坝体 | JI3-04 | – 1.39 | – 2.95 | – 1.56 | – 0.31 | – 3.13 | 2.82 |
| | 门库与坝体 | JI3-05 | +4.29 | +6.89 | +2.60 | +7.03 | +4.29 | 2.74 |
| | | JI3-06 | +7.47 | +10.87 | +3.40 | +10.93 | +7.24 | 3.69 |

注：符号规定："+"表示连接部位张开，反之为"–"。

从表 6-18 看出，2007 年 5 月至 2010 年 5 月期间界面变位计测值变化大部分为正值(呈连接部位张开变化)。

从图 6-24 可以看出，仪器测值变化平稳，未见异常变化点，且变化量值较小。

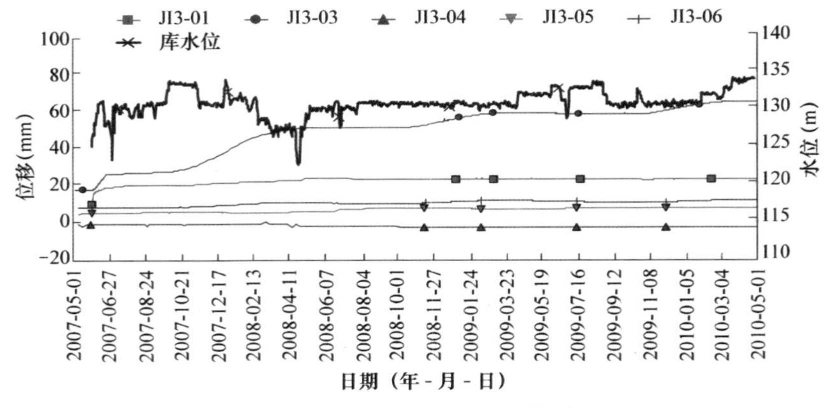


图 6-24　结合部界面变位计测值过程线图

监测结果显示,土石坝与混凝土坝结合部界面变位计测值未见异常变化。

#### 6.3.2.5　土工膜应变计监测结果

为对大坝土工膜防渗材料因施工加载受力后产生的应变参数进行监测,在大坝断面 A—A (D0+295.58)、断面 D—D (D1+250.00)、断面 F—F (D2+550.00)3 个断面以及混凝土坝段和土坝左右结合部断面 I—I (D1+689.00)和断面 H—H (D2+272.00)共 5 个断面进行观测，每个断面分别布设 8 支横向和 4 支纵向土工膜应变计(布设高程为 127.0 m、129.0 m、131.0 m、133.0 m)，用来监测土工膜受力后的应变。土工膜应变计在正常监测的仪器测值变化过程线有少许波动，但位移变化趋势明显，各支仪器变化规律一致。现选 5 个监测断面埋设高程较低的仪器统计下闸以来至 2010 年 5 月 15 日测值变化情况(见表 6-19)。

表 6-19　土工膜应变计微应变特征值统计　(单位：με)

| 测点 | 微应变最大值 | 最大值发生时间(年-月-日) | 微应变最小值 | 最小值发生时间(年-月-日) |
|---|---|---|---|---|
| GS3-03 | – 714.29 | 2009-03-20 | – 13 238.10 | 2009-08-17 |
| GS3-04 | 3 523.81 | 2008-02-20 | – 8 380.95 | 2009-07-21 |
| GS3-08 | 2 809.52 | 2008-02-20 | – 6 238.10 | 2009-07-21 |
| GS3-12 | 380.95 | 2008-02-20 | – 10 380.95 | 2007-08-23 |
| GS3-14 | 476.19 | 2008-01-19 | – 15 142.86 | 2009-07-21 |
| GS3-15 | 4 333.33 | 2007-12-10 | – 13 047.62 | 2007-08-27 |
| GS3-17 | 7 000 | 2008-01-23 | – 12 142.86 | 2009-07-21 |

续表 6-19

| 测点 | 微应变最大值 | 最大值发生时间<br>(年-月-日) | 微应变最小值 | 最小值发生时间<br>(年-月-日) |
| --- | --- | --- | --- | --- |
| GS3-20 | 904.76 | 2007-06-06 | −7 809.52 | 2007-09-03 |
| GS3-22 | −2 428.57 | 2008-01-19 | −20 714.29 | 2009-07-21 |
| GS3-23 | −2 561.90 | 2010-02-19 | −19 090.48 | 2009-07-03 |
| GS3-25 | 2 157.14 | 2010-01-09 | −14 314.29 | 2009-06-26 |
| GS3-26 | 4 071.43 | 2010-01-09 | −9 509.52 | 2009-07-04 |
| GS3-27 | 2 590.48 | 2010-02-13 | −8 457.14 | 2009-07-23 |
| GS3-28 | 2 761.90 | 2007-06-06 | −29 285.71 | 2009-07-21 |
| GS3-29 | 1 238.10 | 2008-01-23 | −17 142.86 | 2009-07-21 |
| GS3-30 | 6 904.76 | 2008-01-19 | −5 714.29 | 2009-07-21 |
| GS3-31 | 571.43 | 2008-01-19 | −19 190.48 | 2009-07-21 |
| GS3-32 | 1 380.95 | 2007-06-05 | −20 904.76 | 2009-07-21 |
| GS3-33 | 6 614.29 | 2010-01-10 | −8 476.19 | 2009-06-26 |
| GS3-34 | 3 095.24 | 2008-01-19 | −10 761.90 | 2009-07-21 |
| GS3-35 | 3 428.57 | 2008-01-23 | −11 285.71 | 2009-04-29 |
| GS3-36 | 1 285.71 | 2007-06-09 | −17 380.95 | 2009-07-21 |
| GS3-37 | 2 571.43 | 2010-01-08 | −12 952.38 | 2009-07-21 |
| GS3-38 | 4 714.29 | 2010-01-09 | −10 857.14 | 2009-07-04 |
| GS3-39 | 3 857.14 | 2009-03-14 | −7 904.76 | 2009-08-17 |
| GS3-40 | 5 142.86 | 2009-03-20 | −6 333.33 | 2009-08-20 |
| GS3-41 | 5 571.43 | 2010-01-09 | −9 190.48 | 2009-06-26 |
| GS3-42 | 6 571.43 | 2010-01-09 | −7 904.76 | 2009-07-04 |
| GS3-43 | 2 380.95 | 2010-01-11 | −8 142.86 | 2009-08-17 |
| GS3-44 | 3 523.81 | 2007-12-17 | −3 571.43 | 2007-07-16 |
| GS3-45 | 9 761.90 | 2008-01-23 | −3 428.57 | 2009-04-29 |
| GS3-46 | 3 238.10 | 2008-01-23 | −13 333.33 | 2009-07-21 |
| GS3-47 | 7 000.00 | 2008-01-23 | −6 238.10 | 2009-07-21 |
| GS3-48 | 4 190.48 | 2008-02-26 | −7 523.81 | 2009-07-21 |
| GS3-54 | 3 904.76 | 2008-01-23 | −6 904.76 | 2007-08-09 |
| GS3-56 | −1 047.62 | 2008-02-26 | −8 238.10 | 2007-08-23 |
| GS3-59 | 1 476.19 | 2008-02-26 | −7 333.33 | 2007-08-02 |

从表6-19可以看出，截至2010年5月底，微应变变化范围为−29 000~12 600 με，远小于土工膜设计应变允许值(左岸坝段62 200 με，右岸坝段45 300 με)。

选取混凝土坝段和右岸土石坝段结合处(断面H—H)的土工膜应变计测值绘制应变变化过程线图(见图6-25~图6-27)。

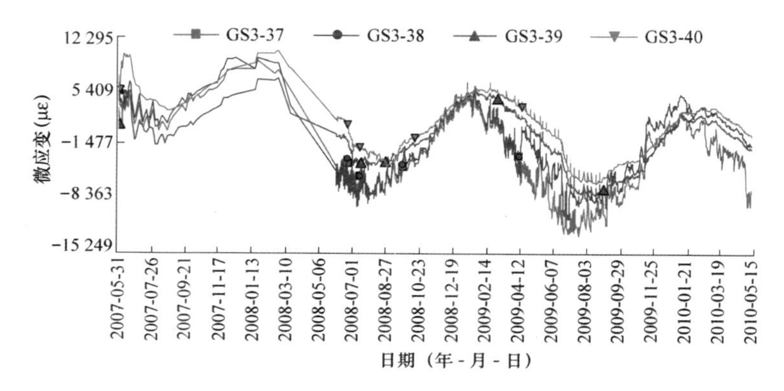


图6-25 断面H—H (左)土工膜应变计微应变过程线图

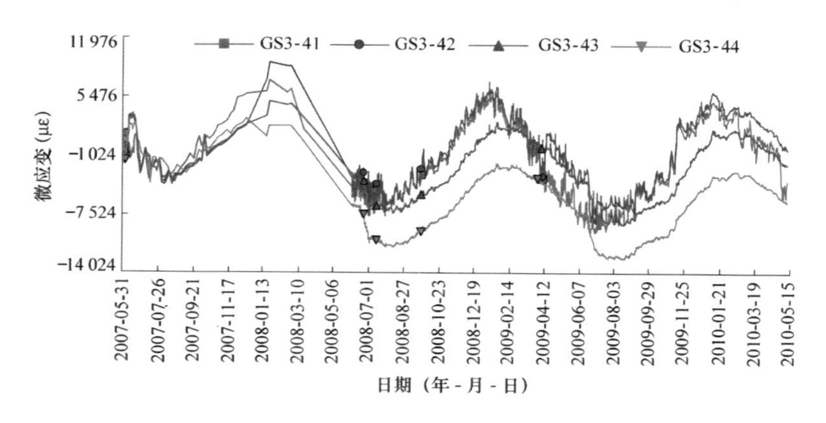


图6-26 断面H—H (中)土工膜应变计微应变过程线图

从图6-25~图6-27可以看出，土工膜应变计应变变化过程线呈曲线变化，在每年2月左右出现应变最大值，每年8月左右出现应变最小值，呈与温度相关的变化规律，温度升高时微应变呈减小变化，温度降低时微应变呈增大变化，各支仪器变化规律一致，未见异常趋势性变化。

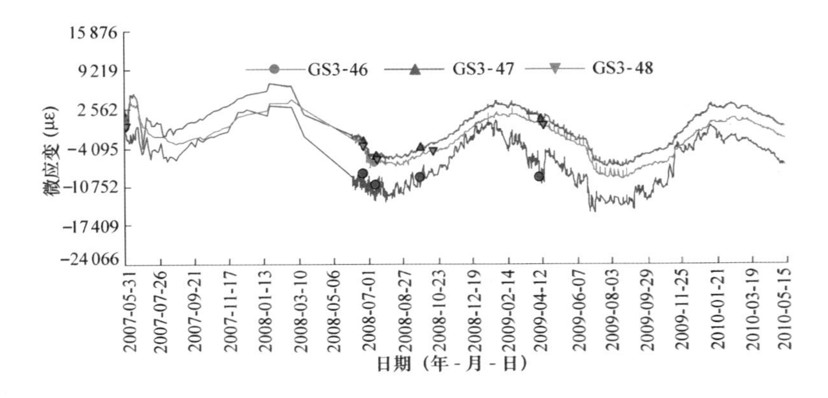


图 6-27　断面 H—H (右)土工膜应变计微应变过程线图

土工膜应变监测结果显示，仍在观测的土工膜应变计未见突异变化仪器，也未见突异变化值，被监测部位土工膜未发现异常趋势性变化。

### 6.3.2.6　土工膜后气压监测结果

在土石坝段桩号 D0+295.58(断面 A—A)、D1+250.00(断面 D—D)、D2+550.00(断面 F—F)，以及混凝土坝与土石坝两侧结合部 D1+689.00(断面 I—I)、D2+272.00(断面 H—H)土工膜下安装气压计，用来监测复合土工膜与土体结合部位在初次蓄水过程中是否有气压顶托情况。现重点选取断面 A—A、F—F、H—H 分别绘制气压计测值过程线图(见图 6-28 ~ 图 6-30)，气压计特征值统计见表 6-20。

监测结果显示，土石坝复合土工膜后气压变化与气温有很好的负相关性，温度升高，膜后气压减小，温度降低，膜后气压增大，过程线变化规律明显。2007 年 6 月 1 日至 2009 年 6 月 30 日两年之内，气压值最小值范围为– 5.8 ~ +0.07 kPa，气压值最大值范围为+0.07 ~ +3.02 kPa。

### 6.3.2.7　位移应变监测情况小结

(1)土石坝段垂直位移监测结果显示，大部分测点呈下沉变化，左岸坝段测点沉降量要大于右岸坝段，各监测点垂直位移变化规律符合土石坝正常变化规律，未发现突异沉降变化。土石坝段绝大部分监测点水平位移变化量值较小，位移变化不明显。

(2)土工膜应变与温度有很好的相关性，随季节变化呈现周期性变化，温度降低，微应变增大，温度升高，微应变减小，土工膜应变计测值变化较小，未见异常变化点，未发现异常趋势性变化。

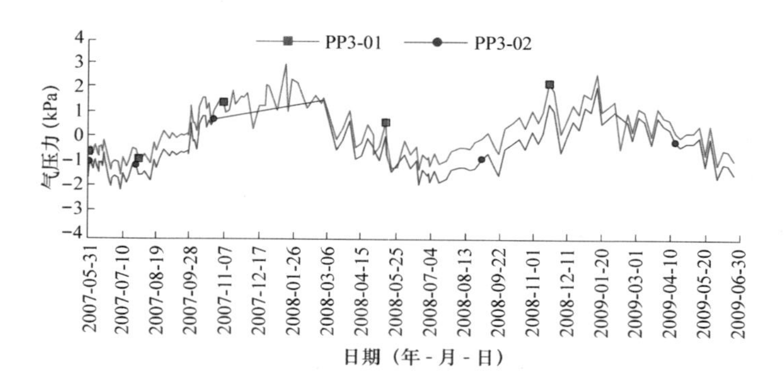


图 6-28　断面 A—A 气压计测值过程线图

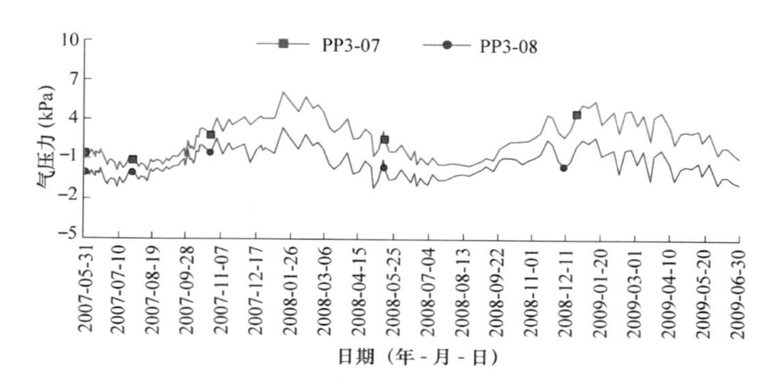


图 6-29　断面 H—H 气压计测值过程线图

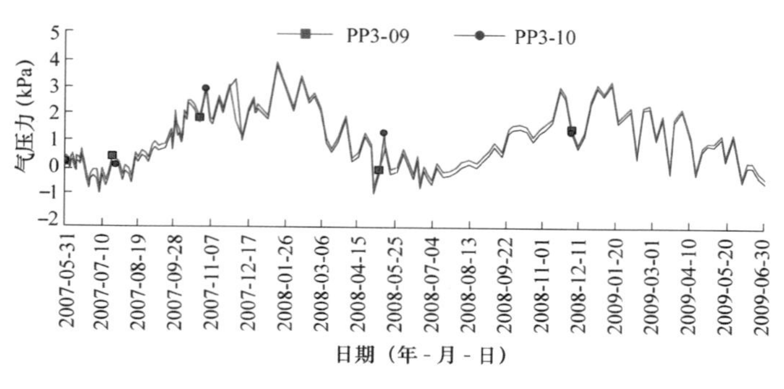


图 6-30　断面 F—F 气压计测值过程线图

(3)土石坝复合土工膜后气压变化与气温有很好的负相关性，温度升高，膜后气压减小，温度降低，膜后气压增大，过程线变化规律明显。

表 6-20 气压计特征值统计

| 测点 | 最大值 (kPa) | 最大值发生时间 (年-月-日) | 最小值 (kPa) | 最小值发生时间 (年-月-日) | 平均值 (kPa) |
|---|---|---|---|---|---|
| PP3-01 | 3.676 | 2008-12-05 | – 1.703 | 2009-02-12 | 0.655 |
| PP3-02 | 3.017 | 2009-06-11 | – 2.053 | 2009-02-12 | 0.233 |
| PP3-04 | 7.576 | 2008-12-05 | – 5.797 | 2009-02-15 | 0.308 |
| PP3-05 | 4.476 | 2008-12-05 | – 1.258 | 2009-02-12 | 1.205 |
| PP3-06 | 4.457 | 2008-11-19 | – 1.954 | 2008-06-21 | 1.117 |
| PP3-07 | 6.293 | 2009-01-23 | 0.066 | 2007-08-13 | 3.419 |
| PP3-08 | 3.705 | 2008-12-21 | – 1.497 | 2009-02-12 | 0.874 |
| PP3-09 | 4.235 | 2008-12-21 | – 0.935 | 2009-02-12 | 1.413 |
| PP3-10 | 4.133 | 2008-12-21 | – 1.075 | 2009-02-12 | 1.293 |

## 6.4 土工膜防渗分析

### 6.4.1 设计控制指标

渗透计算按平面问题用水力学方法进行，采用河海大学工程力学研究所编制的“水工结构分析系统 AutoBANK”中的稳定渗流分析系统进行计算。

计算断面有两个，河槽坝段和右岸滩地坝段各选一个代表性断面。

计算工况选用上下游水头差最大的工况，即上游正常蓄水位 134.00 m、下游相应水位 120.03 m 的运行工况。

计算先选用材料参数，由于基岩属第三系地层，泥(岩)类和砂(岩)类呈互层分布，较为复杂，故计算简化为两种情况。其一是将第三系地层均按砂(岩)类地基计算，其二是将第三系地层均按泥(岩)类地层计算。对土工膜将其厚度扩大 100 倍，相应渗透系数也扩大 100 倍，以避免出现畸形单元。渗流计算参数见表 6-21。

渗流计算成果见表 6-22。

由渗流计算成果可以看出，总渗透流量不大。

坝坡脚渗透比降有可能大于允许比降，需要在坡脚设置反滤排水保护。

**表 6-21　渗流计算参数**

| 材料 | 渗透系数(cm/s) | 允许坡降 | |
|---|---|---|---|
| | | 水平段 | 出口段 |
| 复合土工膜 | $1.0\times10^{-11}$ | — | — |
| 坝壳砂砾石料 | $9.2\times10^{-3}$ | — | — |
| 砂壤土 | $5.0\times10^{-4}$ | — | 0.30 ~ 0.35 |
| 坝基 $Q_4$ 砂砾石 | $1.74\times10^{-2}$ | — | 0.10 ~ 0.15 |
| 坝基 $Q_3^1$ 砂砾石 | $3.47\times10^{-2}$ | — | 0.10 ~ 0.15 |
| 泥(岩)类地层 | $1.0\times10^{-6}$ | — | — |
| 砂(岩)类地层 | $1.16\times10^{-3}$ | 0.07 ~ 0.10 | 0.20 ~ 0.30 |
| 混凝土防渗墙 | $1.0\times10^{-8}$ | — | — |

**表 6-22　渗流计算成果**

| 断面 | 坡脚渗透比降 | 允许比降 | 单宽渗漏量($m^3/(d\cdot m)$) | 渗漏量($m^3/d$) | 说明 |
|---|---|---|---|---|---|
| 基岩按砂(岩)类地层计算 | | | | | |
| 河槽 | 0.248 | 0.10 ~ 0.20 | 10.800 | 10 211.4 | 河槽段长 945.5 m |
| 滩地 | 0.168 | 0.30 ~ 0.35 | 8.415 | 13 998.4 | 右岸滩地长 883.5 m，左岸滩地长 780 m |
| 基岩按泥(岩)类地层计算 | | | | | |
| 河槽 | 0.033 | 0.10 ~ 0.20 | 0.610 | 576.7 | 河槽段长 945.5 m |
| 滩地 | 0.010 | 0.30 ~ 0.35 | 0.540 | 898.3 | 右岸滩地长 883.5 m，左岸滩地长 780 m |

## 6.4.2　土石坝与混凝土建筑物的连接结合部防渗分析

左右连接建筑物混凝土主要施工配合比见表 6-23。

**表 6-23　左右连接建筑物混凝土主要施工配合比**

| 强度等级 | 水灰比 | 每立方米材料用量(kg/m³) | | | | | | | | 砂率(%) | 减水剂(NAF) | | 引气剂 | | |
|---|---|---|---|---|---|---|---|---|---|---|---|---|---|---|---|
| | | 水 | 水泥 | 粉煤灰 | 粗砂 | 细砂 | 小石 | 中石 | 大石 | | 掺量(%) | 用量(kg/m³) | 掺量(%) | 用量(kg/m³) | 含气量(%) |
| $C_{90}$20F100W4 | 0.49 | 111 | 136 | 90 | 169 | 380 | 532 | 532 | 456 | 27 | 0.60 | 1.359 | 0.010 | 0.023 | 3.4 |
| C25F100W4 | 0.38 | 123 | 227 | 97 | 176 | 410 | 615 | 752 | — | 30 | 0.60 | 1.942 | 0.014 | 0.045 | 3.6 |
| C25F100W4 | 0.42 | 111 | 211 | 53 | 159 | 372 | 454 | 530 | 530 | 26 | 0.60 | 1.586 | 0.014 | 0.037 | 4.0 |
| C30F50 | 0.40 | 130 | 244 | 81 | 210 | 490 | 560 | 685 | — | 36 | 0.60 | 1.950 | 0.014 | 0.046 | 4.2 |
| C30F50 | 0.35 | 136 | 330 | 58 | 174 | 407 | 582 | 712 | — | 31 | 0.60 | 2.331 | 0.014 | 0.054 | 4.0 |
| C20F100W4 | 0.51 | 110 | 157 | 70 | 176 | 399 | 452 | 528 | 528 | 28 | 0.60 | 1.294 | 0.014 | 0.030 | — |
| C20F100W4 | 0.45 | 110 | 183 | 73 | 167 | 378 | 452 | 528 | 528 | 27 | 0.60 | 1.467 | 0.014 | 0.034 | — |
| C25F100W6 | 0.43 | 150 | 297 | 63 | 217 | 495 | 530 | 648 | — | 38 | 0.80 | 2.791 | 0.014 | 0.049 | — |

**注：** 除 $C_{90}$20F100W4 用渑池 32.5 水泥外，其他均用渑池 42.5 水泥。

连接建筑物的混凝土水平运输使用 10 t 自卸汽车，垂直运输采用臂式起重机、塔式起重机等设备，配 3 m³ 吊罐进行浇筑。截至 2006 年 8 月底，左右连接建筑物累计完成混凝土工程量 7.41 万 m³。

施工中，对混凝土的抗压、抗冻和抗渗性能取样进行了试验。右导墙和门库、连接段做抗压强度试验取样 97 组，主要试验成果见表 6-24。

**表 6-24　右岸连接建筑物混凝土抗压强度成果**

| 项目 | 强度等级 | 组数 | 抗压强度(MPa) | | | 标准差(MPa) | 离差系数 | 强度保证率(%) |
|---|---|---|---|---|---|---|---|---|
| | | | 平均值 | 最大值 | 最小值 | | | |
| 上游右导墙 | $C_{90}$20F100W4 | 55 | 35.2 | 49.9 | 25.5 | 6.477 | 0.18 | 99.05 |
| 上游右导墙 | C30F50 | 2 | 42.8 | 45.7 | 39.9 | 4.101 | — | — |
| 连接段和门库 | C25F100W4 | 22 | 36.5 | 48.2 | 25.2 | 6.400 | — | — |
| 连接段和门库 | C30F50 | 3 | 42.8 | 45.8 | 40.2 | — | — | — |
| 连接段和门库 | C25F100W4(泵送) | 4 | 41.5 | 48.5 | 36.1 | 6.330 | — | — |

右岸连接建筑物取样做抗冻试验 1 组，试验结果抗冻等级大于 F100；取样做抗渗试验 3 组，试验结果抗渗等级大于 W4。

上游左导墙混凝土 28 d 抗压强度取样 44 组，90 d 抗压强度试验取样 59 组，试验结果均为合格；左连接段和门库混凝土 28 d 抗压强度试验取样 37 组，试验结果合格。左岸连接建筑物混凝土抗冻试验取样两组，全部合格；抗渗试验取样两组，试验结果合格。

左、右连接建筑物单元工程已检查验收评定情况见表 6-25。

**表 6-25　连接建筑物单元工程评定成果**

| 单位工程 | 分部工程 | 单元工程评定 | | | | 分部工程等级 |
|---|---|---|---|---|---|---|
| | | 单元工程数 | 合格数 | 优良数 | 优良率(%) | |
| 右连接段 | 基础开挖、回填 | 22 | 22 | 20 | 90.9 | 优良 |
| | 右门库混凝土 | 37 | 37 | 31 | 83.8 | 优良 |
| | 上游右导墙和防护 | 68 | 68 | 61 | 89.7 | 优良 |
| 左连接段 | 连接段和门库混凝土 | 10 | 10 | 9 | 90.0 | 合格 |

连接建筑物的混凝土抗压强度、抗冻和抗渗指标都满足设计要求。

为监测混凝土坝段和土石坝段结合处的处理效果以及渗流状况，在其左、右两端的结合部分别布设渗压计。2007 年以来左、右结合部渗压计的特征值统计分别见表 6-26、表 6-27。

**表 6-26　左结合部(断面 I—I)渗压计测值统计**　(单位：m)

| 仪器编号 | P3-58 | P3-59 | P3-60 | P3-61 | P3-62 | P3-63 |
|---|---|---|---|---|---|---|
| 左右桩号 | D1+698.10 | D1+695.60 | D1+639.80 | D1+689.00 | D1+675.60 | D1+677.60 |
| 距坝轴线桩号 | 坝上 0–24.50 | 坝上 0–36.86 | 坝上 0–46.82 | 坝上 0–4.50 | 坝下 0+0.00 | 坝下 0+15.00 |
| 仪器高程 | 131 | 126.5 | 125 | 119 | 119 | 119 |
| 2007 年最大值 | 131.16 | 126.62 | 126.23 | 124.25 | 123.36 | 122.70 |
| 日期(年-月-日) | 2007-12-04 | 2007-11-01 | 2007-12-31 | 2007-12-31 | 2007-12-31 | 2007-12-31 |
| 2007 年最小值 | 130.38 | 126.22 | 124.51 | 121.57 | 120.97 | 120.33 |
| 日期(年-月-日) | 2007-06-07 | 2007-06-26 | 2007-05-31 | 2007-05-31 | 2007-05-31 | 2007-05-31 |
| 2007 年变幅 | 0.78 | 0.40 | 1.72 | 2.68 | 2.39 | 2.37 |
| 2008 年最大值 | 131.22 | 126.58 | 126.53 | 124.50 | 123.59 | 122.96 |
| 日期(年-月-日) | 2008-12-21 | 2008-01-16 | 2008-01-01 | 2008-01-02 | 2008-01-01 | 2008-01-01 |

**续表 6-26**

| 仪器编号 | P3-58 | P3-59 | P3-60 | P3-61 | P3-62 | P3-63 |
|---|---|---|---|---|---|---|
| 2008 年最小值 | 130.77 | 126.00 | 125.56 | 123.00 | 122.29 | 121.15 |
| 日期(年-月-日) | 2008-07-04 | 2008-03-03 | 2008-03-17 | 2008-07-24 | 2008-08-18 | 2008-08-18 |
| 2008 年变幅 | 0.45 | 0.58 | 0.97 | 1.50 | 1.30 | 1.81 |
| 2009 年最大值 | 131.27 | 126.46 | 126.72 | 124.28 | 123.23 | 122.49 |
| 日期(年-月-日) | 2009-11-02 | 2009-07-03 | 2009-12-18 | 2009-01-05 | 2009-01-05 | 2009-06-29 |
| 2009 年最小值 | 130.74 | 125.89 | 125.75 | 122.80 | 121.88 | 120.60 |
| 日期(年-月-日) | 2009-02-11 | 2009-02-13 | 2009-07-03 | 2009-09-05 | 2009-09-05 | 2009-07-12 |
| 2009 年变幅 | 0.53 | 0.57 | 0.97 | 1.48 | 1.35 | 1.89 |
| 2010 年最大值 | 131.14 | 126.30 | 126.62 | 124.55 | 123.47 | 122.71 |
| 日期(年-月-日) | 2010-03-09 | 2010-04-26 | 2010-02-11 | 2010-02-11 | 2010-02-11 | 2010-02-11 |
| 2010 年最小值 | 130.71 | 126.03 | 126.16 | 123.88 | 122.83 | 122.01 |
| 日期(年-月-日) | 2010-02-24 | 2010-01-31 | 2010-02-24 | 2010-02-24 | 2010-02-24 | 2010-02-24 |
| 2010 年变幅 | 0.43 | 0.27 | 0.46 | 0.67 | 0.64 | 0.70 |

**表 6-27　右结合部(断面 H—H)渗压计测值统计**　　(单位：m)

| 仪器编号 | P3-64 | P3-65 | P3-66 | P3-67 | P3-68 | P3-69 |
|---|---|---|---|---|---|---|
| 左右桩号 | D2+262.94 | D2+265.42 | D2+267.79 | D2+272.00 | D2+284.00 | D2+272.00 |
| 距坝轴线桩号 | 坝上<br>0–24.81 | 坝上<br>0–36.92 | 坝上<br>0–46.18 | 坝上<br>0–18.00 | 坝下<br>0+00.00 | 坝下<br>0+15.00 |
| 仪器高程 | 131.00 | 126.50 | 122.58 | 121.00 | 121.00 | 121.00 |
| 2007 年最大值 | 130.96 | 126.53 | 123.12 | 123.18 | 124.06 | 122.78 |
| 日期(年-月-日) | 2007-08-27 | 2007-11-01 | 2007-11-01 | 2007-11-01 | 2007-11-01 | 2007-10-19 |
| 2007 年最小值 | 130.41 | 126.00 | 122.32 | 120.95 | 121.95 | 120.74 |
| 日期(年-月-日) | 2007-07-09 | 2007-07-02 | 2007-06-27 | 2007-07-02 | 2007-08-09 | 2007-07-02 |
| 2007 年变幅 | 0.55 | 0.53 | 0.80 | 2.23 | 2.11 | 2.04 |
| 2008 年最大值 | 131.28 | 126.55 | 123.04 | 123.22 | 124.22 | 123.28 |
| 日期(年-月-日) | 2008-12-21 | 2008-01-16 | 2008-02-20 | 2008-06-25 | 2008-06-25 | 2008-06-23 |

续表 6-27

| 仪器编号 | P3-64 | P3-65 | P3-66 | P3-67 | P3-68 | P3-69 |
|---|---|---|---|---|---|---|
| 2008 年最小值 | 130.49 | 126.00 | 122.15 | 121.48 | 122.20 | 120.79 |
| 日期(年-月-日) | 2008-07-19 | 2008-07-03 | 2008-02-12 | 2008-07-08 | 2008-07-08 | 2008-07-08 |
| 2008 年变幅 | 0.79 | 0.55 | 0.89 | 1.74 | 2.02 | 2.49 |
| 2009 年最大值 | 131.28 | 126.48 | 123.08 | 123.22 | 124.21 | 123.46 |
| 日期(年-月-日) | 2009-11-02 | 2009-01-23 | 2009-08-18 | 2009-08-18 | 2009-08-17 | 2009-08-17 |
| 2009 年最小值 | 130.77 | 125.87 | 122.14 | 120.98 | 121.66 | 120.31 |
| 日期(年-月-日) | 2009-02-12 | 2009-06-27 | 2009-06-28 | 2009-07-17 | 2009-07-16 | 2009-07-20 |
| 2009 年变幅 | 0.51 | 0.61 | 0.94 | 2.24 | 2.55 | 3.15 |
| 2010 年最大值 | 131.18 | 126.36 | 123.20 | 123.29 | 124.17 | 123.07 |
| 日期(年-月-日) | 2010-01-22 | 2010-02-11 | 2010-04-23 | 2010-04-23 | 2010-04-23 | 2010-04-14 |
| 2010 年最小值 | 130.82 | 125.92 | 122.61 | 122.50 | 123.33 | 122.06 |
| 日期(年-月-日) | 2010-05-04 | 2010-05-04 | 2010-01-01 | 2010-01-01 | 2010-01-01 | 2010-01-03 |
| 2010 年变幅 | 0.36 | 0.44 | 0.59 | 0.79 | 0.84 | 1.01 |

从表 6-26、表 6-27 可以看出，表列所有仪器测值明显小于上游水位，说明这些部位基本没有受到孔隙水压力的影响，表明这些部位的土工膜防渗效果明显。左右结合部渗压计的观测过程曲线分别见图 6-31、图 6-32。

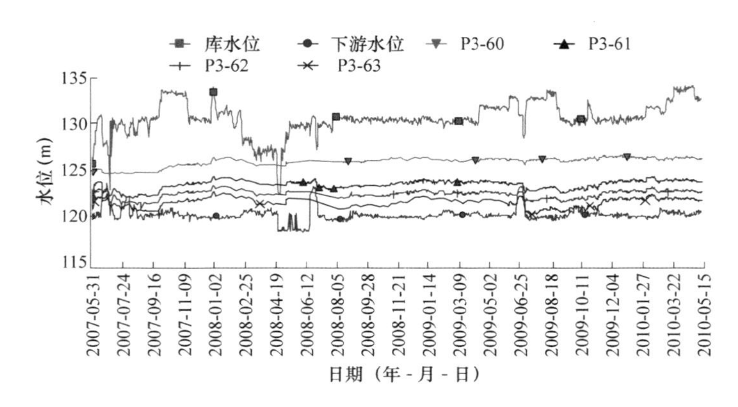


图 6-31　土石坝左结合部断面 I—I 渗压计测值过程线图

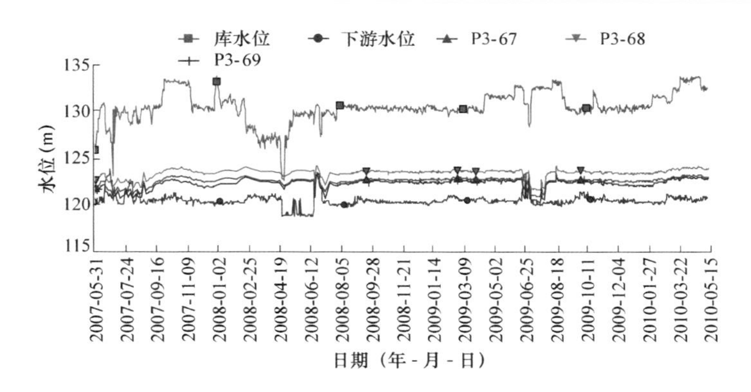


**图 6-32　土石坝右结合部断面 H—H 渗压计测值过程线图**

从图 6-31、图 6-32 可以看出，库水位变化对土石坝与混凝土坝左右结合部的渗压计测值有一些影响，但影响量值较小，同一断面上渗压计测值变化规律相近，未发现突异变化点。监测结果显示，土石坝和混凝土段坝结合部渗流监测未发现异常变化，同一断面上渗压计测值变化规律相近，未发现突异变化部位。

## 6.4.3　左岸土石坝段土工膜防渗监测情况

为了全面监测土工膜的防渗效果，在土石坝布设有 7 个监测断面，每个断面在土工膜后布设了渗压计监测土工膜的防渗效果。现统计 2007 年以来每年最高库水位时土工膜后部分渗压计测值，见表 6-28。

**表 6-28　土石坝土工膜后监测渗压计测值统计**　　(单位：m)

| 观测日期(年-月-日) | 断面名称 | A—A | B—B | C—C | D—D | E—E | F—F | G—G |
|---|---|---|---|---|---|---|---|---|
| | 断面桩号 | D0+295.58 | D0+648.37 | D1+000.00 | D1+250.00 | D1+500.00 | D2+550.00 | D2+850.00 |
| | 仪器编号 | P3-12 | P3-22 | P3-32 | P3-41 | P3-50 | P3-72 | P3-81 |
| 2007-10-09 | 库水位 133.36 | 131.00 | 131.05 | 130.53 | 130.64 | 131.15 | 131.07 | 131.03 |
| 2008-10-25 | 库水位 130.64 | 130.94 | 130.97 | 130.51 | 131.02 | 131.04 | 130.98 | 130.99 |
| 2009-08-17 | 库水位 133.43 | 130.79 | 130.90 | 130.37 | 130.87 | 130.98 | 130.90 | 130.84 |
| 2010-04-23 | 库水位 133.86 | 130.88 | 130.91 | 130.91 | 130.52 | 130.98 | 130.96 | 130.95 |

从表 6-28 可以看出，西霞院工程抬升至正常蓄水位 134 m 运行后，

大部分测值低于 131 m，最大测值不大于 131.5 m，说明这些观测部位基本没有受到孔隙水压力作用，表明土工膜具有很好的防渗效果。

### 6.4.4 防渗监测情况小结

西霞院蓄水以来的安全监测结果表明，土石坝段基础和坝体渗压计测值未见异常，土石坝防渗体系工作正常，未发现突异变化部位。土石坝段土工膜防渗性能良好，坝体内土工膜后渗压计监测结果表明，这些观测部位尚没有受到孔隙水压力作用，土石坝段和混凝土坝段结合部位渗流监测也未见异常，符合正常规律。

# 第 7 章　复合土工膜试验区检测

## 7.1　背景

土工膜老化一直是工程界所关注的问题。对于已作抗老化处理的土工膜，在国际上已有许多大坝防渗工程将其直接裸露在大气中，不作任何覆盖，任其暴露在紫外线和气温周期变化的环境中，其工作寿命为 30 ~ 50 年；对于未作抗老化处理的土工膜，都需覆盖保护层，国际一些研究表明，埋置在土中或水下，其工作寿命为 50 ~ 100 年。

为考证西霞院工程复合土工膜在长期浸泡、土壤侵蚀等环境条件作用下，对自身技术性能、抗渗效果、老化速度等方面的影响，同时为今后西霞院水库长期安全运行提供基础资料，实地进行土工膜老化试验。

## 7.2　试验区情况

复合土工膜试验区位于大坝与左坝肩连接部位上游侧，共设 5 年、10 年、15 年、20 年、30 年 5 个年份试验区，均采用 400 g/m$^2$/0.8 mm/400 g/m$^2$(两布一膜)规格，分别采用焊接和胶接方法连接，施工方式充分模拟现场条件。

在此需要说明的是，5 年、10 年区施工方案中要求原材料为膜布分离，膜布采用 KS 胶粘合(即将原复合土工膜进行膜和布的人工分离，界面清理干净后再进行涂抹 KS 人工粘合)后再进行现场施工。但由于 KS 胶原料供应和技术工艺等原因，并未进行该项工作，现场施工还是采用厂家出产的原材料，只是在原材料边缘的膜布分离部位进行了膜布 KS 胶接的尝试(个别区域)，此情况业主和设计已知。

## 7.3　试验部位的确定和样品准备

对现场各个年限段的复合土工膜进行了原材料和焊缝的取样检测，主要检测指标为抗拉强度和延伸率，其中原材料单膜和焊缝只做拉伸强度检测。样品尺寸为长度 100 mm(两边夹具夹持样品各需要 20 mm，样品实际有效长度为 60 mm)、宽度 25 mm，试验设备采用瑞士产 LEISTER Examo 300F 拉力测试机。所有样品均在拼接好的复合土工膜上裁剪所得。

在左岸岸坡与大坝连接处，岸坡坡度与大坝坡度接近，在岸坡面上铺设土工膜 20 $m^2$,其上覆盖保护层与护坡,使其工作状态与大坝防渗土工膜相同。

# 7.4 试验区原材料检测

## 7.4.1 原材料检测

对每个试验区的复合土工膜任意裁剪一块后制作成 10 组样品(两布一膜)，检测结果见表 7-1 ~ 表 7-5(试验过程中存在个别样品作废的情况)。

表 7-1 5 年试验区

| 统计项目 | 纵向 | | 横向 | |
|---|---|---|---|---|
| | 抗拉强度(kN/m) | 延伸率(%) | 抗拉强度(kN/m) | 延伸率(%) |
| 组数 | 9 | 9 | 10 | 10 |
| 最大值 | 50.2 | 70 | 40.0 | 78 |
| 最小值 | 44.6 | 60 | 32.2 | 62 |
| 平均值 | 47.6 | 65 | 36.5 | 70 |

表 7-2 10 年试验区

| 统计项目 | 纵向 | | 横向 | |
|---|---|---|---|---|
| | 抗拉强度(kN/m) | 延伸率(%) | 抗拉强度(kN/m) | 延伸率(%) |
| 组数 | 10 | 10 | 9 | 9 |
| 最大值 | 65.7 | 71 | 40.3 | 77 |
| 最小值 | 47.4 | 61 | 34.1 | 70 |
| 平均值 | 56.4 | 67 | 37.5 | 74 |

表 7-3 15 年试验区

| 统计项目 | 纵向 | | 横向 | |
|---|---|---|---|---|
| | 抗拉强度(kN/m) | 延伸率(%) | 抗拉强度(kN/m) | 延伸率(%) |
| 组数 | 10 | 10 | 10 | 10 |
| 最大值 | 40.5 | 71 | 37.1 | 76 |
| 最小值 | 24.9 | 59 | 29.3 | 53 |
| 平均值 | 35.2 | 64 | 33.7 | 69 |

表 7-4　20 年试验区

| 统计项目 | 纵向 | | 横向 | |
|---|---|---|---|---|
| | 抗拉强度(kN/m) | 延伸率(%) | 抗拉强度(kN/m) | 延伸率(%) |
| 组数 | 8 | 8 | 10 | 10 |
| 最大值 | 47.2 | 72 | 43.7 | 76 |
| 最小值 | 40.8 | 65 | 37.5 | 66 |
| 平均值 | 43.3 | 71 | 40.1 | 71 |

表 7-5　30 年试验区

| 统计项目 | 纵向 | | 横向 | |
|---|---|---|---|---|
| | 抗拉强度(kN/m) | 延伸率(%) | 抗拉强度(kN/m) | 延伸率(%) |
| 组数 | 10 | 10 | 10 | 10 |
| 最大值 | 55.2 | 65 | 36.8 | 83 |
| 最小值 | 43.0 | 56 | 30.2 | 72 |
| 平均值 | 50.1 | 62 | 34.0 | 78 |

### 7.4.2　复合土工膜幅间连接处检测

每个试验区的复合土工膜都由若干块复合土工膜相互焊接或 KS 胶接而成，根据现场确定，KS 胶接缝不进行取样测试，只进行焊接缝的取样检测(分母材和焊缝)。测试项目为抗拉强度。规范要求焊缝抗拉强度不得低于母材抗拉强度的 85%，并且焊缝抗拉试验中样品断裂点不得位于焊接点。检测结果详见表 7-6 ~ 表 7-10。

实际进行中由于焊缝在取样之前都经过充气打压，焊接点强度降低，造成焊缝抗拉试验中应力集中，样品断裂点大部分位于焊接点。从试验结果分析，部分经过焊接的土工膜抗拉强度大于母材抗拉强度，可能事实如此，也可能是由于试验误差造成的，同时试验过程中也存在个别样品作废的情况。

表 7-6　5 年试验区

| 测试项目 | 焊缝编号 | 组数 | 抗拉强度(kN/m) | | |
|---|---|---|---|---|---|
| | | | 最大值 | 最小值 | 平均值 |
| 母材抗拉强度 | — | 6 | 10.3 | 9.4 | 9.6 |
| 焊缝抗拉强度 | 1 | 10 | 10.0 | 9.3 | 9.5 |
| | 2 | 10 | 9.6 | 8.7 | 9.2 |

表 7-7　10 年试验区

| 测试项目 | 焊缝编号 | 组数 | 抗拉强度(kN/m) | | |
| --- | --- | --- | --- | --- | --- |
| | | | 最大值 | 最小值 | 平均值 |
| 母材抗拉强度 | — | 6 | 10.8 | 9.6 | 10.2 |
| 焊缝抗拉强度 | 1 | 10 | 11.2 | 9.8 | 10.5 |
| | 2 | 10 | 11.0 | 10.0 | 10.3 |

表 7-8　15 年试验区

| 测试项目 | 焊缝编号 | 组数 | 抗拉强度(kN/m) | | |
| --- | --- | --- | --- | --- | --- |
| | | | 最大值 | 最小值 | 平均值 |
| 母材抗拉强度 | — | 6 | 10.0 | 9.4 | 9.8 |
| 焊缝抗拉强度 | 1 | 7 | 10.2 | 9.8 | 10.0 |
| | 2 | 10 | 10.2 | 8.9 | 9.5 |

表 7-9　20 年试验区

| 测试项目 | 焊缝编号 | 组数 | 抗拉强度(kN/m) | | |
| --- | --- | --- | --- | --- | --- |
| | | | 最大值 | 最小值 | 平均值 |
| 母材抗拉强度 | — | 6 | 10.0 | 8.2 | 9.6 |
| 焊缝抗拉强度 | 1 | 6 | 10.3 | 9.8 | 10.0 |
| | 2 | 6 | 10.3 | 8.9 | 9.7 |

表 7-10　30 年试验区

| 测试项目 | 焊缝编号 | 组数 | 抗拉强度(kN/m) | | |
| --- | --- | --- | --- | --- | --- |
| | | | 最大值 | 最小值 | 平均值 |
| 母材抗拉强度 | — | 6 | 9.8 | 9.4 | 9.7 |
| 焊缝抗拉强度 | 1 | 6 | 11.0 | 9.6 | 10.3 |
| | 2 | 6 | 9.8 | 9.6 | 9.6 |

## 7.5　现场复合土工膜连接示意图

为便于了解对现场每个试验区复合土工膜的区块间焊接或 KS 胶接布置，对应核实试验数据，给出各试验区连接示意图(见图 7-1 ~ 图 7-5)(由于土工膜裁剪、现场搭接等原因，图 7-1 ~ 图 7-5 只为简单示意图，标识的长宽尺寸与现场实际尺寸可能存在一定误差)。

### 7.5.1　5 年试验区

复合土工膜连接中①、②、③为焊缝，④、⑤、⑥、⑦为 KS 胶接缝。

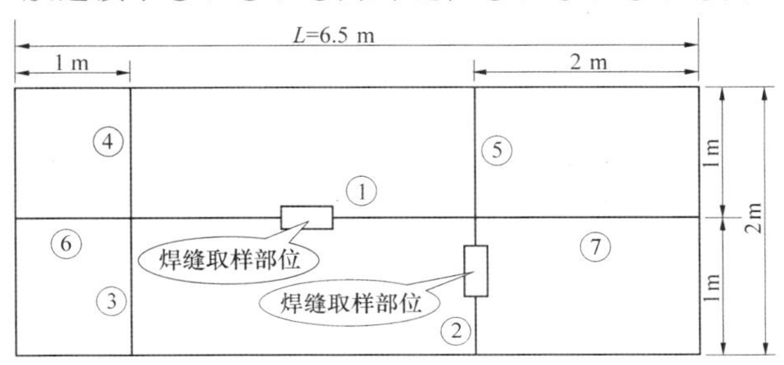


图 7-1　5 年试验区连接示意图

### 7.5.2　10 年试验区

复合土工膜连接中①、②、③为焊缝，④、⑤、⑥、⑦为 KS 胶接缝。

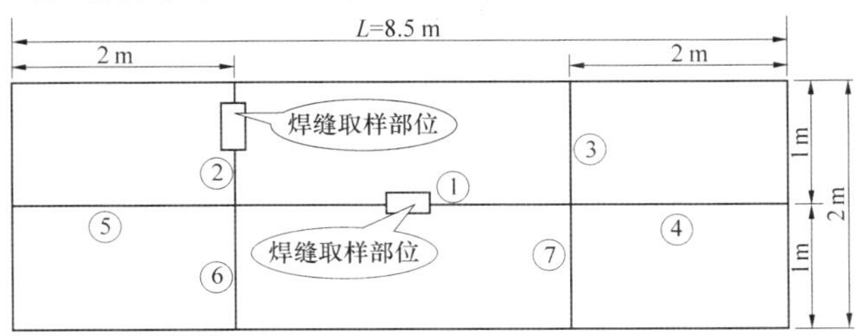


图 7-2　10 年试验区连接示意图

### 7.5.3　15 年试验区

复合土工膜连接中①、②、③为焊缝，④、⑤、⑥、⑦为 KS 胶接缝。

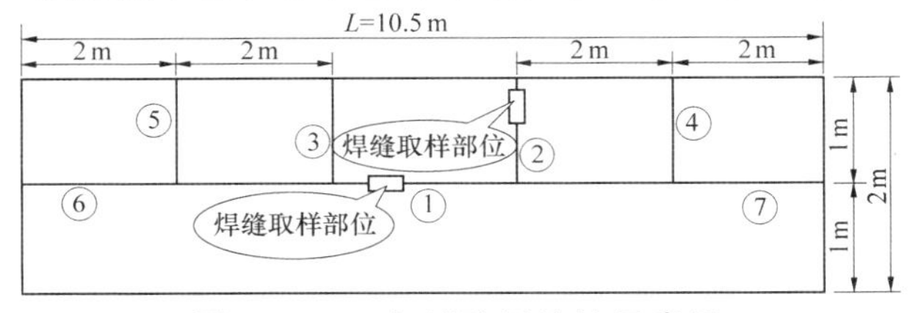


图 7-3　15 年试验区连接示意图

### 7.5.4 20年试验区

复合土工膜连接中①、②、③为焊缝，④、⑤、⑥、⑦为KS胶接缝。

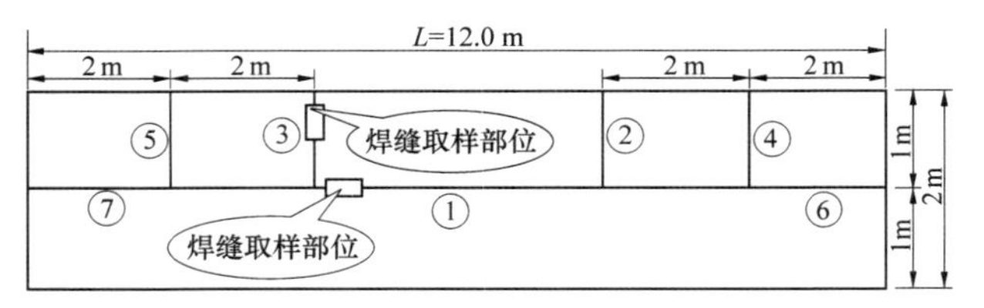


图7-4 20年试验区连接示意图

### 7.5.5 30年试验区

复合土工膜连接中①、②、③为焊缝，④、⑤、⑥、⑦为KS胶接缝。

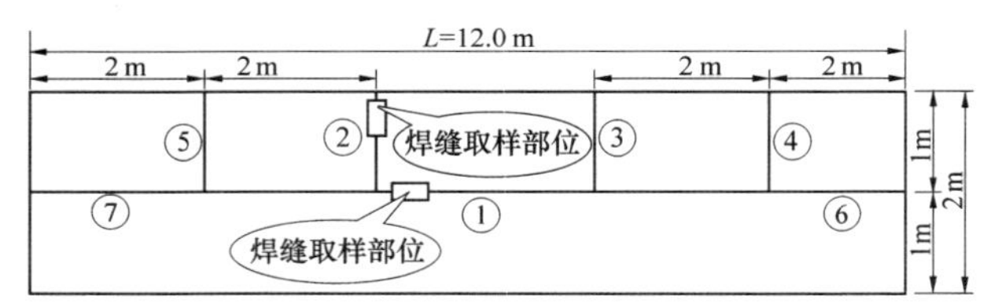


图7-5 30年试验区连接示意图

# 第8章　建　议

土工膜作为一种新型防渗材料，一般应用于公路、堤防、建筑领域，水工建筑物虽也有批量运用，但主要用在工程不太重要的附属工程和病险库加固处理中。西霞院反调节水库是大(2)型水利工程，大坝表面大规模地采用复合土工膜进行防渗，在我国水利工程建设中尚属首次，具有较强的挑战性。西霞院大坝铺设土工膜达 12.8 万 $m^2$，坝坡上土工膜连接的纵缝、横缝、铆接缝长度达 35 000 余 m。而坝体防渗完全依靠这一层薄薄的土工膜，如果有一处连接不可靠，就会出现渗水、漏水，危害大坝安全。土工膜防渗技术在大型工程上应用的安全问题一直受到了水利行业人士的广泛关注，西霞院反调节水库大坝上复合土工膜的成功应用，对土工膜防渗技术的深入研究和推广应用起着重要作用。

本书通过对西霞院反调节水库土工膜施工工艺的研究和实践，对如何成功应用和推广该项技术提出如下建议：

(1)土工膜是水利工程防渗的关键。土工膜具有很强的防渗性、抗老化性和较好的熔接性能，但是很薄，易被带尖角的砂砾石刺坏，也不可能承受因土体变形产生的巨大拉力、剪切力的作用，所以应用土工膜的大坝基础十分重要，要充分论证，保证大坝在设计寿命内不会因为基础的不均匀沉降、位移等导致土工膜的损坏而造成坝体漏水问题。

(2)土工膜与周边防渗体及建筑物的可靠连接是土工膜防渗方案中的重要保障。西霞院反调节水库土工膜与混凝土防渗墙、泄水建筑物导墙、坝顶防浪墙等均需可靠连接，才能保证防渗体系的完整性，但往往不同的基础和过渡材料会产生不同程度的变形和位移，这就使得连接型式相对复杂，需要在连接处设置伸缩节、采用橡胶压板或后浇混凝土等。

(3)各水利工程均有其特殊性，引入专家咨询是项目成功实施的捷径。西霞院反调节水库采用复合土工膜在设计、论证和建设施工过程中，多次召开专家咨询会对技术难题进行咨询，委托大专院校、科研院所对重大工程技术问题进行专题研究和试验，为解决重大技术问题和难题，保证工程进度、质量和安全等方面发挥了重要作用。如根据专家意见和现场实际情况，取消了防渗墙处土工膜折叠伸缩节，改用顶宽 0.5 m、底宽 0.9 m、高 0.2 m、两侧坡比均为 1∶1 的梯形断面代之，既起到了伸缩节的作用，又方便了施工，提高了施工效率。又如土工膜与建筑物的连接形式是在大量研究和试验的基础上确定的，尤其将压板由钢板改为槽钢，采用“一布一膜”和“U”形伸缩节等，既提高了土工膜与建筑物连接的紧密程度，又能适应沉降变形，巧妙地解决了连接的可靠性、安全性等难题。

(4)做好防渗体系的安全监测设计，加强运行监测和分析，以保证工程的安全运行。安全监测是枢纽安全运行的重要保障措施，能够及时发现问题，不至于问题的扩大。所以，对大坝进行适时的外部变形观测，在土工膜关键监测断面和关键位置设置渗压计和应力应变计对防渗体系的监测十分重要。

(5)建设各方高度重视、严格管理是确保工程质量的前提。西霞院建设各方在复合土工膜砂砾石坝的论证设计、建设施工、运行监测等全过程中，如履薄冰，如临深渊，极为重视，丝毫不敢懈怠。从坝型论证、结构设计、招标采购、生产运输、铺设施工、质量检验、运行监测等全过程，采取了一系列得力措施，严格管理，精心施工，确保了工程质量和安全。

(6)业主积极主动协助生产商解决生产中的技术难题，对保证土工膜的质量起着重要作用。当前，长丝复合土工膜生产厂家数量较少，且设备多为 20 世纪 80 年代产品，技术已相对落后。为了提高产品质量的可靠性，业主主动和生产厂家技术人员联合攻关，改进了生产工艺，解决了土工膜受热后被拉薄和“幅边起皱”难题，去除了土工膜“幅中横缝”，确保了产品质量稳定，为保证工程进度和质量发挥了重要作用。

# 参 考 文 献

[1] SL 274—2001 碾压式土石坝设计规范[S].
[2] GB/T 13762—92 土工布单位面积质量的测定[S].
[3] GB/T 13761—92 土工布厚度测定方法[S].
[4] GB/T 15788—2005 土工布及其有关产品 宽条拉伸试验方法[S].
[5] GB/T 13763—1992 土工布梯形法撕破强力试验方法[S].
[6] GB/T 14800—93 土工布顶破强力试验方法[S].
[7] GB/T 14799—93 土工布孔径测定方法 干筛法[S].
[8] GB/T 15789—1995 土工布透水测定方法[S].
[9] SL/T 235—1999 土工合成材料测试规程[S].
[10] GB/T 17643—1998 土工合成材料 聚乙烯土工膜[S].
[11] GB/T 17639—1998 土工合成材料 长丝纺粘针刺非织造土工布[S].
[12] GB/T 17638—1998 土工合成材料 短纤针刺非织造土工布[S].
[13] GB/T 17642—1998 土工合成材料 非织造复合土工膜[S].
[14] 黄河勘测规划设计有限公司. 黄河小浪底水利枢纽配套工程——西霞院反调节水库初步设计报告[R]. 2003.
[15] 水利部水利水电规划设计总院. 黄河小浪底水利枢纽配套工程——西霞院反调节水库蓄水安全鉴定报告[R]. 2007.